华章IT

U0231993

数据科学与工程技术丛书

PRACTICAL
MACHINE LEARNING

实用机器学习

[印] 苏尼拉·格拉普蒂（Sunila Gollapudi） 著

张世武 陈铁兵 商旦 译

机械工业出版社
China Machine Press

图书在版编目（CIP）数据

实用机器学习/（印）苏尼拉·格拉普蒂（Sunila Gollapudi）著；张世武，陈铁兵，商旦译 .
—北京：机械工业出版社，2018.5
（数据科学与工程技术丛书）
书名原文：Practical Machine Learning

ISBN 978-7-111-59888-6

I. 实… II. ①苏… ②张… ③陈… ④商… III. 机器学习 IV. TP181

中国版本图书馆 CIP 数据核字（2018）第 089086 号

出版发行：机械工业出版社（北京市西城区百万庄大街 22 号 邮政编码：100037）

责任编辑：缪 杰   责任校对：殷 虹
印   刷：北京瑞德印刷有限公司   版   次：2018 年 6 月第 1 版第 1 次印刷
开   本：185mm×260mm 1/16   印   张：17.75
书   号：ISBN 978-7-111-59888-6   定   价：79.00 元

推 荐 序 一

近年来，人工智能、大数据分析、深度学习等领域日益引人瞩目，而机器学习技术则是其中非常重要的理论和工具。本书作为机器学习的入门及进阶图书，可以帮助广大迫切希望了解和掌握机器学习的研究人员或工程师奠定良好的基础。

本书各章节内容编排恰到好处，不但对经典机器学习中的基础概念做了非常系统的梳理和分类，涵盖了机器学习基础知识的主要部分，如基本概念、机器学习模型分类、特征选择方法、机器学习处理流程、评估方法等，而且还对新一代大数据架构做了系统的介绍，这是十分难能可贵的（在某种程度上弥补了同类书籍的空白），随着数据量的不断膨胀，现代机器学习技术越来越依赖大数据架构。本书也分别对每一类机器学习算法进行了深入浅出的介绍，对决策树、核方法、贝叶斯方法、聚类、回归、关联规则挖掘、深度学习、强化学习、集成学习等机器学习技术均有精彩的论述。

本人在北大求学以及在国美大数据研究院、Boss 直聘工作期间，均从事机器学习相关研究工作，期间阅读过多本机器学习著作。该领域著作两极分化比较严重，或者是像《Deep Learning》（Ian Goodfellow、Yoshua Bengio、Aaron Courville）《Statistical Learning Theory》（Vapnic）这样艰深的理论著作，或者是像《Machine Learning in Action》这样难度稍浅但易于上手、令人愉悦的读本。手头这本书在理论性与实践性之间做了很好的平衡，在深入介绍算法原理、应用场景的同时，也借助大量例子帮助读者理解算法的工作机制，既介绍了机器学习技术，也介绍了大数据场景中机器学习算法所依赖的大数据技术，随书源码提供了每类算法在不同机器学习框架中的实现范例，不同技术背景的读者均可快速上手。书中配有大量的图表和实例，以非常形象的方式介绍机器学习技术。这种表述方式降低了理论门槛，能帮助工程师或工科背景的读者快速入门。

最后，值得一提的是，译者张世武曾与我在国美大数据研究院共事，他是一位资深的技术专家，在全文索引、分布式搜索引擎框架、相关性排序等方面有深入的研究。他在机器学习领域有着丰富的研究和实践经验，同时也是一位资深的技术书籍译者，这为本书的翻译质量提供了保证。本书通篇用语规范、表达准确，总体来说是非常不错的翻译版本，值得一读。

宋洋

博士，Boss 直聘 NLP 技术负责人/前国美大数据研究院技术总监

推荐序二

机器能思考吗？这个问题吸引了全世界的科学家和研究人员。20世纪50年代，阿兰·图灵（Alan Turing）对问题进行了改造，从"机器可以思考吗？"转移到"机器能做哪些人类（思维实体）能做的事情？"。此后，机器学习和人工智能领域一直是令人兴奋的话题，并已经取得了长足的进步。

随着各种计算技术的进步、计算设备的普遍使用，以及由此产生的信息/数据过剩现象，人们已经把对机器学习的关注焦点从令人兴奋的深奥领域转移到应用领域。如今，世界各地的组织已经认识到机器学习在知识发现中的关键作用，并开始对这些能力进行投资。

世界上大多数开发人员都听说过机器学习，"学习"似乎令人生畏，因为这个领域是跨学科的，涉及大数据、统计学、数学和计算机科学等。从某种程度上来说，Sunila填补了机器学习领域图书的空白。她采用一种全新的方法来帮助读者掌握机器学习相关知识，包括计算可扩展性、数据集复杂性，以及快速响应等。

撰写本书的目的是为数据科学家和数据分析师提供一本赏心悦目的参考手册。正如Sunila所述，本书能帮助读者以深入浅出的方式掌握机器学习基本知识，为读者的机器学习之旅中的每一步奠定坚实的基础。

作者逐步讲述了三个关键的知识模块。基础模块侧重于概念辨析，详细阐述了各种机器学习理论的差别。接下来的知识模块将这些概念与现实世界的问题关联，并建立了甄选最佳解决方案的规则。最后，介绍了机器学习实践方面的最新成果与工具及其对企业用户的价值。

V. Laxmikanth
Broadridge Financial Solutions（印度）公司董事总经理

译 者 序

随着互联网时代的来临，出现了前所未有的信息过载问题。为了方便人们从海量信息中快速精准地提取感兴趣的信息，需要解决两方面问题：一方面是解决海量数据的存储、计算；另一方面是在海量数据上进行深度分析与挖掘，提取有用的知识或模式。前者属于大数据架构范畴，而后者很大程度上依赖机器学习技术。

机器学习实践存在以下几大难点：第一，机器学习算法种类繁多，有较高理论门槛，对实践者的数学基础有一定要求。常见的机器学习算法有决策树、关联规则挖掘、核方法、聚类算法、回归分析、贝叶斯方法、深度学习、强化学习、集成学习等。第二，实践者通常需要同时掌握多种机器学习框架。市面上并没有某个机器学习框架能通吃一切。第三，特征工程、参数调优依赖经验及计算资源。第四，机器学习算法在大数据场景下的落地，对工程能力有较高的要求，实践者需要对大数据架构有足够的了解，能够将单机版的机器学习算法移植到分布式环境中。本书针对上述机器学习实践难点，对内容做了精心编排，深入浅出，图文并茂。首先介绍了机器学习的基础概念，然后介绍了机器学习算法与大数据的关系、Hadoop 框架及其生态系统，以及常见的机器学习框架。之后根据机器学习算法的类别，逐一介绍每类算法。在介绍具体的机器学习算法时，首先介绍算法原理及应用场景，然后通过案例来讲述算法实践。本书的随书源码还列举了每类算法在不同机器学习框架和库中的实现。

本书译文经过精心组织，结合了译者的机器学习实践经验，并参考了 IBM、微软、百度、腾讯、国美大数据研究院、滴滴出行等众多知名企业的业界专业人士的意见。本书翻译团队由拥有丰富机器学习实践经验的算法专家、架构师和开发者组成。其中，张世武负责第 1、4 ~ 10 章的翻译和全书统稿工作，商旦负责第 2 和 3 章的翻译，陈铁兵负责第 11 ~ 14 章的翻译。在本书翻译过程中，翻译团队经过多次讨论、审校，力求翻译准确、优雅。由于本书涉及很多新概念，业界尚无统一术语，再加上译者水平有限，难免会出现一些翻译问题，欢迎广大读者及业内同行批评指正。

在此感谢翻译团队所有成员的不懈努力和辛苦工作。大家精力和时间都很有限，能够半年如一日，顶着日常工作和生活的压力，不计回报通力合作，为一本书的翻译付出极大的热忱，实属难得。还要感谢翻译团队家人的理解和默默支持，让我们一路走到今天。

在本书的翻译过程中，译者张世武得到所在单位成都数联铭品科技有限公司

（BBD）的大力支持。BBD是一家行业领先的金融大数据公司，机器学习技术在BBD得到了广泛的应用，应用领域包括自然语言处理（NLP）、图像识别、深度学习、图挖掘、行业分类、关联挖掘等。感谢曾途、尹康、吴桐、丁国栋、田志伟、马扬、张浩林、李然、黎学亮、宋开发、夏阳、刘荀、李元豪、罗元磊、何宏靖、唐宏伟等领导对本书出版给予的关怀与支持。技术部及其他部门同事提出了很多宝贵建议，感谢BBD公司以下人员的支持：李想、王尧、丁明会、范东来、刘世林、赵龙、王振宇、何耀、刘兆强、金涛、黄光虎、范从俊、董涛、许尧、张伟、邢杰、丁永强、何俊、唐国海、刘兴洋、苏印、刘俊杰、闫俊杰、张学锋、吕司君、吴德文、何佳、邹俊、何正开、刘龙均、郭羽凌、吴勇、杨熹岑、王瑞贤、曾昌强、封强、秦德强、黄元勋、侯宜梁、何毅、高学林、王彤、谭亚军、魏犇、席爱龄、沈思丞、田曲、陈珊、胡馨月、申秋艳、马小思、高翔、葛相宇、唐斌、苏柏钲、魏林玮、沈思成、龚必全、胡时豪、徐宏杰、张宇翔、翟建平、隋苗苗、王琰、刘琳琳、李梓睿、韩远、杨建蓉、郑睿颖、岑锦、薛双凯、张冬冬、李宏凯、韩垚、黄艳飞。

感谢机械工业出版社华章公司的编辑团队提供的翻译机会。尤其要感谢缪杰老师及王春华老师，没有他们的督导和支持，本书很难如期翻译完成。还要感谢出版社相关岗位的工作人员，离开他们的支持，本书翻译版也无法尽快与读者见面。

再次感谢！

前　言

从结构复杂的海量数据集中探索数据蕴含的意义，是日益增长的现实需求。机器学习与预测分析技术是进行此类探索的重要工具。机器学习利用历史数据集，提取其中蕴含的模式，在不断的迭代中提升预测效果。机器学习能发现数据中隐含的动态趋势、模式及关系，这对业务增长非常重要。

在本书中，读者不仅仅能学到机器学习的基本知识，同时也能了解到现实世界的数据复杂性，然后使用 Hadoop 及其生态系统软件来处理和管理结构化及非结构化数据。

主要内容

第 1 章介绍机器学习的基本概念及其常见语义。通过一些简单的术语来定义机器学习。本章是其余章节的基础。

第 2 章探索大规模数据集，包括其公共特性、数据重复问题、数据量快速增长的原因，以及如何处理大数据。

第 3 章介绍 Hadoop，从 Hadoop 核心框架开始，然后扩展到其生态系统。学完本章，读者将掌握 Hadoop 的配置、部分功能的运行，同时也能了解到某些 Hadoop 生态系统组件。读者将能够运行和管理 Hadoop 环境及理解命令行工具的使用。

第 4 章介绍一些开源的机器学习工具，包括安装、算法在特定工具或平台中的实现，以及这些库、工具及框架的运行，这些工具或库包括 Apache Mahout、Python、R、Julia 以及 Apache Spark 中的 MLlib。值得强调的是，本章中也会着重介绍这些库、工具或框架与 Hadoop 的集成。

第 5 章介绍一种有监督学习技术，称为决策树，它既可解决分类问题也可以解决回归问题。本章内容覆盖从特征选择到决策树分裂、剪枝等多个环节。重点介绍几类决策树算法，如 CART、C4.5、随机森林以及一些高级的决策树。

第 6 章介绍两种机器学习方法——基于实例和基于核方法的学习，并讨论它们是如何解决分类与预测问题的。在基于实例的方法中，会详细介绍最近邻算法。而在基于核方法的机器学习算法中，会重点介绍如何使用支持向量机解决现实问题。

第 7 章探讨关联规则学习相关算法：Apriori 及 FP-growth。借助一个常见的例子，手把手教读者通过 Apriori 及 FP-growth 算法进行频繁模式挖掘。

第 8 章讨论聚类学习方法，聚类是一种无监督学习方法。本章将深入介绍 k-means 聚类，同时利用 Mahout、R、Python、Julia、Spark 等工具演示如何实现 k-means 聚类。

第 9 章介绍贝叶斯学习。此外，介绍一些核心的统计学概念，从基本术语到各种分布模型。最后会深入介绍贝叶斯定理，以及如何利用它解决现实问题。

第 10 章介绍基于回归分析的机器学习，重点介绍如何利用 Mahout、R、Python、Julia、Spark 等工具实现线性回归和逻辑回归。另外，也会介绍相关统计概念，如方差、协方差、ANOVA 等。最后会利用案例深入介绍如何使用回归模型解决现实问题。

第 11 章首先介绍生物学中的神经元模型、人工神经网络的功能以及与它的关联。读者将会学到人工神经网络的核心概念、全连接神经网络的结构。本章也会探究某些关键的激活函数，它们用到了矩阵乘法。

第 12 章介绍一种新的机器学习技术，称为强化学习。读者将会了解到它与传统的有监督和无监督机器学习技术的区别。本章也会介绍 MDP 基础，以及相关的案例。

第 13 章讨论机器学习中的集成学习方法，带领读者通过真实案例掌握某些有监督集成学习技术。最后，本章将以源代码形式介绍如何利用 R、Python（scikit-learn）、Julia、Spark、Mahout 等工具演示梯度提升算法。

第 14 章介绍机器学习的实现。读者需要深刻理解传统分析平台的局限，以及为什么它们不能适应现代数据需求。读者也应该了解新的数据架构范式，如 Lambda 架构混合持久化（多模型数据库架构）；本章也会介绍语义架构，它帮助使用者进行无缝数据集成。

阅读准备

欲演示本书中的范例，需预先安装下列软件：
- R（2.15.1）
- Apache Mahout（0.9）
- Python（scikit-learn）
- Julia（0.3.4）
- Apache Spark（Scala 2.10.4）

目标读者

本书的目标读者是那些想了解机器学习实践及通过机器学习技术解决现实应用的数据科学家。本书能指导读者了解机器学习和预测分析的基本原理及最新进展，了解大数据革命的方方面面，这是任何致力于解决当前大数据问题的人员的必备资源。如果你想立即着手练习，需具备基本的编程（Python 和 R）功底和数学知识。

范例源码及彩图下载

本书提供了源代码供读者下载，网址为 https://github. com/PacktCode/Practical-Machine-Learning。

为了帮助读者更好地理解书中的内容，本书提供了彩图的 PDF 文件供读者下载：http://www. packtpub. com/sites/default/files/downloads/Practical_Machine_Learning_ColorImages. pdf。

关 于 作 者

Sunila Gollapudi 担任 Broadridge 金融解决方案（印度）有限公司的技术副总裁。该公司是美国 Broadridge 金融解决方案公司的全资子公司（BR）。她在 IT 服务领域拥有 14 年的丰富实践经验。她目前负责印度卓越架构中心，是大数据和数据科学计划的领军人物。

加入 Broadridge 之前，她在全球性领先机构担任重要职位，专门从事 Java、分布式架构、大数据技术、高级分析、机器学习、语义技术和数据集成工具等领域的研发工作。Sunila 是 Broadridge 在全球技术领导和创新论坛的理事，最近在 IEEE 的工作是研究语义技术及其在业务数据湖中的作用。全球科技领域瞬息万变，新的技术层出不穷，Sunila 的个人优势在于其密切关注并持续跟进全球科技，统上领下，串联前后，实现业务交付的具体架构方案。她从计算机科学专业研究生毕业后的第一本出版著作是关于大数据数据仓库解决方案 Greenplum 的，书名为《Getting Started with Greenplum for Big Data Analytics》（Packt 出版社）。她有自己的孩子和家庭，此外她是一名享誉国内外的印度古典舞蹈家，还是一位画家。

致谢

首先，我要向 Broadridge 金融解决方案（印度）有限公司致以诚挚的谢意，感谢他们为我提供了一个追求技术的平台。

衷心感谢我的导师和公司董事总经理 Laxmikanth V. 对我一如继往的支持，并撰写了推荐序。感谢国际工程学院（INSOFE）总裁 Dakshinamurthy Kolluru 博士发现了我对机器学习的热情。此外，还要感谢我的企业架构导师、Canopus 咨询公司创始人兼首席架构师 Nagaraju Pappu 先生。

在此要特别感谢 Packt 出版社给我这个著书立作的机会，以及在本书的出版发行中提供的全程支持。这是我们合作出版的第二本书，能与极富专业精神的出版界人士和评审专家合作让我倍感荣幸。

感谢我的丈夫、家人和朋友一如既往的支持。我最愧对的是可爱懂事的女儿 Sai Nikita，在本书的编写过程中她和我一样心怀喜悦，但愿每天能有超过 24 小时陪她一起度过！

最后，拙作献给技术领域所有不安分守己的大脑，是他们不懈追求，创新进取，才让人们的生活更加美好，更加精彩纷呈。

关于审校者

Rahul Agrawal 是微软印度 Bing 搜索广告部门的首席研究员，他领导工程科学家团队解决查询理解、广告匹配和实时大规模数据挖掘领域的问题。他的研究兴趣包括大规模文本挖掘、推荐系统、深度神经网络和社会网络分析。在微软之前，他曾在雅虎研究院从事构建广告点击预测模型的相关工作。他研究生毕业于印度理工学院，在机器学习和大规模数据挖掘方面拥有 13 年工作经验。

Rahul Jain 是来自印度海得拉巴的大数据/搜索顾问，帮助各大机构扩展大数据/搜索应用。他在基于 Java 和 J2EE 的分布式系统开发方面拥有 8 年经验，在大数据技术（Apache Hadoop/Spark）、NoSQL（MongoDB、HBase 和 Cassandra），以及 Search/IR 系统（Lucene、Solr 或 Elasticsearch）应用方面拥有 3 年经验。他曾是 IVY Comptech 公司的一名架构师，负责 Kafka、Spark 和 Solr 大数据解决方案的架构实现。在此之前，他曾与班加罗尔的 Aricent 科技公司和 Wipro 科技公司合作开发过多个产品。

他现在是海得拉巴一个技术峰会（海得拉巴大数据峰会）的组织者，这个峰会专注于大数据及其生态系统的讨论交流。他经常在印度和国际各大峰会（会议）上就大数据/搜索领域的多个专题发表演讲。业余时间他喜欢结识新朋友，学习新东西。

我要感谢我的妻子 Anshu，在工作中鼎力支持我并参与本书的审校。她一直是我求知向上、职场发展的灵感和动力。

Ryota Kamoshida 是 Python 库 MALSS（https：//github. com/canard0328/malss）的维护者，现在是一家日本企业的计算机科研人员。

Ravi Teja Kankanala 是一名机器学习专家，喜欢通过高级算法来分析大量数据并预测趋势。他在 Xlabs 领导了所有研究和数据产品开发的工作，工作内容涉及医疗保健和市场研究领域。在此之前，他还为爱立信的电信部门开发了满足各种需求的数据科学产品。Ravi 毕业于印度理工学院马德拉斯分校，拥有计算科学学士学位。

易津锋博士是 IBM 托马斯 J. 沃森研究中心的研究员，从事复杂真实应用的数据分析工作。他的研究兴趣遍及机器学习及其在各个领域的应用，包括推荐系统、众包、社交计算和时空分析。他特别感兴趣的是开发理论完备和切实有效的从海量数据集学习的算法。他在 ICML、NIPS、KDD、AAAI、ICDM 等机器学习和数据挖掘会议上发表了至少 15 篇论文。他还拥有大规模数据管理、电子发现、时空分析和隐私保护数据共享相关的多项美国和国际专利。

目　录

## 第 1 章

机器学习简介

本章的目标是带领读者进入机器学习的领地，并向读者介绍后续章节中将会用到的专业术语。更重要的是，本章聚焦于帮助读者探索各种机器学习策略，加深对机器学习多个子领域的理解。对于任何机器学习项目实践来说，其核心是相关子领域的算法、技术及系统架构，这些都将会深度涉及。

机器学习领域已经有很多公开文献，过去的几十年中无数学者致力于该领域。除了机器学习的概念以外，本书还通过实例介绍机器学习实践相关的种种话题。阅读本书需要对常见编程语言和算法有一定的了解。在每章的开头，会列举阅读所需的预备知识。

本章将深入探讨以下话题：

- 机器学习简介。
- 基本定义及使用背景。
- 机器学习、数据挖掘、人工智能、统计学、数据科学等领域的相似与差异。
- 机器学习与大数据的关系。
- 术语与技术：模型、精度、数据、特征、复杂度与评价指标。
- 机器学习子领域：有监督学习（supervised learning），无监督学习（unsupervised learning），半监督学习（semi-supervised learning），强化学习（reinforcement learning），深度学习（deep learning）。每个子领域涉及的特殊算法和技术也会被提及。
- 机器学习问题分类：分类、回归、预测及最优化。
- 机器学习架构、处理流程及实践问题。
- 机器学习技术、工具及框架。

1.1 机器学习

机器学习已经存在多年，所有社交媒体用户或多或少都使用过机器学习技术。一个很典型的例子就是人脸识别软件，其主要功能是识别某张图片中是否出现了指定人物。现在的Facebook 已经能为用户上传的好友照片提供自动标签（tag）推荐了。某些相机或软件（如iPhoto）也有类似的功能。还有很多其他的机器学习范例，本章后续部分会更细致地讨论它们。

下面的概念图揭示了机器学习的核心概念与语义，后面将会逐一介绍：

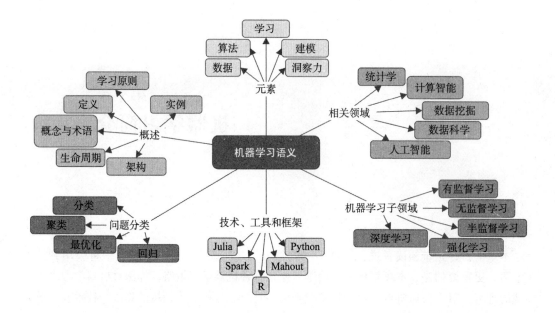

1.1.1 定义

什么是机器学习？有很多不同的定义，下面选取了一些比较经典的定义：

"一个计算机程序能够从经验 E 中学习（学习任务是 T，学习的表现用 P 衡量），如果这个程序在任务 T 与表现衡量 P 下，可以通过经验 E 得到改进。"

——Tom M. Mitchell

"机器学习就是从数据中训练出一个模型，该模型有不低于某种评估指标的泛化能力。"

——Jason Brownlee

"机器学习是人工智能的一个分支，即机器基于输入的原始数据生成规则。"

——Dictionary. com

"机器学习是一门系统的学科，它关注设计和开发算法，使得机器的行为随着经验数据的累积而进化，经验数据通常是传感器数据或数据库记录。"

——Wikipedia

以上定义都非常精妙，分别从算法、统计、数学等角度阐述了什么是机器学习。

在此之上，定义一个问题解决平台的关键是机器学习的定义。简单来说，机器学习是一种模式搜索机制，它能构建智能，使得机器拥有学习能力，在已有经验的基础上在未来表现得越来越好。

可以更深入一点来剖析模式这个概念，典型地，模式搜索或模式识别本质上研究机器如何感知环境，如何区分目标行为与其他行为，以及基于这些进行更合理的决策。人类的认知就是典型的模式识别行为。模式识别的目标是快速、精准地进行模式判别，以及避免误判。

机器学习算法就是按前面介绍的定义去构造的，以帮助机器构建智能。本质上来讲，机器学习与人类一样，从数据中学习到有用的知识。

机器学习实践的主要目标是构建针对所关注的实际问题的通用算法。其中某些方面（如数据、时间、空间等）非常重要，需要特别留心。机器学习实践的重中之重是要能解决多种问题，机器学习算法的目标是自动生成尽可能精准的规则。

另外一个非常重要的方面是大数据，因为机器学习所探索的数据集可能非常大，而且可能是异构或实时变化的。第 2 章将会深入介绍大数据背景下的机器学习。

1.1.2　核心概念与术语

机器学习的核心是恰当地理解和使用数据。因此，需要正确地收集数据，对数据进行清洗，选择特征集，使用机器学习算法迭代地处理数据来构建模型，基于模型假设做预测。

在本节中，将涉及标准机器学习术语及命名法则，介绍如何描述数据、学习、建模、算法，以及一些特定的机器学习任务。

1.1.3　什么是学习

现在，让我们看看在机器学习上下文中学习（learning）的定义。简单来讲，就是从历史数据或观测记录中学习经验，用于预测目标行为。毫无疑问，智能系统的设计目标之一就是拥有学习能力。定义一个学习问题，需要考虑以下方面：

1）提供一个定义，规定学习器（learner）的学习目标。

2）定义数据需求和数据源。

3）定义学习器是在整个数据集还是其子集上学习。

在一头扎进各种各样的机器学习方法之前，读者需要简单了解机器学习问题求解的基本过程。它包括构建和验证模型，模型精度的最优化。

 模型无非是机器学习算法应用于数据集之后的输出，它是数据的一种表现形式。本章后续部分将会更深入地讨论模型相关概念。

一般来说，学习过程需要两种类型的数据集。对于第一类，数据集中的每个数据点（data point）的特征值和目标变量值都是事先准备好的，它被用来以有监督（supervised）方式构建模型或规则。对于第二类，数据集中的数据点只有特征值，但是我们对预测它的目标变量值感兴趣。

学习的第一步是将第一类数据集划分为三个子集：训练集（training dataset）、验证集（validating dataset）和测试集（testing dataset）。并无硬性规定按何种比例划分数据集，70-10-20、60-30-10、50-25-25 或其他比例都是可行的。

训练集指的是用于构建模型的样本子集。验证集用于验证构建好的模型，以帮助提升模型精度。而测试集用于度量模型的表现。

机器学习通常有三个阶段：

- **阶段 1——训练**：该阶段的训练集用于训练模型，训练集中的样本既包括特征值也包括目标变量值，该阶段的输出为模型。
- **阶段 2——验证与测试**：该阶段的目标为测试训练出来的模型的效果，以及验证模型某些方面的特性，如误差大小、召回率、精度等。该阶段使用了验证集和测试集，其输出为一个调优后的模型。
- **阶段 3——应用**：该阶段中，模型用于处理真实数据，即预测目标变量值。

下图描述了机器学习是如何构建模型并用于预测的：

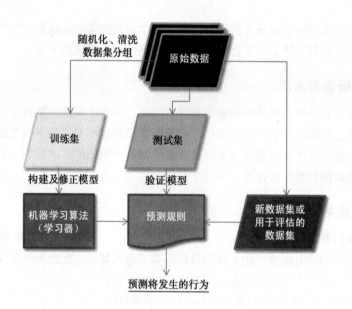

1. 数据

在机器学习领域中，数据是学习的源泉。数据可以是任意格式，任意分布，任意容量。当机器学习需要处理海量数据时，要用到一些新技术，使用者需要花时间了解这些技术并且会伴随着一些实操。这些技术统称为大数据技术，包括并行处理、分布式存储和计算。后续章节将会专门讨论大数据技术，它由若干种不同技术构成。

当谈及数据时，一般人们头脑中马上会浮现维度这个概念。不论是结构化数据还是非结构化数据，都可以以行和列的形式存储。本书将会涵盖机器学习中结构化和非结构化数据处理的相关话题。这里首先介绍机器学习中数据相关的术语。

术　语	该术语在机器学习中的含义
特征（feature）、属性（attribute）、字段（field）或变量（variable）	数据集中的一列，其中某些列是机器学习算法处理数据的特征值，某些列是目标变量值
实例（instance）	数据集中的一行
特征向量（feature vector）或元组（tuple）	一组特征值
维度（dimension）	特征集的一个子集，用于描述数据的某些属性。以日期维度为例，它由年、月、日三个属性组成
数据集（dataset）	数据行或实例的集合称为数据集，在机器学习中有多种数据集，分别用于不同的用途。机器学习算法在不同阶段使用不同的数据集度量模型精度。有三种常见的数据集：训练集、测试集和验证集。通常按如下比例来划分数据集：训练集60%，测试集30%，验证集10%
a. 训练集（training dataset）	训练集在模型构建或训练时使用
b. 测试集（testing dataset）	测试集用来检验训练出来的模型，测试集通常也被称为确认集（validating dataset）
c. 验证集（evaluation dataset）	验证集用于最终的模型验证（通常用于最终的用户接受度测试）

（续）

术　　语	该术语在机器学习中的含义
数据类型（data type）	特征的数据类型，通常有下面几种： ● 分类类型（categorical），如 young、old ● 有序类型（ordinal），如 0、1 ● 数值类型（numeric），如 1.3、2.1、3.2 等
覆盖率（coverage）	预测模型覆盖数据集的百分比，该指标决定了模型的可信度

2. 标注数据与未标注数据

在机器学习背景中，数据可以是标注的（labeled），也可以是未标注的（unlabeled）。读者现在不必急于去深入了解机器学习技术，应先厘清这两类数据的差别，以及各自的使用场景。这些术语的使用将会贯穿本书。

未标注数据通常是很原始的数据。既可以是真实数据也可以是人工数据。这种类型的数据通常很容易获取，例如视频流、音频、照片、推文等。此类数据缺乏人工赋予的涵义。

将未标注数据变为标注数据很简单，人工赋予数据标签（tag 或 label）即可，标签定义了该实例所指向的类别。举例来说，照片的标签可能是树、动物或校园等。以音频文件为例，其标签可能指向政治会议或普通聚会音频。所谓标注，就是人工建立数据与类别的映射关系，标注数据的获取通常代价昂贵。

机器学习模型既可用于标注数据也可用于未标注数据。甚至可以通过组合标注数据和未标注数据构建出更精准的模型来。下图代表了两类数据，其中大圆圈和三角形代表标注数据，小圆圈代表未标注数据。

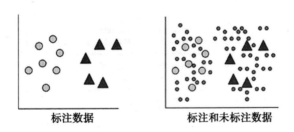

标注数据　　　　　　标注和未标注数据

两类数据的应用将在后面小节中详细介绍。读者将会看到：有监督学习使用标注数据，而无监督学习则使用未标注数据。半监督学习和深度学习组合使用标注数据和未标注数据以提高模型精度，它们有多种构建方式。

3. 任务

任务（task）就是机器学习算法要去求解的问题。很自然地，评估任务解决得如何就非常重要了。在机器学习中，任务解决得如何是指解决的程度及可信度。当不同的算法运行在不同的数据集上时，会训练出不同的模型。一个非常重要的事实是，这些模型并不能直接互相比较，但是这些算法在不同数据集上效果的一致性可以被度量。

4. 算法

工程师为了清楚地理解手头的机器学习问题，需要了解哪些数据适用于哪些算法（algorithm）。通常一个问题有多种算法可以解决。而每个算法又可以按多种标准来分类，例如按机器学习子领域来分类（如有监督学习、无监督学习、半监督学习、深度学习等），或按问题类型来分类（如分类、回归、聚类或最优化等）。这些算法会在不同数据集上迭代运行，输出的模型会随着数据的累积而进化。

5. 模型

模型（model）是所有机器学习实践的核心。模型是对机器学习系统中输入的数据的一种描述方式。它也是机器学习算法应用于数据集之后的输出。在很多案例中，已训练出来的模型能持续应用于新的数据集上，能学习到新的经验，并能用来预测新数据。一个特定的机器学习问题，存在多种可以解决它的算法。从较高的抽象层次来看，模型可以分为以下几类：

- 逻辑模型（logical model）
- 几何模型（geometric model）
- 概率模型（probabilistic model）

（1）逻辑模型

逻辑模型天然是一种规则系统，算法迭代处理数据集以后，能带我们推导出一系列的规则。决策树（decision tree）是一个典型的逻辑模型：

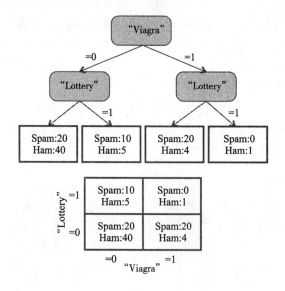

（2）几何模型

几何模型借用了几何概念，如直线、平面、距离等。几何模型通常能应用于大数据集之上。很多时候，借助线性变换（linear transformation）可以比较多个不同的机器学习方法：

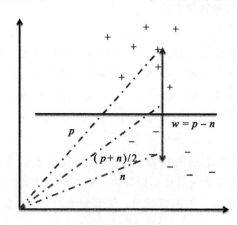

（3）概率模型

概率模型使用了很多统计学技术。这种模型的策略是定义两个变量的相关性。毫无疑问，变量的相关性可以通过相应的随机过程推导出来。大多数案例中，使用数据集的一个子集就足矣。

Viagra	Lottery	P(Y= Spam (Viagra, lottery))	P(Y= ham (Viagra, lottery))
0	0	0.31	0.69
0	1	0.65	0.35
1	0	0.80	0.20
1	1	0.40	0.60

1.1.4 机器学习中的数据不一致性

本节将深入讨论机器学习实践中一个很常见的问题——数据不一致性，它指的是以下这些情形：

- 欠拟合（under fitting）
- 过拟合（over fitting）
- 数据不稳定性（data instability）
- 不可预测的数据格式

1. 欠拟合

我们说一个模型欠拟合，指的是该模型没有"摄入"足够多的信息来精准描述真实数据。例如，我们从一条指数曲线图上仅撷取两个点用于建模，拟合出来的模型很可能是一条直线。如此构建出来的模型并没有揭示数据中蕴含的真实模式。有很多类似的案例，最终会构建出不精准的模型，使用时会导致非常高的错误率。模型过于复杂或过于简单都会导致不精准的模型。欠拟合的产生，不仅仅是因为缺乏数据，有时也可能是因为选用了错误的模型。例如，两类数据点混杂分布在同一个圆周上，如果假定这些数据点线性可分，使用线性模型来拟合，那么就会导致不正确的结果，这也是典型的欠拟合案例。

模型精度由统计学概念统计检验力或检验功效（power）来决定。如果数据集非常小，则可能永远得不到最优解。

2. 过拟合

过拟合正好与欠拟合相反。样本太少不足以构建精准的模型，而样本集过大则会增加过拟合的风险。过拟合通常是这样的：从数据拟合出来的统计模型更多的是描述噪声，而不是描述数据之间的关系。还是前面的例子，在过拟合场景下，我们可能有 500 000 个样本点。如果训练出来的模型能准确描述这所有 500 000 个样本点，则是典型的过拟合。此时模型有效地记忆了所有样本点。如果待预测数据都位于曲线上，这个模型效果很好。实践中过拟合模型的预测效果非常差，因为在构建模型时夸大了训练集中数据的微小波动。也可以这么来理解，过拟合产生的主要原因是模型训练的准则与模型有效性评价的准则不一样。简单来说，如果模型只是记住了每个样本点而不是从样本集中学习到其蕴含的模式，那么就会产生过拟合。

为了减轻欠拟合的影响，可以通过增加样本点数量来实现，然而这样又会增加过拟合的风险。当数据量越来越大时，复杂度和噪声随之增长，如果处理不当，很可能构建出来的模型仅能拟合训练集中的数据，这样导致生成不可用的模型。下图中分别指出了欠拟合与过拟合时模型复杂度与错误率的增长情况。

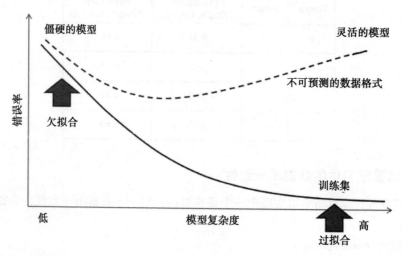

3. 数据不稳定性

机器学习算法对样本中的噪声通常是鲁棒的。但是，如果离群点（outlier）是由于人为错误或对相关数据的曲解而导致，那么就会有鲁棒性的问题。数据分布会因此而倾斜，最终导致不正确的模型。

因此，修正可能导致不正确模型的人为错误数据，有很强烈的现实需求。

4. 不可预测的数据格式

机器学习意味着系统会不断接收新数据，并从新数据中学习。如果新数据的格式不被当前机器学习系统支持，那么会悄然增加系统的复杂性。我们很难说现有的模型在面对格式不稳定的新数据时能正常工作，除非模型中有处理此类数据的机制。

1.1.5　机器学习实践范例

下面将探究现实世界中的机器学习应用。本章前面部分已经介绍了多个案例，在本节中，将侧重于介绍领域相关的应用，每个应用相关的机器学习问题会附以简略的说明。

这些例子中，既有在线学习也有离线学习的应用范例。第2章及以后的章节中，将选取这些应用的一部分，用来演示如何为具体的机器学习算法选择适当的实现方案。

问题/问题领域	描　　述
垃圾邮件检测（spam detection）	这里陈述的问题是指判断一封电子邮件是不是垃圾邮件。会有一个机器学习模型基于一些规则来判断某封电子邮件是否为垃圾邮件，而这个模型是基于已标注的垃圾邮件的样本集构建出来的。一旦邮件被标记为垃圾邮件，它会被移除到垃圾邮件文件夹中，而其余邮件将会被保存在正常邮件的文件夹中
信用卡欺诈检测（credit card fraud detection）	此类问题是信用卡公司近年来急需解决的问题。需要根据消费者的信用卡使用模式及消费购买模式来判断某事务（transaction）是否是由真实用户触发的。对于被分类为欺诈行为的，需要采取相应的应对措施

(续)

问题/问题领域	描　述
手写数字识别（digit recognition）	最简单的例子是根据邮件上的手写邮编对邮件进行自动归类。此时需要能精准识别手写数字，然后对邮件进行归类，以方便后续的快速处理
语音识别（speech recognition）	自动电话应答系统需要这种功能，当用户手机有呼人时，需要能识别是谁打过来的，然后执行适当的操作。如果程序能自动将语音映射到操作，那么操作的执行也可以自动化。此类问题需要一个模型能正确理解呼人请求，并采取适当的动作。iPhone 的 Siri 实现了这种功能
人脸检测（face detection）	人脸检测是社交媒体网站需要提供的关键功能之一。此类功能支持为网站内包含某人的所有图片自动打标签，也使得图片按人物自动归类成为可能。某些相机或软件（如 iPhoto）已实现了这种功能
产品推荐（product recommendation）或客户细分（customer segmentation）	此类功能是大多数电子商务网站的必备功能。根据客户的购买记录及库存商品的特性，向客户推荐他极有可能会购买的商品，借此提升总体的销量。已有很多网站提供了商品推荐功能，如 Amazon、Facebook、Google + 等。客户细分的案例往往是这样的：预测一个试用版用户是否会选择付费版本
股票交易（stock trading）	此类应用意味着根据股票的历史波动来预测其未来的表现。此类应用对于股票分析师来说至关重要，因为它可以帮助分析师在买卖股票时做决策
情感分析（sentiment analysis）	很多时候可以发现用户的决策可能受他人的观点左右。例如，我们在购买商品时往往会倾向于去购大多数购买者予以正面评价的商品。除了前面提到的电子商务网站，情感分析也可被政治观察家用来评估人们对政治公告及选举的态度

1.1.6　机器学习问题类型

本节将会详细说明各类机器学习问题（learning problem）的差别。机器学习算法也是按学习问题类型来分类的。下图描述了各种各样的机器学习问题：

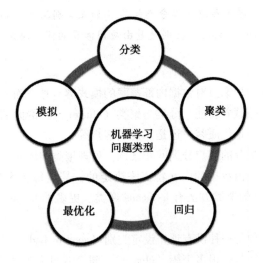

1. 分类

分类（classification）指的是一类机器学习技术，它的输入样本集中每条记录有多个特征,其中一个特征为目标特征或输出特征,用来标记该条记录所属类别。由样本集构建出来的模型能对格式相同但是缺少目标特征的新记录预测其类别。分类技术非常有用,可以用来预测数据的行为模式。简而言之,分类是一种判别机制(discrimination mechanism)。

例如,一个销售主管希望能有某种软件帮助其判断谁是潜在客户,以及是否值得花费精力和时间去满足客户需求。对于销售主管来说,分类软件的关键输入是客户数据,在市场营销中,这类案例通常被称为全生命周期价值(Total Lifetime Value, TLV)。

现在我们可以用客户数据绘制散点图(见下图),x轴表示用户购买的商品数,y轴表示用户花费的总金额(单位为百美元)。现在我们可以确定一个判定法则,用来判断一个客户是优质客户还是非优质客户。下图中单次购买金额超过800美元的客户被分类到优质客户,其余为非优质客户(请注意,下图只是一个假想的案例)。

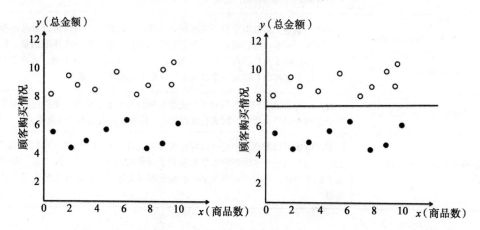

当新的客户数据进入系统时,销售主管可以将客户数据描绘在上图中,看其分布在判别直线($y=800$)的哪一侧,然后将客户分类到优质客户或非优质客户中去。

 读者需注意,分类问题并不仅限于解决二元分类问题(如yes or no、male or female、good or bad等),亦可解决多类分类问题(如五类别问题:poor、below average、average、above average、good)。类别数量由应用涉及的问题决定。

2. 聚类

很多案例中,数据科学家只对数据内部蕴藏的模式感兴趣,而不是对新数据分类。数据中挖掘出来的模式往往蕴藏着智能。分类与聚类(clustering)的区别在于,前者的输入中样本已标注好类别,如客户是优质客户还是非优质客户等。

现在继续展开前面提及的客户分类问题案例。处理聚类问题时,人们头脑中并没有任何预先定义好的类别,而是由数据的内在特点来决定的,甚至每次聚类的结果都不一样(如中心点的选取)。较常见的聚类方法有 k-means 聚类。更多的 k-means 聚类细节可参考后续章节。

简单来说,聚类就像是一种没有预先设定类别(good or bad、will buy or will not buy等)的分类。聚类的结果往往包括很多个簇(cluster),每个簇可人为赋予类别涵义。

3. 预测或回归

预测(forcasting 或 prediction)与分类类似,只是预测确定事情在未来的发生方式。预测基于过去的经验或知识。在某些案例中，没有足够的数据，就需要通过回归来预测。预测的结果通常是事件发生的不确定程度或者说概率。此类技术又被称为规则提取（rule extraction）。

现在来观察一个例子：一个农学家培育其研发的一种新农作物。作为实验，将该农作物的种子种植在不同海拔的多个地点，然后记录产量。对于农学家来说，其需求为根据种植地点的海拔高度来预测产量。将种植数据（海拔、产量）绘制为散点图，不难看出两者之间的关系（线性），甚至进一步大致求出直线参数。得到的直线方程能拟合大多数数据点，与直线偏离较大的点去掉也无伤大雅。这种技术叫作回归。

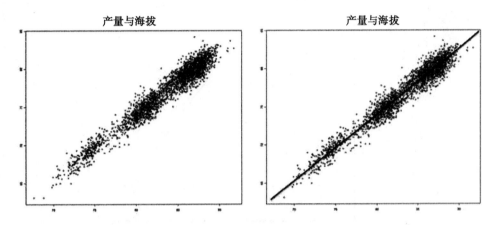

4. 模拟

除了前面提及的那些技术之外，在某些情况中，上下文数据本身存在很多不确定性。例如，一个外包经理被指派了一项任务，他会根据经验去评估一个专业团队是否能在2~4小时内完成这项任务。

假设生产成本在100~120美元之间变化，任意一天能投入生产的工人数量在6~9人之间变化。分析师会去评估项目大概需要多少时间。解决该问题需要模拟（simulation）多种可能的状况。

典型情况下，在预测、分类、无监督学习等方法中，数据被提供给使用者，但是使用者并不知道数据之间是如何关联的。并不存在一个公式，使得一个变量由其余变量来表示。

从本质上来讲，数据科学家组合使用前面提到的那些技术来解决各种棘手的问题，像下面这些：

- Web 搜索引擎及信息抽取
- 药品设计
- 资本市场表现预测
- 用户行为理解
- 机器人设计

5. 最优化

简单来说，最优化（optimization）就是在某种上下文（限制条件）中使得解决方案更优或最优。

考虑生产线场景，假设有两台机器可以用于生产目标产品。两台机器单位时间内产量相同。其中一台机器需要较多资源但是较少的原材料，而另外一台机器需要更少的资源但是较多的原材料。此时需要理解输入与输出之间的关联模式。生产经理亟须知道如何根据资源现状组合使用两台机器来获得最大收益。而分析师的任务就是确定这个最优的解决方案。

下图是产量分布与利润值的散点图，我们能肉眼观察到在哪个点获得最大利润，而最优化技术就是用来求解这个最优点的。

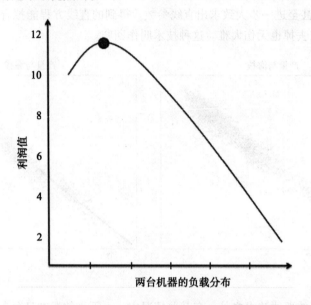

最优化与模拟不同，后者输入数据本身存在不确定性。而最优化不仅能使用数据，并且能获取特征之间的依赖与关联关系方面的信息。

机器学习里的一个关键概念是推导（induction），推导是一个处理过程。本书后面介绍的各种机器学习算法通过推导来构建模型。推导式学习其实就是一个推理过程，它基于某个实验的结果来执行后续的一系列实验，借助实验产生的信息迭代式改进模型。

下图揭示了机器学习的多个子领域，机器学习算法可以根据子领域来分类：

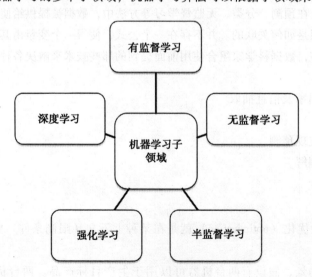

6. 有监督学习

有监督学习是指操作预期已知的机器学习方法。在此类方法中，需要从数据中分析什么事前已经定义好。此时的数据集被称为有监督数据集。有监督学习算法关注如何在输入、输出特征（目标特征）之间构建显式的映射关系，生成的映射关系用于预测后续输入的新的数据实例的目标特征值。前面提及的分类问题，就是一个典型的有监督学习方法。标注数据集适用于有监督学习，但是标注数据的成本高昂，并且数量有限。

当数据的输入、输出特征的值已知时，有监督学习的关键是构建两者之间的映射关系。通常会有相当数量可用的样本，但是输入、输出特征之间的映射函数是未知的，而且可能会很复杂。有监督学习算法的职责就是利用已知的输入、输出特征值对来确定这个映射函数，构建出来的映射函数用于新数据的预测。

7. 无监督学习

在某些机器学习问题中，人们头脑中事前没有任何确定的目标。如本章前面讨论过的聚类，它像是一种没有任何特定目标（好/坏、购买/不购买）的分类，因此聚类应该被认为是一种无监督学习方法。无监督学习的目标是通过构建输入特征与输出特征之间的映射关系来揭示数据中蕴藏的结构，只不过这里的输出特征是未事先定义的。因此此类算法操作的是未标注数据。

8. 半监督学习

半监督学习指的是同时利用标注数据和未标注数据来构建更好模型的机器学习策略。值得一提的是，需要对未标注数据使用合适的假设，任何不合适的假设都可能会导致无效的模型。半监督学习借鉴了人类的学习方式。

9. 强化学习

强化学习是一种聚焦于获取最大回报/奖励的机器学习方法。例如，在培养孩子新习惯的时候，如果他们的行为很好地遵照了指令就给予奖励，这种方式可以起到良好的效果。事实上，他们学习到了做出什么举动可以赢得奖励。这就是强化学习，也称为信用评估学习。

强化学习模型还要为获得定期奖励而进行决策，这一点至关重要。这就导致强化学习不像监督学习能立即看到结果，而可能要执行一连串步骤/动作才看到最终结果。理想情况下，强化学习算法将做出一系列得以实现最大回报或效用的决策。

强化学习算法的目标是通过探索和利用数据做出有效的权衡。例如，有人想从 A 点前往 B 点，有多种交通方式可以选择，包括空运、水路、公路或步行等，而通过考察每一个选项的相关数据来做出最后决定非常有意义。另一个关键之处在于获取回报的时机很重要。为什么回报时机会影响学习过程？例如像象棋之类的游戏，任何奖励判断的延迟都可能改变结果。

10. 深度学习

深度学习是机器学习的一个子领域，它关注机器学习与人工智能的结合。深度学习与人工神经网络有着密切的关系，深度学习比传统的人工神经网络更先进，它使用了更多的数据，实践上也有更好的效果。深度学习构建的复杂神经网络以半监督模式来解决分类问题，因此深度学习可以利用只有少量标注数据的数据集。下面列举了常用的深度学习算法：

- 卷积神经网络（convolutional network）
- 受限玻尔兹曼机（Restricted Boltzmann Machine，RBM）

- 深度信念网络（Deep Belief Network，DBN）
- 栈式自动编码器（stacked autoencoder）

1.2 性能度量

性能度量指标用来评估机器学习算法效果，它是机器学习的一个重要方面。某些案例中，这些性能度量指标也可作为启发式规则帮助构建机器学习模型。

下面介绍概率近似正确（Probably Approximately Correct，PAC）理论的相关概念。当我们描述假设（hypothesis）的精度时，实际上谈论的是 PAC 理论涉及的两种不确定性：

- 近似（approximate）：度量何种程度的误差能被假设接受。
- 概率（probability）：度量假设正确的概率（可信度）有多高。

下图描述了假设及其误差率、可信度与样本数的关系：

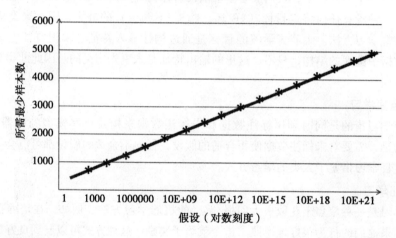

解决方案是否足够好

分类与预测问题的误差度量方式不同。本节中将会涉及这些误差度量指标，以及它们的计算方法。

分类问题中有两类误差，可以用混淆矩阵（confusion matrix）来优雅地表示它们。以市场营销为例，假设我们使用 1 万条客户记录构建预测模型，以预测客户是否会对某种营销事件有响应。

营销活动结束后会分析活动效果，此时可构建下面这样的表格，矩阵的列是模型预测值，行是实际的观测记录：

行　　为	预测购买	预测未购买
实际购买	TP：500	FN：400
实际未购买	FP：100	TN：9000

矩阵的主对角线上，关于购买者及未购买者的预测与事实吻合。这些是正确的预测。它们分别被称为 TP（true positive，真阳性）和 TN（true negative，真阴性）。主对角线的右上方，预测为未购买而实际上用户购买了，这种错误称为 FN（false negative，假阴性）。而主

对角线的左下方, 预测购买而实际上用户未购买, 此类错误称为 FP (false positive, 假阳性)。

这两类误差代价相同吗? 实际上并不相同。假设模型预测某个客户为购买者, 而实际上他并没购买, 此时对公司来说, 最多损失了发送电子邮件或打营销电话的成本。而如果模型预测某客户不会购买某产品, 而事实上他购买了, 那么公司基于模型预测将不会联系他, 因此会导致该客户的流失。因此, 在市场营销案例中, FN 错误的代价比 FP 错误的代价高多了。

在机器学习社区, 通常在分类问题中使用下面这些误差度量指标 (error measure):

- 指标1: 准确率 (Accuracy), 模型预测准确的比率。例如, 做了 10 000 次预测, 准确的次数为 (9000 + 500) 次, 那么准确率为 9500/10 000 = 95%。
- 指标2: 召回率 (Recall), 可获得的正案例占正案例的比例。例如有 600 个正案例, 而我们只能得到其中的 500 个, 那么召回率 = 500/600 = 83.33%。
- 指标3: 精度 (Precision), 预测为正案例正确的比例。例如模型预测 900 个案例为正案例, 其中有 500 个确实为正案例, 那么精度 = 500/900 = 55.55%。

而对于预测类型的机器学习问题来说, 因为预测的数据类型为连续型变量, 因此预测的误差度量与分类截然不同。一般来说, 通过比较模型预测值与数据集中记录的目标变量值的差来计算平均误差。预测问题有以下常见指标。

1. 均方误差

均方误差 (Mean Squared Error, MSE) 的计算方式如下: 首先, 计算每条记录的模型预测值与目标变量真实值之差, 然后对它们的平方求和, 最后对该平方和取平均值。假设 P_i 和 A_i 分别对应第 i 条记录的预测值和目标变量真实值, 那么 MSE 的计算公式如下:

$$\text{MSE} = \frac{\sum_{i=1}^{n} (P_i - A_i)^2}{n}$$

实践中也常使用 MSE 的平方根, 称为均方根误差 (Root Mean Square Error, RMSE)。

2. 平均绝对误差

平均绝对误差 (Mean Absolute Error, MAE) 的计算方式如下: 首先, 计算每条记录的模型预测值与目标变量真实值之差的绝对值, 然后对它们求和, 之后除以记录条数得到平均绝对误差。误差度量的选择依赖于应用本身。MSE 适用于大多数场景, 从统计学角度来看, 它更能描述数据的变化程度 (与方差关系密切)。从另一个角度来看, MAE 更直观, 而且对离群点敏感度较低。在回归分析中, 如果 RMSE 与 MAE 接近, 那么模型会产生多个较小的误差; 如果 RMSE 接近 MAE2, 那么模型会产生少量但是较大的误差。

$$\text{MAE} = \frac{\sum_{i=1}^{n} |P_i - A_i|}{n}$$

3. 归一化的 MSE 和 MAE (NMSE 和 NMAE)

MSE 与 MAE 并不能预测误差到底有多大, 因为它们都是数值, 依赖目标变量的刻度。将它们与基准指标来对比, 会帮助加深对它们的理解。实践中通常这样处理, 即使用标准化以后的 MSE 作为误差度量指标。NMSE 的值等于模型预测性能 (MSE) 与基准模型性能的比率, 通常使用目标变量的均值作为基准模型。通过 NMSE 指标, 就能了解到预测模型相对基准模型到底有多好或者多糟。

$$NMSE = \frac{预测模型的\ MSE}{基准模型的\ MSE}$$

NMAE 的定义与 NMSE 类似。

4. 解决误差：偏差与方差

构建高度定制（highly customized）的高阶（higher order）模型存在陷阱，即之前提到过的过拟合问题，过拟合的概念非常关键。过拟合产生的误差，也就是人们常说的模型的方差。如果采用另一个训练集，将得到一个非常不一样的模型。模型方差可以用来度量模型对训练集的依赖性。另一类陷阱则是欠拟合，由欠拟合导致的误差称为偏差（bias）。对于欠拟合或高偏差的情况来说，模型并没有太多解释数据中蕴藏的模式的能力。欠拟合本质上是去拟合一个过度简单的假设，比如说，本应该使用高阶多项式模型却去拟合直线模型。

为了避免坠入过拟合或欠拟合的陷阱，数据科学家需要在训练集上构建模型，并且使用测试集来发现和度量误差。最开始模型是基于训练集构建的，在测试集上的表现通常不会太好，然后数据科学家不断地重构模型，直到模型在测试集上的误差率降低到可接受的水平。

现在我们来进一步分析偏差与方差，然后介绍一些实用策略来处理它们。任何模型的误差可以用偏差、方差及随机误差来组合表示。误差公式可以表示为 $Err(x)$ = 偏差^2 + 方差 + 不可约误差。当模型较简单时，偏差项较高；当模型比较复杂时，方差项较高。如下图所示：

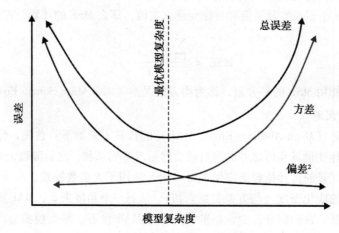

到底是减少偏差还是方差呢？首先来考虑这个问题：如果一个模型有较高的偏差，那么它的误差会随着数据量的变化而怎样变化呢？

当数据量非常小时，任意模型都能很好地拟合数据（例如，任意模型可以拟合一个数据点，任意线性模型都可以拟合两个数据点，而二次曲线可以拟合三个数据点，以此类推）。高偏差模型的误差最开始非常小，随着数据规模的增加误差会逐渐增长。然而，对于测试集来说，最开始是因为模型是针对训练集定制的，因此初始的预测误差率会较高，随着模型的不断重构，误差率会降低直至与模型在训练集上的预测效果相同。

下图非常清楚地描述了这种情形：

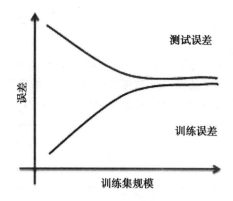

当读者碰到上图这种情况时，可采用下面这些补救措施：

- 用户极有可能使用了过少的特征，应尝试使用更多的特征。
- 通过增加多项式的次数或神经网络的深度增加模型复杂度。
- 高偏差的模型，即使增加数据规模通常也无济于事。

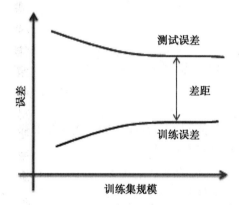

当读者碰到上图这种情况时，可采用下面这些补救措施（与之前的情况相反）：

- 用户极有可能使用了过多的特征，应尝试减少特征数。
- 降低模型复杂度。
- 增加数据规模有一定帮助。

1.3 机器学习的相关领域

机器学习与很多相关领域有很密切的关系，这些相关领域包括人工智能（artificial intelligence）、数据挖掘（data mining）、统计学（statistics）、数据科学（data science）等。事实上，机器学习是一门交叉学科，因此它连接了多个领域。

在本节中将仔细定义这些领域，同时指出它们与机器学习的相关性，理解它们与机器学习的相似点与不同点。总的来说，我们先将机器学习定义为计算机科学的一个子领域，机器学习最核心的职能是开发出能自我学习的算法。而当前讨论的这些机器学习的相关领域，要么是使用了机器学习技术，要么是机器学习技术的一个超集或子集。

1.3.1 数据挖掘

数据挖掘是一种数据处理，它包括数据分析，结合业务规则从数据集中挖掘内在的、有价值的模式。数据挖掘既关注数据也关注数据所在的领域。数据挖掘中用到多种机器学习技术，来识别数据中蕴含的有用模式，排除那些无用模式。

机器学习与数据挖掘		
与机器学习的相似点	与机器学习的不同点	数据挖掘与机器学习的关系
机器学习与数据挖掘都会探究数据，从中抽取有价值的信息。 机器学习与数据挖掘使用的大多数工具都是相同的，如 Weka、R 等	机器学习主要关注使用已有知识和经验。而数据挖掘更侧重从数据中发现未知的知识，例如数据中是否存在一种特殊结构，能帮助分析数据。 机器学习挖掘出来的智能，其使用者是机器（算法），而数据挖掘的输出是面向用户的	机器学习与数据挖掘这两个领域是相互缠绕的，它们的底层原理与方法论有非常多的重叠

1.3.2 人工智能

人工智能（AI）更关注如何构建系统来模拟人类的行为。该领域已存在很久，现代人工智能正在持续演化，它有很多特殊的数据需求。人工智能有很多能力，下面是其中比较重要的：

- 知识的存储与表示，能保存所有与询问和探究相关的数据。
- 自然语言处理，能处理自然语言形式的文本。
- 推理能力，能回答问题及下结论。
- 规划、调度、自动操作的能力。
- 机器学习能力，可构建自学习算法。
- 机器人相关能力。

机器学习是人工智能的一个子领域。

机器学习与人工智能		
与机器学习的相似点	与机器学习的不同点	人工智能与机器学习的关系
机器学习与人工智能都使用了学习算法，它们都关注推理与决策的自动化	尽管机器学习是人工智能的一个研究子集，但机器学习本身更关注提升机器在解决一个特定任务上的表现，而待解决的任务不一定与人类行为有关。人工智能算法更关注人类行为相关的任务	机器学习通常被认为是人工智能的一个子集

1.3.3 统计学习

在统计学习领域中，问题最终都被归结到预测函数（predictive function）之上，该函数是从样本数据中推导出来的。统计学习更关注数据的收集、清洗与管理。统计学习与数学关系更近，它关注的是数据的量化，操作的是数值类型的数据。

机器学习与统计学习		
与机器学习的相似点	**与机器学习的不同点**	**统计学习与机器学习的关系**
与机器学习类似，统计学习关注构建从数据推断的能力，在很多案例中，这些数据代表的是经验	统计学习侧重提出有效的论断，而机器学习侧重预测。相较于机器学习，统计学习更关注假设检验。在实践中机器学习与统计学习会被区分开，机器学习是一个相对来说更加新颖的领域	机器学习中用到了统计学习技术

1.3.4 数据科学

数据科学研究的是如何将数据转化为产品。数据科学侧重数据分析，而机器学习则尝试洞察数据内蕴藏的模式并推断其对现实行为的影响。数据科学被认为是传统数据分析或知识系统的第一步，如数据仓库（Data Warehouse，DW）及商务智能（Business Intelligence，BI），这些通常都与大数据紧密相关。

数据科学的处理环节包括数据加载、数据清洗、数据分析及后续操作，机器学习往往只涉及数据科学的部分环节。

机器学习与数据科学		
与机器学习的相似点	**与机器学习的不同点**	**数据科学与机器学习的关系**
机器学习与数据科学的多个环节是绑定在一起的，有着相同的输出	数据科学与机器学习的最大不同在于数据科学需要领域专家指导，其解决的是领域特定问题。而机器学习更侧重构建通用模型	数据科学是机器学习、数据挖掘及相关领域的一个超集。数据科学覆盖了从数据加载到数据生产的所有环节

1.4 机器学习处理流程及解决方案架构

本节将介绍机器学习的处理流程及解决方案架构：

1）定义解决方案的第一步是定义问题，包括问题的目标、处理过程及假设。

2）厘清问题的类型，它是分类、回归，还是最优化问题？

3）选择一个度量指标用来度量模型的精度。

4）为了确保模型在新数据上表现良好，采取以下措施：

- 使用训练集训练模型
- 使用测试集验证和调试模型
- 得到最终模型及相应的精度

下图描述了机器学习处理流程及解决方案架构：

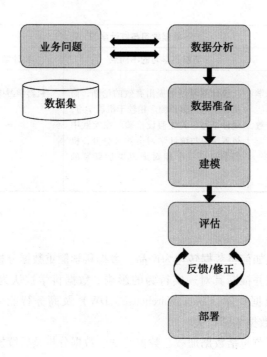

1.5 机器学习算法

现在来简单了解一下常见的、重要的机器学习算法。关于这些算法的细节，将在本书的后续章节逐一介绍。这些算法既可按问题类型分类，也可按学习类型分类。下面有一个简单的机器学习算法分类法则，该法则比较直观，又不至于让读者陷入太多细节中。

有很多种机器学习分类方法，本书基于机器学习模型来分类。从本书第5章开始，将逐一介绍这些机器学习模型及相关算法。下图描述了本书中涉及的机器学习模型：

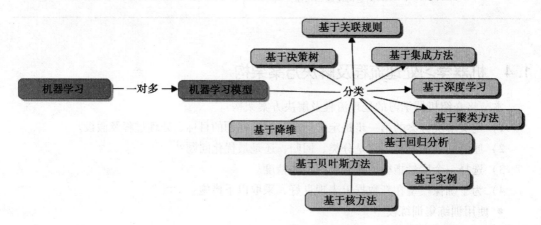

1.5.1 基于决策树的算法

决策树算法利用训练集递归地构造模型。决策树算法的目标是基于一组输入变量预测一个目标变量。决策树算法输出的模型是树形结构，它既可解决分类问题也可解决回归问题。对新记录预测时，会从决策树模型的根节点向下遍历，直到在某个叶子节点做出决策（预测数值或类别）。下面是一些基于决策树的算法：

- 随机森林（random forest）
- 分类与回归树（Classification and Regression Tree，CART）
- C4. 5 及 C5. 0
- 卡方检验（Chi-square）
- 梯度提升机（Gradient Boosting Machines，GBM）
- 卡方自动交叉检验（Chi-square Automatic Interaction Detection，CHAID）
- 决策桩（decision stump）
- 多元自适应回归样条（Multivariate Adaptive Regression Splines，MARS）

1.5.2　基于贝叶斯的算法

贝叶斯方法显式使用了贝叶斯推断理论，它能解决分类或回归问题。贝叶斯方法使用了主观概率建模。下面是一些常见的基于贝叶斯的算法：

- 朴素贝叶斯
- 平均单依赖估计（Averaged One-Dependence Estimators，AODE）
- 贝叶斯信念网络（Bayesian Belief Network，BBN）

1.5.3　基于核方法的算法

一谈到核方法（kernel method），人们自然而然会想到支持向量机（Support Vector Machine，SVM）。此类方法通常是一组方法。核方法与模式分析有关，前面的小节中已经解释过了。模式分析的关键在于各种各样的映射技术。映射的数据集包括向量空间等。下面列举的是一些基于核方法的机器学习算法：

- SVM
- 线性判别分析（Linear Discriminant Analysis，LDA）

1.5.4　聚类算法

聚类（clustering），就像回归方法一样，既描述了一类问题，也描述了一类方法。聚类算法通常把数据聚集为基于中心点的簇或层次型的簇。这些算法对数据的聚类基于输入数据内在的相似性。下面列举了一些常用的聚类算法：

- k-means
- 期望值最大算法（Expectation Maximization，EM）及高斯混合模型（Gaussian Mixture Model，GMM）

1.5.5　人工神经网络

与核方法类似，人工神经网络（Artificial Neural Network，ANN）也是一类模式匹配技术，只不过这类方法受到了生物神经网络结构的启发。ANN 可以用于解决分类或回归问题。深度学习（Deep Learning）是基于人工神经网络的，ANN 可分为很多子领域，各自用于解决特定类型的问题。

下面列举了一下常见的 ANN 方法：

- 学习向量量化（Learning Vector Quantization，LVQ）

- 自组织映射（Self-Organizing Map，SOM）
- 霍普菲尔德网络（Hopfield network）
- 感知器（perceptron）
- 反向传播算法（backpropagation）

1.5.6　降维方法

与聚类方法类似，降维方法（dimensionality reduction）方法也是一种无监督方法，在数据集上迭代执行算法。给定数据集及特征维度，维度越高意味着机器学习算法的时间复杂度更高，一种思路是迭代式缩减特征的维度，使得精心挑选后的特征集与学习任务更相关。降维方法技术用于简化高维数据，处理过的数据之后可以用于有监督学习。下面列举了一些常用的降维方法：

- 多维缩放（Multidimensional Scaling，MDS）
- 主成分分析（Principal Component Analysis，PCA）
- 投影寻踪（Projection Pursuit，PP）
- 偏最小二乘回归（Partial Least Square（PLS）regression）
- 萨蒙映射（Sammon mapping）

1.5.7　集成方法

顾名思义，集成方法（ensemble method）同时使用多个独立训练出来的模型，组合它们的输出，得到一个最终的预测。因此，集成方法的关键是决定组合使用哪些独立的模型，如何组合这些模型的输出结果，以及以何种方式得到所需要的结果。组合使用的模型通常被认为是更弱的模型，因此最后的预测结果一定要优于单个的模型才有意义。集成方法是一种被广泛采用的机器学习方法，下面列举了一些常用的集成方法：

- 随机森林（random forest）
- 装袋法（Bagging）
- 自适应提升（AdaBoost）
- 自助聚合法（Bootstrapped Aggregation（Boosting））
- 栈泛化（Stacked Generalization（Blending））
- 梯度提升机（Gradient Boosting Machine，GBM）

1.5.8　基于实例的算法

所谓实例，就是数据集的子集。基于实例（instance）的机器学习方法利用了对于待解决问题至关重要的一个或一些实例。此类方法首先会检索出一些实例（实例中甚至可能会包括待分类的新实例），然后根据某种度量指标选出最匹配的实例用于预测。基于实例的方法通常也被称为基于内存（memory）的机器学习方法。它最关注的是实例的表示，以及实例间比较时的相似度度量准则。下面列举了一些基于实例的机器学习算法：

- k 近邻（k-Nearest Neighbour，k-NN）
- 自组织（Self-Organizing）
- 学习向量量化（Learning Vector Quantization，LVQ）

- 自组织映射（Self-Organizing Map，SOM）

1.5.9 基于回归分析的算法

回归分析（regression analysis）基于误差迭代式优化模型。回归同时也是一种机器学习问题类型。下面列举了一些回归相关算法：

- 普通最小二乘线性回归（ordinary least square linear regression）
- 逻辑斯谛回归（logistic regression）
- 多元自适应回归样条（Multivariate Adaptive Regression Spline，MARS）
- 逐步回归（stepwise regression）

1.5.10 基于关联规则的算法

给定项集和事务集的情况下，基于关联规则（association rule）的算法抽取并定义规则，这些规则可以应用在一个数据集上，利用之前基于经验的学习结果来进行预测。挖掘出来的规则往往与多维数据相关，并且在商业上大有用途。下面列举了一些关联规则挖掘算法：

- Apriori 算法
- Eclat 算法

1.6 机器学习工具与框架

机器学习技术正在被技术公司和商业组织广泛采用，增长势头迅猛。每个组织都在积极地制定策略，期望最大限度地利用企业数据的价值，通过挖掘用户数据来拓展新的业务。当谈到机器学习技术或框架时，有很多开源或商业的选项。新生代的机器学习技术天然关注大数据处理、分布式存储以及并行处理。在下一章中将介绍如何在机器学习背景中处理大数据。

站在一个较高的层次来看，机器学习工具可以分为三代。

第一代机器学习工具聚焦于提供尽可能丰富的机器学习算法，为深度数据分析提供支持。此类工具并不关注大数据处理、分布式存储或并行处理。因此它们能处理的最大数据规模不超过当前硬件的垂直扩展能力。SAS、SPSS、Weka、R 等工具都可以被归类到第一代机器学习工具中去。需要指出的是，这些工具也正在朝着支持大数据的方向去努力。

第二代机器学习工具聚焦于支持大数据处理需求，其中绝大多数运行在 Hadoop 平台上，它们也提供了可在 MapReduce 框架中运行的机器学习算法。常见的此类工具有 Mahout、RapidMiner、Pentaho、MADlib 等。但是这些工具中有些并不能支持所有的机器学习算法。

第三代机器学习工具更智能，打破了传统技术的桎梏，之前处理海量数据是批量方式的，而现在支持实时数据分析、大数据场景下的多种高级数据类型及更深度的数据分析。此类工具有 Spark、HaLoop、Pregel 等。

第 4 章将讨论一些重要的机器学习工具，并向读者演示如何利用它们解决实际问题。诸如 R、Julia、Python、Mahout、Spark 等工具的实现或使用细节届时将会深入探讨，并会涉及更基础的技术及软件安装指导。

1.7　小结

本章是本书后续内容的基石。我们介绍了机器学习的基础知识、术语及相关语义。本章最开始用简单的术语定义了什么是机器学习，然后介绍机器学习的常见术语。

有很多与机器学习互为竞争或互为补充的领域。本章简单地介绍了它们之间的相似点与不同点，以及机器学习与它们（如人工智能、数据挖掘、数据科学、统计学等）的关系。总的来说，这些领域比较相似，有重叠的目标。在大多数情况下，这些领域在实践上还是有很多不同的。然而，从使用工具的角度来看，它们又有很多共同点。

我们也介绍了一些解决某些问题的最佳机器学习工具。这些工具在本书后续章节的案例实操部分会演示。

在下一章中，我们将涉及机器学习中一个比较独特的方面，此类技术极大地改变了机器学习的实现方式。届时将探究大数据是如何影响机器学习工具选择及算法实现策略的。

第 2 章
机器学习和大规模数据集

近几年，人们目睹了大数据处理方式的戏剧性变化。机器学习领域也需要以可扩展策略来处理新时代的数据需求。这意味着一些传统的机器学习实现方案并不完全能适应当前的大数据处理需求。需要存储和处理的数据集规模不断增大，数据格式日益复杂，不断挑战现有的基础设施架构，因此需要更优的解决方案。

随着硬件架构的革新，我们能够方便地获取到更便宜的、支持分布式架构的硬件。同时也涌现了提供简化并行计算能力的新式编程模型。这些计算模型目前能够适用于多种机器学习算法。人们对升级现有机器学习系统的兴趣越来越浓厚。

本章将深入探讨以下话题：

- 什么是大数据以及大规模机器学习的典型挑战。
- 探讨机器学习算法垂直、水平扩展（scaling up、scaling out）的背后动机，并简单介绍大数据集并发处理和分布式处理过程。
- 并发算法设计概述、大 O 标记，以及为实现并发处理而引进的任务分解技术。
- 云框架的发展壮大。云框架能够高效利用计算资源，提供云端聚类、分布式存储、容错处理、高可用性等多种功能和特性。
- 大规模机器学习的可选框架或平台。这些框架包括用于大规模并行处理（Massive Parallel Processing，MPP）的 MapReduce 和 MRI 等。相关支持平台包括 GPU、FPGA 和多核处理器等。

2.1　大数据和大规模机器学习

在笔者的前一本著作《Getting Started with Greenplum for Big Data Analytics》中已经介绍了一些有关大数据的核心知识。本章将快速回顾一下这些核心知识，并指出它们对机器学习领域的巨大影响。它们包括：

- 大规模的定义为 TB、PB、EB 或更高数量级的数据规模。这些数量级通常是传统数据库引擎无法支持的。下表列出了这些数量级以及与之对应的数据量大小：

整数倍字节数		
标准的十进制记法		二进制数值
计 量 单 位	十进制数值	
Kilobyte（KB）	10^3	2^{10}

（续）

整数倍字节数		
标准的十进制记法		二进制数值
计 量 单 位	十进制数值	
Megabyte（MB）	10^6	2^{20}
Gigabyte（GB）	10^9	2^{30}
Terabyte（TB）	10^{12}	2^{40}
Petabyte（PB）	10^{15}	2^{50}
Exabyte（EB）	10^{18}	2^{60}
Zettabyte（ZB）	10^{21}	2^{70}
Yottabyte（YB）	10^{24}	2^{80}

- 数据格式在机器学习语境中的范畴与人们平常所指是有所出入的。数据被生产出来，然后被消费掉，它并不需要被结构化为特定格式（比如存储到数据库中和关系型的数据仓库中）。现在，不断有新的数据源出现。数据可以来自社交网站、硬件设备以及其他地方。它可以是天然异构的流式数据（比如视频、电子邮件、推特消息等）。同样的问题是，这些新的数据格式不被传统的数据超市/仓库和数据挖掘应用支持。
- 在过去，所有大规模数据的处理过程都是基于批处理的。而现在，我们将越来越需要拥有实时数据处理的能力。新的 Lambda 架构（Lambda Architecture，LA）能够同时支持批处理和实时数据输入和处理。
- 此外，人们对响应时间窗口（response time window）的要求越来越高，这也加剧了机器学习领域面临的挑战。

现在来回顾一下大数据的四个关键特征。所有这些特征都依赖特殊的工具、框架或基础设施，并有对应的性能要求：

- 更大的容量（能到达 PB 级）
- 更高的可访问和可用性需求（更实时）
- 多样化的数据格式支持
- 未标记数据的激增，以及随之而来的噪声数据问题

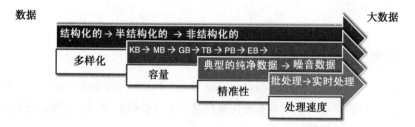

2.1.1 功能与架构：方法论的失配

五年前可能大家都无法想象到：关系数据库和非关系数据库（如对象数据库）将仅仅变成了众多数据库技术中的普通一员，而不是数据库技术的代名词。因特网规模的数据处理深刻改变了处理数据的方式。

新时代的技术架构，比如 Facebook、Wikipedia、Salesforce 等，其理论基础和规范与过去截然不同。而正是基于过去精心构建的理论基础，我们开发出了各种现代的数据管理

技术。

1. 信息商品化

苹果 App Store、SaaS、普适计算（ubiquitous computing）、移动化和基于云的多租户架构共同释放出了一种把信息投递行为转化为商品的能力。这些架构模型几乎改变了所有的架构选型决策。因为我们现在只需要考虑什么样的信息单元可以被直接从外部服务中购买，而不再关注自建该解决方案的总拥有成本（Total Cost of Ownership，TCO）。

2. 关系数据库（RDBMS）的理论限制

数据库理论界著名科学家 Michael Stonebreaker 近期曾写文章指出，互联网规模架构的核心是构建一个新的关于数据处理和管理的理论模型。现今各种数据库管理理论已经存在 30多年了，它们当初是针对大主机计算环境和不可信赖的电源组件设计的。各种基于数据库的系统和应用软件也深受这些设计和理论的影响，并随着时间不断演进。当可靠性逐渐成为底层环境的基本要求，并且各种系统逐渐选择构建于并行处理核心之上，这使得数据创建和使用的方式发生了巨大的变化。为了适应这些新技术环境中的解决方案构建，我们需要从计算的视角来考量解决方案和架构的设计，而不仅仅停留在工程视角。

如今，主要有六股力量在推动着数据革命：

- 大规模并行计算（Massive Parallel Processing，MPP）
- 商品化的信息分发（commoditized information delivery）
- 普适计算和移动设备
- 非关系数据库（Non-RDBMS）和语义数据库（semantic database）
- 社区计算（community computing）
- 云计算（cloud computing）

Hadoop 和 MapReduce 使得我们可以在极大规模数据集上进行大规模并行处理。它们可以把复杂算法的计算融入一个可编程的平台中。这完全改变了数据分析和商务智能的行为模式。类似地，Web 服务和 API 驱动的架构也使得大规模信息分发行为逐渐商品化。

今天，我们可以通过这种方式建立一个非常庞大的系统：系统中每个子系统或组件都是一个独立的平台，但是每个子系统都被各自宿主管理。

Dijkstra 曾经说过一句富有洞察力的话：

"计算机科学并不只是关于计算机，就像天文学并不只是关于望远镜一样。"

他如果活到现在会非常高兴地看到：数据计算已经不再被看作仅仅是个人电脑、工作站或服务器的职责了。如今我们绝大部分的信息消费来自于那些之前我们几乎不会把它称之为计算机的设备，如移动设备、可穿戴设备。无处不在的信息，正在深刻改变着数据创建、集成、消费和分析的方式。

近年来，随着传统数据库局限性的暴露，许多特殊用途的数据库逐渐浮现，有内存数据库、列式数据库、图数据库和语义数据库等。这些数据库都已经逐步进入商用领域。

前面提到的这些创新完全改变了传统的数据架构。特别是语义计算和本体驱动建模（ontology-driven modelling）的出现，让数据架构设计超出其原始定义。从哲学上讲，数据架构正在超越它自己的支撑基础。在对传统数据建模时，我们首先设计一个固定的、在设计时就定义好所要代表的真实实体的和它未来变化的"数据模型"。这个数据模型把数据的含义永久固定在一个确定的结构化表示中。一张表仅仅代表一个类别或者某种事物的集合。这么做的结果是，数据只有在我们知晓它所属的集合或类别时才有意义。举例来说，假定我们在设计一个汽车处理系统时定义四轮车、两轮车、商务车等类别，这种划分方式本身就拥有了一些内在含义。然而这些含义并不能通过每个类别下存储的数据揭示出来。同样，另一个汽车处理系统可能会把汽车按它们所使用的燃料来分类：电动车、燃油车、核动力车等。

这种分类方式本身揭示了整个系统的设计目的，而通过获取某分类下任意单个记录并不能提取到系统的各种特性。语义和元数据驱动的架构设计可以让数据模型超越这些限制。在元数据模型中，首先出现的是对象。

在基于关系数据库的存储系统中数据存储和管理数据有如下几个核心特征：

- 数据通常存储在由行和列构成的二维表中
- 数据表之间基于数据的某些属性之间的逻辑关联建立连接
- 被认为高效且具有很高的灵活性
- 支持范式设计用于减少冗余

另一方面：

- 元数据驱动/NoSQL/语义驱动的数据架构是无关联关系的，因此不受数据使用目的的约束
- 更乐于拥抱商业需求的不断变化，把对软件系统的修改减到最少
- 支持大规模数据集和分布式存储技术，拥有较低的存储开销，这些对元数据驱动/NoSQL/语义驱动的数据架构意义非凡

3. 垂直扩展与水平扩展

大数据的浪潮不断推进，扩展现有存储设备以支持 PB 级数据的需求应运而生。扩展的途径有两条：

- 垂直扩展（scaling-up）
- 水平扩展（scaling-out）

垂直扩展指向现有系统中添加新的资源使之具备存储更多数据的能力。这些资源通常指内存、计算能力、硬盘等。

水平扩展指的是向系统中添加新的组件（例如服务器）。这些使得数据可分布式存储，同时可以让任务支持并发处理。水平扩展会增加系统的复杂性，很多时候会导致系统的重新设计。

目前所有大数据技术架构都支持水平扩展。

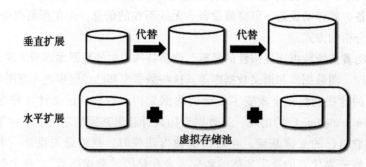

垂直扩展	水平扩展
少量高配置性能机器	更多低配置机器
基础设施的垂直扩展能力有上限	扩展能力没有理论上限，基础设施的扩充取决于需求而非系统的架构设计
可支持大型虚拟机	支持小型虚拟机并且虚拟机容易受宿主机错误的影响
共享数据架构（shared everything data architecture）	无共享架构（shared nothing architecture）
较高的总拥有成本（TCO）	相对较低且灵活的成本
对网络设备要求低	需要相对较多的网络设备（路由器、交换机等）

4. 分布式和并行计算策略

尽管分布式和并行计算策略已经出现好几年了，不过直到近期，这些策略才在各种需要节约成本的解决方案中优先使用，其重要性逐渐在机器学习任务中凸显出来。

下图描述了计算机体系结构中的弗林分类法（Flynn's taxonomy）。该分类法考虑了数据流的数量和指令流的数量。

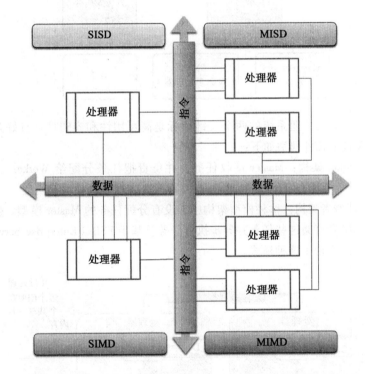

- 单指令流单数据流（Single Instruction Single Data，SISD）：这种情况指的是仅有一个处理器且不具备并行处理数据或指令的机制。其指令部件每次只对一条指令进行处理，每条指令只操作一条数据。所有指令按先后顺序逐条执行。典型的例子是单处理器。
- 多指令流单数据流（Multiple Instruction Single Data，MISD）：这种情况下，多条指令对同一数据流进行操作。典型的例子是容错处理。
- 单指令流多数据流（Single Instruction Multiple Data，SIMD）：这是一种天然的并发机制。由单一指令能同时操作多个数据流。

- 多指令流多数据流（Multiple Instruction Multiple Data，MIMD）：这种情况下，多条相互独立的指令分别处理独立的数据流。因为有多个数据流需要同时处理，内存要么被设计成共享的，要么被设计为分布式的。在这种情况下，还可以对分布式处理做归类。前面这张图描述了一个"分布式"环境变种下的 MIMD。

下面这张图表解释了分布式处理器架构和分类。

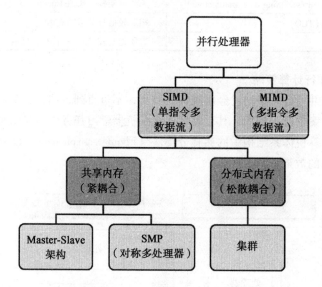

并行处理或分布式处理系统的两个关键指标是高可用性和容错性。有好几种并行编程模型，其中最关键的几种列举如下：

- Master/Worker 架构：Master 接收任务，并负责把任务分配给 Worker。Pivotal Greenplum 数据库和 HD（Pivotal 的 Hadoop 发行版）实现了这种编程模型。
- 生产者/消费者架构：这种模型架构中，没有分配任务的 Master 模型。生产者创建任务，而消费者订阅这些任务并异步执行任务。基于 ESB（Enterprise Server Bus）的数据集成系统实现了这种模式。

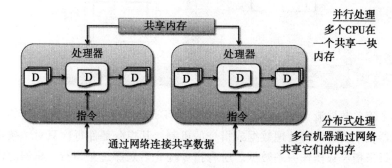

理论上存在两种并行化机制：一种是数据并行化，另一种是执行并行化，或者叫任务并行化。

- 数据并行化：它能够在多个输入数据上并行执行同样的计算。在机器学习领域是有对应的例子的，如考虑在多份数据样本上执行相同的算法，而不用关心这些数据样本是如何被分割的。

- 执行或任务并行化：和数据并行化不同的是，这种并行化需要把一个功能（任务）拆分成多个子功能（任务），然后并行执行它们。这些子任务可能是在处理同一个数据集，不过这种情况需要所有子任务能够并行执行、互不依赖。

任务并行化可以设计得很好，同样也可能设计得很糟糕。

有众多分布式平台可供挑选。这些平台可以处理大规模数据集，使机器学习算法带可以更高效处理更大规模的任务。一些这样的平台列举如下：

- 现场可编程门阵列（FPGA）
- 图形处理器（GPU）
- 高性能计算（HPC）
- 多核处理器和多处理器并行系统
- 建构在云基础设施上的大规模虚拟化集群

除了上述众多平台外，还有许多被广泛使用的、开箱即可用的开发框架，它们提供了API用来构建机器学习算法。选择这些框架时需要考虑底层硬件支持。

对我们来说，选择一个能够最大限度发挥我们现有架构优势，且能够适应所用到的机器学习算法和数据结构的平台或框架才是最重要的。

2.1.2　机器学习的可扩展性和性能

机器学习算法的扩展主要有两条途径：

- 抽样
- 支持并行计算的分布式系统

我们可以把任务分块，然后基于这些任务块并行执行机器学习算法，最后把结果加以汇总输出。这是一种简单的并行化方法，很容易扩展到更大规模的数据集上并且获得不错的性能。不过这种方法需要假设这些切分后的数据集是离散的，互相之间不存在依赖关系。

受益于数据源种类的激增，出现了一些按分布式方式存储的大规模数据集供我们使用。机器学习算法因此需要具备在分布式环境下工作的能力。

如今，业界可供选择的分布式、并行化机器学习框架很多。不妨来看看这项框架、平台之间存在哪些关键差异：

- 最关键的差异在于并行粒度。粒度是指并行任务的分解程度，有的系统把并行任务切分得很细，而有的系统把任务切分得粗一些。细粒度对应了细致的任务切分，而粗颗粒度对应了粗放的任务切分。
- 算法的定制化能力。
- 融合多种编程模型的能力。
- 数据集水平扩展的容易程度。
- 对批处理和实时处理能力的支持程度。

特定的问题的上下文中，我们在选择平台和计算框架时需要综合考虑前面提到的这几个关键因素。

下面是一些关键的度量指标（metrics）来衡量并行算法的计算性能：

- 性能——算法的顺序执行时间与并行执行时间的比值。
- 效率或吞吐量——多处理器环境下的性能。

- 可扩展性——随处理器数量增加所产生的效率提升比例。

下一节我们将探讨机器学习问题的某些关键特性，这些特性对机器学习算法的垂直扩展能力提出了要求。

1. 海量数据点（实例）

大多数机器学习问题都需要应对严峻的数据冗余问题，而且很多时候，用于建模和调优的数据实例之间是相关的。这些数据实例以及他们之间的相关关系表示，很可能达到 TB 级别。

为此，我们需要支持分布式存储，并在集群中消耗带宽去处理这些数据实例。那些拥有大容量存储能力，拥有并行编程处理机制（如 MapReduce 和 LINQ）的系统适用于这种场景。

2. 海量属性（特征）

建模时作为输入的数据集可能拥有大量的特征，或称为属性或维度。在这种情况下，机器学习算法尝试对有依赖关系的特征进行分组，然后迭代执行。这类数据集的例子常出现在文本挖掘和自然语言处理（NLP）场景中，数据的特征可多达几百万个，这会带来计算量的问题。通过对数据集的特征做并行计算处理，消除不相关特征，可以有效解决这类问题。后文中提到的随机森林和决策树算法就是如此。一些特定的特征选择技巧，如正则化方法（regularization method）等，也将在后续章节中涉及。

3. 逐渐缩小的响应时间窗口：需要实时响应

一些特定的机器学习应用（比如语音识别）需要系统给予实时响应。在此类应用中，机器学习系统的响应时间至关重要，如果响应时间过长，那么响应本身也将不再具有相关性。并行化机制可以缩短响应时间。

这种情况下，延迟问题和模型性能问题比吞吐量问题更值得关注。有许多例子表明，延迟可以导致模型失效，因为响应已经失去使用价值，应被抛弃。

针对这些问题，高并发硬件架构如 GPU 和 FGPA 将变得非常有效。

4. 极其复杂的算法

有些算法本身就极其复杂，比如一个计算密集型的函数或任意一个非线性模型。拿一段文本或一张图片来说，它本身就是非线性的。这种复杂性常常可以用分布式计算来解决。

解决此类问题有许多方法。其中一个方法是先对特征排出优先级，然后进一步进行处理，每一步都着眼于追求更高的精确度。然而这种方法会伤害学习过程的自动化能力。在执行算法前，我们始终需要执行人工特征处理这一步骤。

一般来说，数据越复杂，计算复杂度也越高。如果不对平台进行扩展，则无法加快机器学习过程的处理速度。

多核处理器和 GPU 系统适用于此类需求场景。它们都可以带来存储容量的扩充和计算效率的提升。

5. 前向反馈、迭代预测循环

机器学习领域有些独特的应用案例，它们的学习算法不会执行一次就结束。这类算法通常多次迭代、顺序运行，每一次迭代执行的结果将作为下次执行的输入。这种方式对算法来说至关重要。还有一类需求，需要汇总合并每次迭代中产生的推断信息，这使得模型执行过程非常复杂。如果一次性处理推断过程，这会带来大量的计算开销。不过也可以通过引入并行化任务处理来降低计算开销。

一些真实场景案例如下：

- 语音识别
- 机器自动翻译

2.1.3 模型选择过程

一些情况下，我们需要在相同的训练集和测试集上训练多个模型，区别只是特征之间处理的优先级不同，通过对比结果精度来确定最适合特定问题领域的模型。这些模型可以并行进行训练，因为它们之间不存在相互依赖关系。如果我们需要通过调优学习算法参数，评估多个处理过程的优劣来进行模型推导，则相应的处理复杂度就升高了。

事实上，这些模型的训练过程相互独立，因此可以高度并行化，并且无需相互通信。统计显著性检验（statistical significance testing）就是一个符合此类场景的真实案例。并行计算平台对这类场景非常有效，因为训练工作可以很容易地在平台上并行进行，无须对实际的学习和推导算法本身进行并行化改造。

2.1.4 大规模机器学习的潜在问题

各类大规模机器学习实现过程中存在如下问题需要处理：

- 并行执行：为了精确控制并发执行过程，程序需要使用特殊的设计范式进行精心设计。
- 负载均衡与偏斜控制：既然数据和训练过程都已经分布式、并行化了，有必要保持数据的平均分布，控制计算任务分配的偏斜，使得任何节点都无须存储比其他节点更多的数据、执行更多的运算。
- 监控：随着各种硬件的涌现，可以考虑对训练系统进行有效监控，实现对故障系统的自动恢复。
- 容错处理：需要简单可依赖的容错和错误恢复系统。
- 自动扩展：垂直扩展和水平扩展应自动化。
- 任务调度：批处理任务需要被高效调度。
- 工作流管理：能在集群节点之间灵活协调和监控工作执行过程。

2.2 算法和并发

首先，我们需要了解算法的一些基本知识，包括时间复杂度和数量级度量，然后再探讨如何构建可执行的算法程序，最后再把目光转向并行算法。

算法可以定义为一系列有序的计算步骤，它能够根据输入数据产生符合预期的输出。算法的表现形式跟具体技术无关。我们来看看下面这个排序算法的例子：

输入：一个包含 n 个数字的序列——a1, a2, …, an
输出：一个排好序的序列——a1′, a2′, …, an′, 其中 a1′≤a2′≤…≤an′

下面是一个插入排序算法：

```
INSERTION-SORT(A)
1. for j = 2 to length[A]
2. dokey<-A[j]
3. //把A[j]插入到已经排好序的序列A[1..j-1]中
```

```
4. i<-j-1
5. while i>0 and A[i]>key
6. do A[i+1] <- A[i]  //把A[i]右移一位
7. i<-i-1
8. A[i+1]<-key
```

衡量算法的时间复杂度和空间复杂度的一个因素是输入数据的数量。时间复杂度用来衡量算法在给定条件下执行得有"多么快"。更重要的是,用来衡量在输入数据量增大的情况下算法执行时间将如何变化。

频率统计是算法的一个重要衡量指标。它可以用来预估算法执行过程中每个指令的执行次数。比如:

指 令 编 号	代　　　码	频率计数（FC）
1	for (int i = 0; i < n; i ++)	n + 1
2	count << i	n
3	p = p + 1	n
4		3n + 1

频率统计本身没有什么意义,除非把它和执行性能结合起来考虑。另外一个衡量因素是数量级,也就是基于数据量大小来做性能预估。通常我们用大 O 表示法来表示。大 O 表示法衡量输入数据量增大时算法性能下降的速度。

比如,$O(n)$ 表示算法耗时与输入规模 n 成正比,而 $O(n^2)$ 表示算法耗时与输入规模 n 的平方成正比。

开发并发算法

开发并行算法的第一个步骤是将问题分解成多个可以同时执行的任务。一个给定问题可能有多种不同的分解方式。分解得到的任务大小可以相同,也可以不同。

任务依赖图（task dependency graph）是一种有向图,图的节点代表任务,而边表示一个任务的输出将作为下一个任务的全部或部分输入。

例如,考察一段数据库查询的处理过程。

假设我们需要执行这个查询:

```
MODEL = ``CIVIC'' AND YEAR = 2001 AND (COLOR = ``GREEN'' OR COLOR =
``WHITE)
```

对应数据库表的内容如下:

ID#	Model	Year	Color	Dealer	Price
4523	Civic	2002	Blue	MN	$18 000
3476	Corolla	1999	White	IL	$15 000
7623	Camry	2001	Green	NY	$21 000
9834	Prius	2001	Green	CA	$18 000
6734	Civic	2001	White	OR	$17 000
5342	Altima	2001	Green	FL	$19 000
3845	Maxima	2001	Blue	NY	$22 000
8354	Accord	2000	Green	VT	$18 000
4395	Civic	2001	Red	CA	$17 000
7352	Civic	2002	Red	WA	$18 000

对于这个查询，有多种分解成子任务的方式，有的分解细致，有的分解粗糙。好的分解方式其并发性能也较高。

问题分解的相关技术很多，并且没有哪种技术在所有场景下都是最优的。这里列举其中一些技术：

- 递归分解（recursive decomposition）
- 数据分解（data decomposition）
- 探索式分解（exploratory decomposition）
- 推理式分解（speculative decomposition）

问题分解将产生多个子任务，而子任务的一些特征严重影响并行算法的执行性能。这些特征包括任务交互（任务之间的通信），各任务涉及的数据量的大小以及任务数量等。我们在设计并行算法时需要时刻留意某些关键特征，注意对任务进行解耦，使得任务之间的交互尽可能最小化，同时平衡任务粒度的代价。

2.3　垂直扩展的机器学习技术方案

本节我们将探索一些适用于实现机器学习算法的并行编程技术和分布式平台。关于 Hadoop 平台的有关技术将在第 3 章中详细介绍。从下一章开始，我们将结合现实生活中的例子来探讨一些实践方面的问题。

2.3.1　MapReduce 编程架构

MapReduce 是一种并行编程架构，它对分布式环境中的并行计算过程和数据复杂性问题做了抽象。它的工作理念是计算能力向数据靠拢而不是数据向计算能力靠拢。

MapReduce 编程框架不仅自带了许多内置功能，使得开发者无须费心思重新构建这些功能，它还大大降低了实现数据切分、资源调度、异常处理、系统内部通信等功能的复杂度。

下图描述了一种典型的 MapReduce 计算过程：

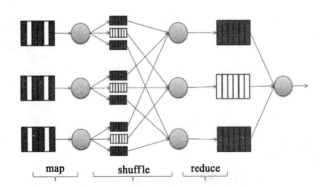

MapReduce 由 Google 设计并实现，最初作为一种编程模型，用于在集群内部并行处理分布式存储的大规模数据集。

MapReduce 编程架构目前已经成为业界的事实标准。许多平台都构建于 MapReduce 架构之上，并提供具体的 MapReduce 实现。比如，Hadoop 就是这样一个实现了 MapReduce 架构的开源平台，它可以在单机上运行，也可以部署于类似 Amazon EC2 的云计算服务上。

MapReduce 的核心是 map( ) 和 reduce( ) 函数。这两个函数可以在集群中的各个节点上并行执行。map( ) 函数作用于分布式存储的数据上，并行执行给定的处理任务，而 reduce( ) 函数负责对这些处理结果进行汇总。

2.3.2 利用消息传递接口进行高性能计算

消息传递接口（MPI）被设计为用于访问先进的并行硬件，并可以在各种复杂网络和集群环境下正常工作。它的设计规格非常引人注目。给我们提供了一种可移植的途径来开发并行计算功能。

消息传递指的是在发送者和接收者之间进行数据传输和同步的过程。下图揭示了发送者和接收者之间的消息传递过程：

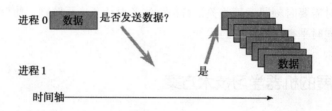

处理进程可以被分组管理。同时，消息发送者和接收者需要在同一个上下文环境中。因此，可以把通信器（communicator）理解为由一个进程组及其上下文环境。消息中的数据被封装成三元组进行传递。

使用 MPI 可以获得可移植性，提升并行处理过程的执行性能。MPI 可以支持独特的数据结构，还可以复用已经构建好的程序库。不过，它的容错处理能力不好。

2.3.3 LINQ 框架

语言集成查询（LINQ）是一种通用的大数据处理和并行计算框架。与 MapReduce 架构类似，它也对数据处理做了高度抽象，并提供了各种基础处理功能的实现。它也可以帮开发者降低分布式并发计算的复杂性。

随着机器学习相关功能从普通数据（文档图形图像等各类数据）处理过程中不断剥离，业界对通用数据处理模型的需求也越来越强烈。需要注意的是，LINQ 模型目前仅在 .NET 等少量语言中提供。

2.3.4 使用 LINQ 操作数据集

LINQ 自带了一组可以操作 .NET 对象集合的方法。通过这些方法，LINQ 可以对这些包含 .NET 数据类型的集合进行修改。

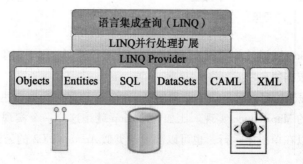

2.3.5　GPU

图形处理器（GPU）由一组电子电路组成，专门用来给图形显示设备提供内存管理并在帧缓冲区中快速生成图像用于显示。

在运算能力飞速发展的历程中一直有 GPU 的身影。GPU 最初是用来进行图像处理和渲染，不过目前较先进的 GPU 已经被设计和定位为通用计算平台。

CPU 的设计目的是可以处理各种各样的工作负载，而 GPU 被构建成可以应对大规模数据集的并行处理。

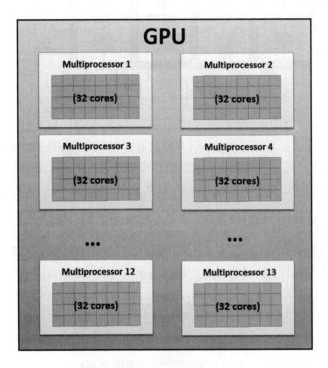

GPU 主要被用在深度学习领域，用于神经网络的训练。这里需要大规模训练集和优化的存储空间，而对计算能力也有很高的要求。GPU 可以在云端处理分类和预测问题。绝大多数社交媒体公司都较早地采用 GPU 来处理数据。

有了 GPU 的帮助，预录制的发言和多媒体内容可以被更快地剪辑、转码出来。相对使用 CPU 的解决方案来说，使用 GPU 方案在模式识别方面可以快 33 倍。

2.3.6　FPGA

人们在多个高性能计算领域都可以看到现场可编程门阵列（FPGA）的身影。FPGA 可以用于大规模并行计算场景。本节我们来了解一下 FPGA 的体系结构和实现方式。

FPGA 有很高的计算能力。它可支持多种不同的并行计算程序。它们还拥有一块集成好的存储组件，便于处理器进行存取操作。尤其是，这块存储组件跟算法逻辑组件完美配对，这意味着我们不需要额外的高速存储单元。

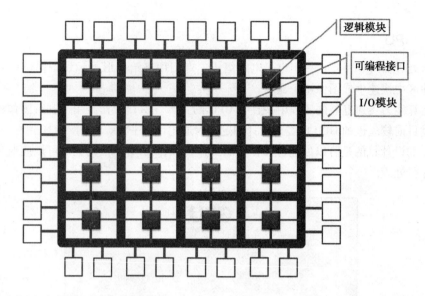

FPGA 拥有大量的可配置逻辑模块（Configurable Logical Block，CLB），每个 CLB 模块都通过可编程接口传递信号来相互联通。CLB 模块通过 I/O 模块跟外部世界连接起来。

FPGA 提供了多种模式来帮助我们在软硬件设计中加速计算。FPGA 非常高效，各种硬件资源都可被优化使用。IBM 公司的 Netezza 数据仓库就使用 FPGA 架构。

2.3.7 多核或多处理器系统

多处理器系统拥有多个 CPU，这些 CPU 可以分布在多个主板上。新一代的多处理器都被安置在同一块物理主板上，处理器之间通过高速接口进行通信。

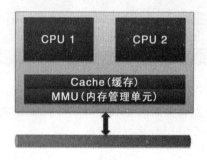

多核处理器代表了一类处理器。在同一块主板上可以安装多个 CPU（比如 2 个、4 个、8 个。在多核处理器系统中，多线程功能的效率由并发代码的编写质量决定）。

基于所有硬件和基础设施的提升，我们看到云计算框架在机器学习领域越来越有吸引力，因为它们可以用最小的代价来扩展机器学习的处理能力。

随着云计算的出现，基础设施提供商如亚马逊网络服务（Amazon Web Service）可以按需提供近乎无限的计算能力，并且根据使用情况进行计费。

2.4 小结

本章我们探讨了各种大规模数据集，它们的共同特征、冗余问题，以及数据量的高速扩张。事实上，我们探讨的就是大数据环境。

　　在大数据集上应用传统的机器学习算法的需求越来越多，给机器学习实践者带来了更大的挑战。传统的机器学习代码库不能很好地支持和处理大规模数据。使用现代最新的并行计算框架（如 MapReduce 等）进行并行化计算，已经成为业界的共识和普遍选择。这也促进了基于这些并行计算框架的新代码库的出现。

　　业界的注意力集中在那些能够适应大规模数据且有并行化实现潜力的方法上。在最近十年中，机器学习应用的面貌产生了剧烈的变化。提供更多机器并不一定就是正确的解决方案。我们需要对一些传统算法和模型的执行过程进行审视，关注当前机器学习技术研究的一些重要方面：可扩展性、并行计算、负载均衡、容错处理以及动态调度。

　　我们也一起探讨了在大数据环境下不断涌现的各种并行计算和分布式架构、框架，也了解了机器学习领域垂直扩展和水平扩展的需求。还进一步简明扼要地讲述了一些适用于机器学习领域的并行和分布式技术或平台的内在机制，包括 MapReduce、GPU、FPGA 等。

　　下一章我们将探讨 Hadoop 这个最适合大规模机器学习的技术框架。

第 3 章
Hadoop 架构和生态系统简介

从本章起将关注机器学习的具体实现。我们学习的首选平台是 Hadoop——一个能满足高层次企业级数据需求（特别是机器学习领域的大数据需求）的平台。

本章将探讨 Hadoop 平台和它在解决机器学习领域的大规模数据加载、存储、处理等方面的优秀能力。我们将依次介绍 Hadoop 的系统架构、核心框架和 Hadoop 生态系统的各种组件。除此之外，我们还将给出一个 Hadoop 安装和部署的详细示例。尽管市面上有 Hadoop 的许多商业发行版本，在本章中还是在选择使用开源的 Apache 发行版（最新版本为 2. x）。

本章将深入探讨以下主题：

- Apache Hadoop 简介，它的进化历史、核心概念，以及组成 Hadoop 生态系统的各种组件。
- Hadoop 有哪些发行版本，各有什么特点。
- 安装和搭建 Hadoop 运行环境。
- Hadoop 2.0 的核心——HDFS 和 MapReduce，以及 YARN（Yet Another Resource Negotiator）。我们将通过演示一些示例来介绍 Hadoop 的各种组件。
- 了解 Hadoop 生态系统的一些核心组件的设计目标及其搭建过程，通过一些示例来学习如何编写和执行相关程序。
- 探索面向机器学习领域的各种 Hadoop 扩展，比如 Mahout 和 R Connectors（我们将在第 4 章中了解这些扩展的实现细节）。

3.1 Apache Hadoop 简介

Apache Hadoop 是 Apache 软件基金会旗下一个用 Java 语言编写的开源项目。这个软件的核心目标是提供一个可伸缩、可扩展且具备容错能力的分布式大数据存储和处理平台。读者可参考第 2 章来了解什么样的数据才能称为大数据。下图是 Apache Hadoop 的标准 logo：

Apache Hadoop 的核心功能是调度由普通服务器节点组成的机器集群进行并行处理。Hadoop 这个名字是它的创造者 Doug Cutting 根据他儿子的黄色玩具小象命名的。迄今为止，雅虎是 Hadoop 最大的贡献者，也是 Hadoop 的一个频繁使用者。可访问 http://hadoop. apache. org/来获取关于 Hadoop 的更多细节和架构信息，以及下载链接。

Hadoop 平台作为大数据领域的工业标准，为各种机器学习工具提供了广泛的支持。这个平台目前的使用者包括微软、谷歌、雅虎和 IBM 等大公司。它还被用于应对各种特定的机器学习需求，如情感分析和搜索引擎等。

下面的几节将探讨 Hadoop 平台的一些关键特性。这些特性使得它特别适合进行大数据存储和处理。

3.1.1　Hadoop 的演化

下面这张图（来自 Cloudera 公司）解释了 Hadoop 平台的演化过程。2002 年，Doug Cutting 和 Mike Cafarella 启动了一个搜索引擎项目（Nutch），目的是构建一个高度可伸缩的开源搜索引擎系统。该系统需要有良好的扩展性，能够运行在众多机器上。在项目发展初期出现了几个重要的里程碑事件：2003 年 10 月，谷歌发布了关于 GFS（Google File System）的论文；2004 年 11 月，谷歌又发表了一篇关于 MapReduce 框架的论文。这两篇论文的思想先后促成了项目的核心组件 HDFS（Hadoop Distributed File System）和 MapReduce/YARN 的诞生。

另一个重要的里程碑归功于雅虎公司。2008 年 2 月，雅虎实现了一个 Hadoop 生产环境版本，该版本用于构建全文索引的 Hadoop 节点超过了 10 000 个。下图描述了 Hadoop 的历次演进过程：

年份	版本演进/进展
2002~2003	Doug Cutting与Mike Cafarella开始了Nutch相关工作
2003~2004	Google发表了GFS与MapReduce相关工作的论文
2004	Doug Cutting在Nutch中添加了GFS与MapReduce相关支持
2006	Hadoop与Nutch剥离，Doug Cutting加入雅虎
2007	纽约时报利用100余台EC2服务器将4TB图片形式文档迅速转换为PDF文档。Facebook启动了Hive项目，增加 Hadoop 上的SQL支持
2008	Hadoop利用910个节点创造了1TB数据排序的最快纪录，Cloudera成立
2009	第一次有750人参与的Hadoop峰会，Doug Cutting加入Cloudera

3.1.2　Hadoop 及其核心要素

下面这张概念图揭示了 Hadoop 平台的核心组件及其他方面。

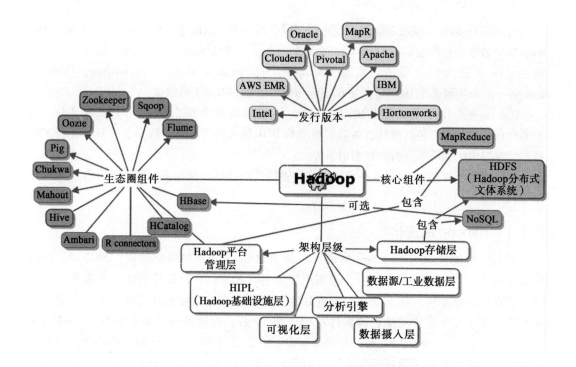

3.2　基于 Hadoop 的大数据机器学习解决方案架构

本节我们一起探索一下，在大数据环境下实现一个机器学习解决方案，其技术架构所需的关键组件有哪些。

可用的架构方案应当能够从各种各样的数据源高效并低成本地获取数据。下面这张图总结了极有可能在机器学习解决方案技术栈中占有一席之地的核心组件。至于说到可选的技术框架，既可以选择开源版本，也可以选择商业版本。在本书中，我们只考虑 Hadoop 的开源（Apache）发行版以及相关的 Hadoop 生态系统的各种组件。

　特定的商业版本或扩展不在本章讨论范围之内。

下面几个小节，我们将详细探讨上图中多层架构中的每一层，以及每层所需的框架。

3.2.1　数据源层

数据源层（data sources layer）是上述机器学习架构的一个关键部分。目前有众多的用户在解决机器学习问题时，可能有多种内部或外部数据源可作为算法的输入。这些数据源可能是结构化的（structured），可能是非结构化的（unstructured），也可能是半结构化的（semi-structured）。更重要的是，在实时模式、批处理模式或近实时处理模式下，这些数据源需要被无缝整合后提供给分析引擎和可视化工具使用。

在数据被灌入系统做进一步处理之前，有一个很重要的步骤就是移除其中的不相关数据或噪声。有一些特殊的技术可以用来完成清理和过滤操作。

在大数据和数据聚合的上下文中，这些被聚合在一起的数据集也称为数据湖（data lake）。Hadoop 是存储数据湖的一种常见选择。

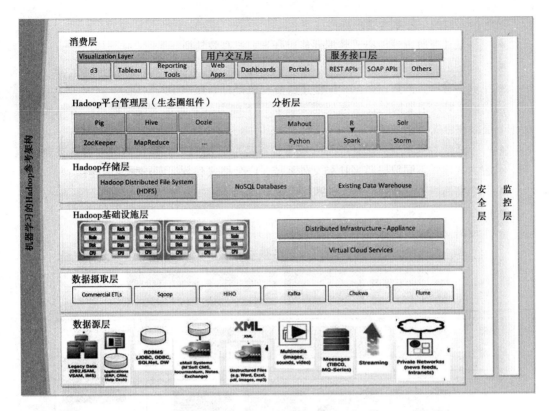

下面这张图表展示了各种各样的数据源被整合形成统一数据输入源的场景。

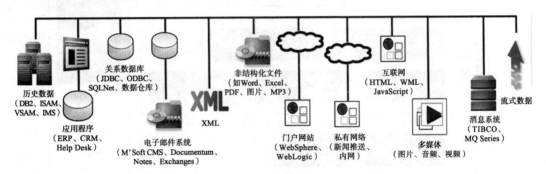

我们在设计数据架构时，通常只支持一些特定的协议，例如 JMS、HTTP、XML 等。然而，大数据领域的最新进展已经给数据源带来了显著变化。现在，新一代的数据源还包括了来自社交网络的数据流、GPS 卫星定位数据、机器生成的数据比如用户访问日志，以及其他各种专有数据格式。

3.2.2　数据摄入层

数据摄入层（data ingestion layer）的核心职责是从各种数据源中读取数据并输入系统，同时要保证数据质量。这一层需要具备过滤、转换、整合和校验数据的能力。需要特别注意的是，这一层的实现方案要能够支持大容量及其他数据特性。下面的元数据模型展示了数据摄入层各种功能的组合和流程。在机器学习架构中，数据摄入层应当具备抽取、转换和加载（Extract、Transform and Load，ETL）数据的能力。

数据摄入层的一些基本要求列举如下:

- 支持从任意数据源中摄入数据并能以任意方式高效转换
- 在很短时间内处理大量数据记录
- 生成富含语义的数据格式,以便于任意系统都可以查找相关数据

构成数据摄入层架构的技术框架需要具备以下能力,下面这个模型揭示了数据摄入层的细分层级和组成:

- 一个适配器框架——任意产品或应用程序都可以使用该框架快速、可靠地并通过编程方式建立不同数据源(比如文件系统、CSV 格式和数据库)之间的连接
- 一个高速的、支持并行转换的执行引擎
- 一个任务执行框架
- 生成语义化输出的框架

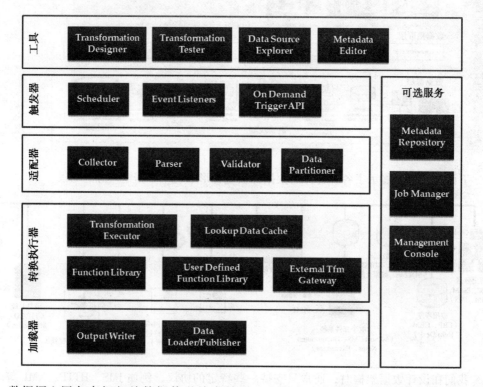

数据摄入层负责把相关数据传递给存储层。在本章中,存储层特指基于文件系统的 Hadoop 数据存储层。

下面这幅概念图列举了数据摄入层的核心模式(这些模式对应的是机器学习架构性能和伸缩性等方面的需求):

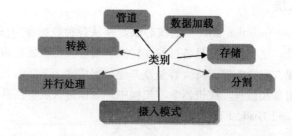

- 并行处理和分割模式：在大数据摄入过程中，其底层架构通常是将处理过程并行化。为了达到并行化的目的，通常需要同时在多个输入数据流上执行数据转换，还需要把输入的单个的大型数据集分割成多个小数据集以进行并行处理。
- 管道设计模式：在设计数据摄入任务的工作流时，通常需要处理一些特殊情况，比如尽量避免使用大量管道来串行处理数据，代之以并行化处理。另一方面，从数据可靠性的视角看，创建合适的审计和执行日志对于管控整个数据摄入过程至关重要。
- 转换模式：数据转换有多种类别。处理依赖是数据转换的一个重要方面。之前提到的第一种模式（并行处理和分割模式）也需要处理各种依赖条件。另外，本模式还需要考虑对以往和历史数据的依赖，特别是在处理数据的额外负荷时。
- 存储设计：当数据被输送给目标数据仓库时，我们还需要处理一些事项，比如从失败的数据转换中恢复执行，或者从特定数据源中重新加载数据（比如在转换规则固定不变时可以采用这种方式）。
- 数据加载模式：数据摄入过程的最大性能瓶颈在于加载数据到目标数据仓库的速度。特别是当目标数据仓库是关系数据库时，加载数据时使用的并行处理策略往往会导致数据库出现各种并发问题，从而限制了摄入过程的吞吐量。本模式提供了一些特定的技巧用来优化数据加载，解决加载过程中的性能和并发问题。

3.2.3 Hadoop 数据存储层

机器学习架构一般都有一个分布式数据存储层，对大规模数据处理中的数据分析或其他高计算量任务提供并行处理支持。使用分布式存储、并行处理大规模数据，是企业大数据处理方式的一次显著变革。

一个典型的分布式存储系统可以在 PB 级数据上高效并行执行给定算法，同时具备良好的容错能力和可靠性。

Hadoop 分布式文件系统（HDFS）是 Hadoop 架构的核心存储机制。本节我们将简单了解一些关于 HDFS 和 NoSQL（Not-only-SQL）等常见存储系统选项的知识。而接下来的几节将更详细地探讨 HDFS 及其技术架构。

HDFS 是 Hadoop 的一个核心组件，通常用作 Hadoop 的数据库。它是一个可在集群中多个节点上存储大规模数据的分布式文件系统。HDFS 本身就是一个框架，可以确保数据可靠性并具备容错能力。应用程序可以把文件分块或者整个存到 HDFS 中，是否分块取决于文件自身大小。HDFS 适用于一次写入多次读取的场景。

既然 HDFS 是一个文件系统，那么它对数据进行访问和操纵就不是一件非常容易的事，这就需要一些复杂的文件处理程序支持。另外一种简单的解决方案是使用非关系存储仓库（又称 NoSQL 数据库）来操纵和管理数据。

下图中的模型展示了几种可供选择的 NoSQL 数据库类别，每种类别旁边都有相关示例。每种类别分别对应一个特定的业务需求。对我们来说，了解每种类别所针对的需求场景非常重要，因为这样才能为特定需求选择合适的 NoSQL 数据库。每种 NoSQL 类别的 CAP 理论（一致性、可用性、分区容灾性）指标的满足程度都不相同，因此我们要针对工作场景所需要的 CAP 指标选择最优的 NoSQL 数据库。事实上，这些 NoSQL 数据库不得不跟关系型数据库共存，因为我们可能需要保留一个用于同步数据的系统，一个更好的情况是，我们可能同时需要关系型和非关系型数据。

下面这张图表展示了 NoSQL 数据库的类型，以及市面上属于该类型的一些产品：

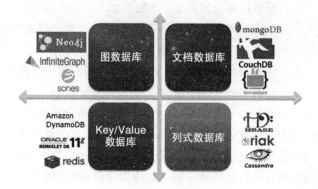

Hadoop 最初被用来进行批处理，数据成批或按计划输入 HDFS 中。通常情况下，数据存储层对数据进行批量加载处理。一些便于数据加载和摄入的核心或外围组件有 Sqoop、HI-HO（Hadoop-In Hadoop-Out）MapReduce、ETL（抽取、转换和加载）等。

3.2.4 Hadoop 基础设施层

传统机器学习架构和大数据架构的一个重要不同在于底层基础设施所试图解决的核心问题。性能、可伸缩性、可依赖性、容错性、高可用性以及灾后恢复能力是大数据架构需要支持的一些重要能力。平台的底层基础设施负责满足这些需求。

Hadoop 基础设施的架构模型是分布式的，数据不是被存储在一个地方，而是被分布式存储在众多集群节点中。数据分布策略可以是智能的、自适应的（比如 Greenplum），也可以由数学公式简单指定（比如 Hadoop）。分布式文件系统的节点通过网络连接在一起。这种架构被称作无共享架构（Shared Nothing Architecture，SNA）。大数据解决方案就工作于这种架构上。数据被分发存储到多个节点上后，每个节点上的处理程序只处理本地数据。

这种架构首先由 Michael StoneBraker 在论文中提出。该论文网址为 http://db.cs.berkeley.edu/papers/hpts85-nothing.pdf。

存储数据的节点被称作数据节点，而执行数据处理的节点被称作运算节点。数据节点和运算节点可以是同一节点，也可以毫不相关。下图描述了一个 SNA（无共享架构）环境中数据节点和运算节点的协作方式：

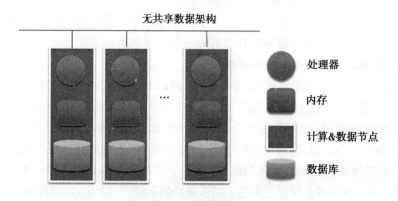

　　无共享架构可以支持并行处理。由于它需要处理来自各种数据源的大量数据，数据冗余是默认存在的。

　　Hadoop 和 HDFS 作为支撑大数据机器学习的技术架构的基础设施层工作于一个基础设施网格，或一个高速千兆网络，或者一个虚拟云基础设施之上。

　　下面这张图显示了用普通服务器组建大数据基础设施的场景：

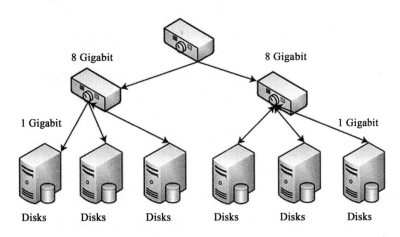

3.2.5　Hadoop 平台/处理层

　　Hadoop 的平台层或处理层是机器学习架构工具的核心的数据处理层。这一层位于 Hadoop 基础设施层和数据存储层之上，主要用来帮助查询和访问存储于 Hadoop 存储层的数据（比较典型的如使用 HDFS 的 NoSQL 数据库）。

　　正如我们在第 2 章中介绍的那样，计算领域的技术进步使得大规模分布式计算和并行处理越来越便利。

　　Hadoop 的 MapReduce 框架可以帮助我们高效且廉价地存储、分析海量数据。

　　Hadoop 平台/处理层的主要组件列举如下（这些组件都是 Hadoop 生态系统的一部分，在本章随后的小节中我们将详细探讨）：

- MapReduce：MapReduce 是一种编程规范，可以在大规模数据上高效执行一个函数，执行时通常使用批处理模式。map( ) 函数负责把任务分发到多个系统中，平衡负载、控制任务并行执行。而 reduce( ) 函数负责在处理结束后吸收、合并 map( ) 函数的处理结果，汇总给出最终结果。Hadoop 的原生 MapReduce 架构，以及 MapReduce v2 和 YARN 将在 3.3.1 节中展示。
- Hive：Hive 是基于 Hadoop 的一个数据仓库框架，可以将大量数据聚集起来，进行类 SQL 的查询和处理。Hive 提供了一条高效存储数据和资源的途径。Hive 的配置和实现细节将在 3.3.1 节中探讨。
- Pig：Pig 是一种简单的脚本语言，可以方便地查询和操纵存储在 HDFS 中的数据。在执行各种函数时，Pig 内部使用了 MapReduce 的编程模型。Pig 常常被视为简化 MapReduce任务构建的工具。同样我们将在 3.3.1 节探讨如何一步步配置 Pig、学习 Pig 语法，并尝试编写一些基本的函数。
- Sqoop：Sqoop 是一个面向 Hadoop 的数据导入工具。它内置有许多功能，可以把特定的表、字段或整个数据库的数据导入到 Hadoop 的文件系统中。Sqoop 也可以从多种关系型数据库和 NoSQL 数据库中提取数据。

- HBase：HBase 是一个基于 Hadoop 的 NoSQL 数据库（列式数据仓库）。它使用 HDFS 作为底层文件系统。它支持分布式数据存储和自动线性扩展。
- ZooKeeper：ZooKeeper 是一种监控和协调服务，可以持续对 Hadoop 实例和节点进行检查。它的主要职责是保证基础设施层的同步，保护整个分布式系统不受部分失败的影响，并保证数据一致性。Zookeeper 框架可以独立运行，不需要依赖 Hadoop。

在本章后续的一些小节中，我们还会提到 Hadoop 平台/处理层的其他一些组件。

3.2.6　分析层

在大多数情况下，各个企业都有一些商务智能工具，用来执行一些分析查询，生成一些 MIS（管理信息系统）数据报告或仪表盘（dashboard）。现代机器学习工具和分析框架需要跟这些旧的工具并存。同时，还存在这样一种需求：既要用传统方式对数据仓库的数据进行分析，同时又要支持结构化的、半结构化的以及非结构化的数据。

在这里，通常可以认为数据在传统数据库和大数据仓库中的流动需要借助 Sqoop。

NoSQL 数据库通常是低延迟的，因此它们比较适合进行实时分析。许多开源分析框架的结构简单，并提供开箱即用的方法来执行复杂的统计学和数学算法。对于使用者来说，我们需要做的是了解各种算法之间的关系，并能够为给定的问题选择合适的算法或方案。

下面列出了一些可用于机器学习的开源分析工具和框架：

- R
- Apache Mahout
- Python（scikit-learn）
- Julia
- Apache Spark

后续我们会介绍一个名为 Spring XD 的 Spring 项目。Spring XD 是一个可以在 Hadoop 上运行的并且易于理解和掌握的机器学习解决方案。

3.2.7　数据消费层

数据分析层的输出或处理结果可通过多种途径呈现给终端用户。一些常见的途径如：

- Service API（例如基于 SOAP 或 REST 的网络服务接口）
- Web 应用程序
- 报表引擎和数据集市（data mart）
- 仪表盘和可视化工具

在以上所有途径中，可视化（visualization）是最核心的选项。可视化不仅仅是一个显示机器学习处理结果的重要途径，还可以提供良好的数据展示效果以协助人们进行决策。在大数据和数据分析领域，数据可视化正在变得越来越有吸引力。通过可视化技术用最佳方式展示数据和隐藏在数据背后的模式、相互关系，对做出决策非常重要。

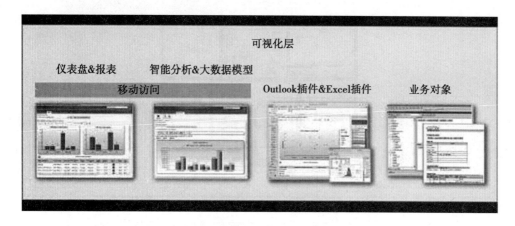

数据可视化有两种方式：一种是对数据进行解释，另一种是对数据进行探索，研究其背后隐藏的模式。现在，数据可视化正被视作一种新的沟通语言。

1. 使用可视化技术来解释和探索数据

使用可视化技术来解释数据和探索数据通常是有区别的，各自拥有不同的目的。

我们在市场上和销售简报上看到的可视化产品大多是对数据进行解释的。这种产品通常适用于手头的数据比较规整且易于理解的情况。因为数据的含义清晰，决策者们只需要针对数据做些沟通即可进行决策。

而另一种对数据进行探索的方式则可以为我们纠正数据偏差，在相关的、有效的属性（特征）之间建立连接，以帮助我们理解数据。这种数据可视化方式在某些情况下可能不够准确。数据的探索过程通常是迭代进行的，一般需要多次迭代改进才能从数据中发现一些有价值的信息。这个过程中有必要剔除数据中的不相关属性（特征），甚至某条数据本身（当这条数据被识别为垃圾数据时）。数据可视化的这个步骤有时候需要执行复杂的算法，通常要对数据非常敏感。

市面上一些流行的可视化工具（包括开源的和商业的）有 Highcharts JS、D3、Tableau等。尽管我们平时会使用其中一些框架来演示数据并基于数据进行当面沟通，在这里我们不打算深入探讨这些可视化框架。

另一个需要重视的地方是，可视化工具通常需要跟传统的数据仓库和大数据分析工具搭配使用。下面这张图展示了如何在机器学习架构中让已有的数据仓库或商业智能工具和大数据分析工具并存。在第 1 章中提到过，汇聚数据而成的数据湖将是所有使用了机器学习的大数据分析工具的核心数据来源。新时代的数据存储将是语义化数据的天下。关于语义化数据架构的更多内容将在第 14 章中，作为一种新兴数据架构进行介绍。下图以一个较高层次的视角展示了数据湖和数据仓库环境中的可视化方案。

2. 安全和监控层

当大量数据通过各种来源汇聚到一起时，数据安全变得极其重要。针对敏感数据的隐私保护，更是非常关键，在某些情况下甚至是必须遵从的规则。因此，需要在实现机器学习方案时，把用户身份鉴别和授权检查作为执行学习算法的一部分。数据安全是机器学习架构的一个前置要求，需要事先规划好，而不是事后想到这一点再去追加相关功能。

根据数据访问控制在大数据处理各阶段的重要性来说，数据摄取和处理过程是最需要实现严格的数据安全控制的领域。

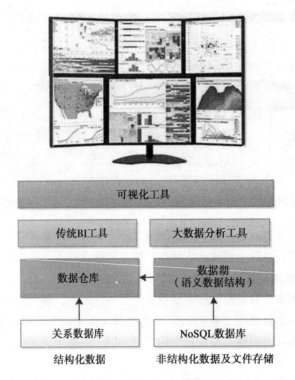

鉴于分布式架构的特性，大数据应用程序在数据安全方面天然是脆弱的、易被攻击的。因此，我们必须重视数据安全的实现，并使得它在满足应用程序自身易用性和易维护性的前提下，不影响程序的执行性能、可伸缩性以及各种功能。

这样的机器学习架构需要满足以下几点安全要求：

- 使用标准协议（比如 Kerberos）对每个集群节点进行身份认证。
- 既然是文件系统，就有必要提供最基本的数据加密支持。
- 所有节点，包括 NameNode 在内，它们之间的通信都要使用 SSL（Secure Socket Layer）、TLS 或其他安全协议。
- 具有安全密钥和安全令牌，并使用标准的密钥管理系统。
- 实现分布式日志系统，该日志系统可以方便跟踪定位到各个架构层的各种问题。

另一个非常重要的需求是系统监控。分布式数据架构应包含稳定可靠的监控支持工具。这些工具需要能够处理大量松散连接的集群节点。

在应用系统的停机维护期间，总是能够感受到 SLA（Service-Level Agreement 的缩写，指服务等级协议，是网络服务运营商和客户签署的合同，一般在合同里定义了服务类型、服务质量和付款方式等内容）的影响。需要确保应用程序的恢复机制能够在保证服务可用性的同时遵守 SLA 协议。

有一点需要我们重视：集群、集群节点跟监控系统的通信最好是独立于机器的，核心要点是使用类似 XML 的数据格式进行通信。监控系统的数据存储需求不应该影响整个应用程序的总体性能。

每个大数据解决方案通常都会自带一个监控框架或监控工具。除此之外，我们还可以选择一些开源工具，比如 Ganglia 和 Nagios，这些工具都可以集成进各种大数据系统中用于监控。

3. Hadoop 核心组件框架

Apache Hadoop 有两个核心组件：

- Hadoop 分布式文件系统，通常简称为 HDFS
- MapReduce（在 Hadoop 2. x 版本中称为 YARN）

其余的 Hadoop 组件在之前的机器学习解决方案架构图中都有展示。围绕 Hadoop 的这两个核心组件，开源社区的各种工作逐渐营造了 Hadoop 生态系统。

本章主要关注 Apache Hadoop 的 2. x 版本。相对于以前版本，这个版本中的 HDFS 和 MapReduce 都有一些架构上的调整。首先我们将探讨 Apache Hadoop 的基本架构，然后再了解一下 2. x 版本中引入的架构调整。

Hadoop 分布式文件系统（HDFS）

HDFS 受 GFS（Google File System）的启发而诞生。HDFS 是一个具备灵活的可伸缩性的分布式文件系统。它支持负载均衡，可以进行容错处理以确保高可用性。它内置了数据冗余机制，从而实现可靠性和数据一致性。

HDFS 实现了 Master-Slave（主 – 从）架构。在 HDFS 中，Master 节点被称作 NameNode，Slave 节点被称作 DataNode。NameNode 是所有应用客户端的访问入口。数据通过 NameNode 分发到多个 DataNode 中去存储。需要注意的是，实际上数据并不需要先传到 NameNode 再转发到各个 DataNode 上，这样可以确保 NameNode 不会成为分布式数据存储的瓶颈。NameNode 上只存储元数据用于跟应用程序客户端打交道，实际的数据传输直接在客户端和 DataNode 之间发生。

在 Hadoop 架构中，NameNode 和 DataNode 都以守护进程的形式存在。NameNode 需要部署在高端服务器上，一般假定在这台机器上只运行 NameNode 守护进程。下面几点证实了 NameNode 需要一个高端服务器：

- 整个集群的元数据都需要存储在这个机器的内存中，以便于快速存取，因此需要较多的内存。
- NameNode 既是整个 Hadoop 集群的唯一入口，也是唯一会发生单点故障的节点。
- NameNode 需要协调成百上千个 DataNode 的工作，同时还要管理批处理任务。

HDFS 的设计思路基于传统文件系统的认知。在这类文件系统中，创建目录、添加文件、删除目录或子目录、删除文件、重命名、移动或更新文件等，都属于日常任务。关于目录、文件、DataNode 以及 DataNode 上存储的数据块等信息，都作为元数据存储在 NameNode 中。

在 HDFS 架构中，还有一个称为 Secondary NameNode 的节点跟 NameNode 保持通信。Secondary NameNode 不是 NameNode 的热备份，因此无法在 NameNode 挂掉时接替它。Secondary NameNode 维持一份 NameNode 的元数据和日志的备份。NameNode 把数据分块和相关分布情况信息保存在一个被叫作 fsimage 的文件中。这个映像文件不是每次文件系统有改动操作时都会更新。文件系统的任何改动都会被定期跟踪并保存到不同的日志文件中。这样做的目的是保证更快的 I/O 读写速度，提升数据导入导出的效率。

　　基于以上考虑，Secondary NameNode 有了一个特别的功能。它定期从 NameNode 下载映像文件和日志文件，然后把日志文件中记录的操作改动追加到 fsimage 文件中，生成新的映像文件，最后再把新的映像文件回传给 NameNode 以替换旧的映像文件。这样就保证了 Nam-eNode 不会有其他的超额任务负担。NameNode 的重启可以变得很快，整个系统的效率也得到了保证。下面这张图描述了客户端应用程序和 HDFS 之间的的交互流程：

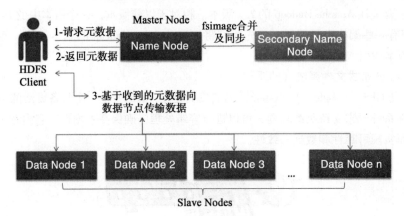

　　设计和实现 HDFS 的目的是支持 DataNode 间的海量数据读写。大文件被切分成多个小文件块。文件块一般拥有固定大小，比如 64MB 或 128MB。文件块在多个 DataNode 中分布式存放。每个文件块都会存储成 3 份，以保证数据冗余、支持容错处理。副本数是系统的一个配置项，可以根据需要进行更改。关于 HDFS 架构和特定功能的更多信息将在之后的小节中探讨。

Secondary NameNode 和 Checkpoint 过程

　　在认识和辨别 Secondary NameNode 的目的和作用时，我们认识到它的一个重要功能是代替 NameNode 更新和维护元数据信息文件 fsimage。这个处理过程需要合并现有 fsimage 文件和日志文件到一个新生成的 fsimage 文件中，此过程被叫作 Checkpoint。下面这张图展示了 Checkpoint 处理过程：

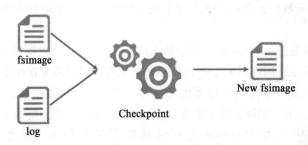

　　与 checkpoint 过程相关的配置可以在 cross-site.xml 文件中修改：

属　　性	目 的 用 途
dfs.namenode.checkpoint.dir	Checkpoint 过程中临时 fsimage 文件的存储目录
dfs.namenode.checkpoint.edits.dir	Checkpoint 过程中临时日志文件的存储目录。默认值跟 dfs.namenode.checkpoint.dir 相同

（续）

属　　性	目 的 用 途
dfs. namenode. checkpoint. period	Checkpoint 过程执行的时间间隔（单位为秒）
dfs. namenode. checkpoint. txns	这个属性定义了 checkpoint 过程需要在多少次事务操作后触发，无视之前的执行时间间隔属性
dfs. namenode. checkpoint. check. period	这个属性定义了 NameNode 检查未进行 checkpoint 操作的事务的频度（单位为秒）
dfs. namenode. checkpoint. max- retries	Secondary NameNode 可以在 checkpoint 操作失败后进行重试。这个属性定义了最大重试次数
dfs. namenode. num. checkpoints. retained	这个属性定义了 NameNode 和 Secondary NameNode 上可以保留的 checkpoint 文件的数目

Checkpoint 过程既可以被 NameNode 触发，也可以被 Secondary NameNode 触发。Secondary NameNode 还负责定期备份 fsimage 文件，这些备份可能在将来的错误恢复过程中起作用。

切分大文件

HDFS 把大文件切分成小块，分发到集群的多个数据节点中。在文件实际被存储前，HDFS 就会对它进行分割处理。文件内容被分割成多个固定大小的数据块，默认大小是64MB，可以事先配置。在分割文件生成数据块的过程中，只需要参考文件的原始大小，没有其他任何业务逻辑需要考虑。切分得到的数据块被分散存储到各 DataNode 中，便于并行读写。每个数据块都是所在节点的本地文件系统的一个文件。

下面这张图展示了一个大文件被切分成多个小块的过程：

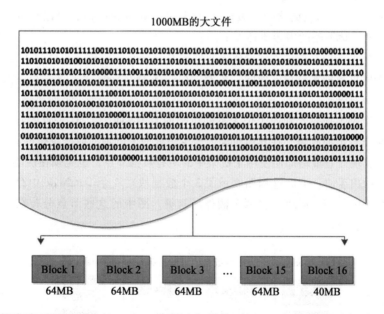

数据块的大小可以通过 hdfs- site. xml 配置文件的 dfs. blocksize 属性进行设置。这个属性的作用范围是整个集群。它的默认值在 Hadoop 1. 0 中是 64MB，在 Hadoop 2. x 版本中则是128MB。数据块大小的取值由基础设施层的传输效率决定，在使用最新的驱动时可以适当调大一些，以获取更高的数据传输速度。

属　　　性	目　　　的
dfs. blocksize	默认值是 134 217 728。 这个默认值是 128MB 的字节数，也可以设置为任何带数据单位后缀的数值，比如 512M、1G、128K 等

dfs. blocksize 取值的改变只对新加入的节点起作用，不影响已经存在的节点。

数据块加载和复制

文件被切分后，会产生多个固定大小的数据块。这些数据块将根据环境进行适当配置。

鉴于分布式架构的特性，我们需要同时保存多个数据块副本以保证数据的可靠性。默认需要存储 3 个副本。控制副本个数的配置属性被称为冗余因子（replication factor）。下面这个表格中列出了所有和数据冗余有关的配置项：

属　　　性	目的用途
dfs. replication	默认值是 3。 这个属性规定了每个数据块在集群中存储的副本数
dfs. replication. max	最大副本数
dfs. namenode. replication. min	最小副本数

NameNode 负责确保数据块根据配置要求正确安置和复制。集群中负责保存数据块的 DataNode 会定期把数据块状态发送给 NameNode。NameNode 收到来自 DataNode 的信号意味着 DataNode 是活动的且运行正常。

HDFS 有一个默认的数据块安置策略（block placement policy），可以在可用的数据节点间保持负载均衡。该策略的内容概括如下：

- 第一个拷贝或副本被写入到创建该文件的 DataNode 上，这一点优化了写入性能。
- 第二个拷贝或副本被写入到同一机架的另一个 DataNode 上，这一点最大程度地降低了网络流量开销。
- 最后一个副本被写入到一个位于不同机架的 DataNode 上。这一点的好处是：即使某个机架出现电源故障，在其他机架中至少还有一个可用的数据块拷贝。

默认的数据块安置策略即便使用了机架中的所有数据节点，也无须在性能、数据可靠性和可用性方面做出妥协。下面这幅图展示了 3 个数据块在 4 个 DataNode 中存放的场景，此时的安置策略规定每个数据块需要两个额外的拷贝。图中的这些节点分布在多个机架中以保持最好的容错能力。

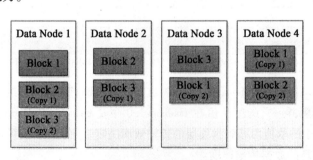

　　总体来说，HDFS 加载数据的流程可以用下面这个流程图表示：

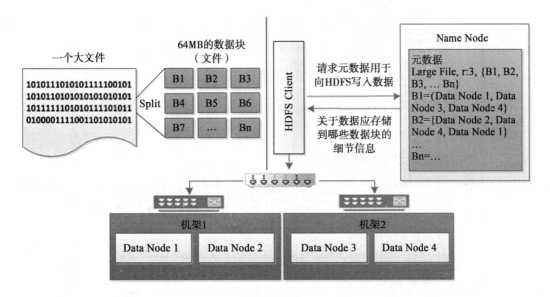

4. HDFS 数据读写

　　当我们向 HDFS 写入一个文件时，客户端程序首先需要与 NameNode 通信，向 NameNode 传递需要写入 HDFS 的文件的有关细节。随后 NameNode 会提供副本配置信息以及其他元数据，告知客户端把数据块存放到指定的地方。这个工作流程可以用下图表示：

5. 容错处理

　　当 Hadoop 集群启动时，NameNode 进入一种安全模式，可以接收来自所有数据节点的心跳信号。NameNode 接收到所有 DataNode 的数据块报告则表示这些 DataNode 都已经完成启动，可以正常工作了。

　　现在，我们假定 DataNode 4 挂掉了，这意味着 NameNode 将无法收到任何来自 DataNode 4 的心跳信息了。NameNode 会记录下节点不可用信息，然后把本来需要 DataNode 4 完成的工作重新分配给其他拥有相关数据块副本的 DataNode。这些分配信息随后会更新到 NameNode 的元数据中。下面这幅图展示了这一场景的节点结构：

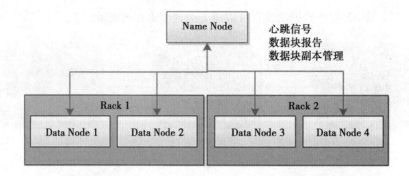

6. HDFS 命令行

HDFS 有一个命令行接口，叫作 FS Shell。我们可以使用该接口来通过 shell 命令管理 HDFS。下面这张屏幕截图展示了 Hadoop 的 fs 命令以及它的使用方式和语法：

```
                          Hadoop Command Line                    _  □  ×

C:\apps\dist\hadoop-2.4.0.2.1.3.0-1948>hadoop fs
Usage: hadoop fs [generic options]
        [-appendToFile <localsrc> ... <dst>]
        [-cat [-ignoreCrc] <src> ...]
        [-checksum <src> ...]
        [-chgrp [-R] GROUP PATH...]
        [-chmod [-R] <MODE[,MODE]... | OCTALMODE> PATH...]
        [-chown [-R] [OWNER][:[GROUP]] PATH...]
        [-copyFromLocal [-f] [-p] <localsrc> ... <dst>]
        [-copyToLocal [-p] [-ignoreCrc] [-crc] <src> ... <localdst>]
        [-count [-q] <path> ...]
        [-cp [-f] [-p] <src> ... <dst>]
        [-createSnapshot <snapshotDir> [<snapshotName>]]
        [-deleteSnapshot <snapshotDir> <snapshotName>]
        [-df [-h] [<path> ...]]
        [-du [-s] [-h] <path> ...]
        [-expunge]
        [-get [-p] [-ignoreCrc] [-crc] <src> ... <localdst>]
        [-getfacl [-R] <path>]
        [-getmerge [-nl] <src> <localdst>]
        [-help [cmd ...]]
        [-ls [-d] [-h] [-R] [<path> ...]]
        [-mkdir [-p] <path> ...]
        [-moveFromLocal <localsrc> ... <dst>]
        [-moveToLocal <src> <localdst>]
        [-mv <src> ... <dst>]
        [-put [-f] [-p] <localsrc> ... <dst>]
        [-renameSnapshot <snapshotDir> <oldName> <newName>]
        [-rm [-f] [-r|-R] [-skipTrash] <src> ...]
        [-rmdir [--ignore-fail-on-non-empty] <dir> ...]
        [-setfacl [-R] [{-b|-k} {-m|-x <acl_spec>} <path>]|[--set <acl_spec> <pa
th>]]
        [-setrep [-R] [-w] <rep> <path> ...]
        [-stat [format] <path> ...]
        [-tail [-f] <file>]
        [-test -[defsz] <path>]
        [-text [-ignoreCrc] <src> ...]
        [-touchz <path> ...]
        [-usage [cmd ...]]

Generic options supported are
-conf <configuration file>     specify an application configuration file
-D <property=value>            use value for given property
-fs <local|namenode:port>      specify a namenode
-jt <local|jobtracker:port>    specify a job tracker
-files <comma separated list of files>    specify comma separated files to be co
pied to the map reduce cluster
-libjars <comma separated list of jars>    specify comma separated jar files to
include in the classpath.
-archives <comma separated list of archives>    specify comma separated archives
 to be unarchived on the compute machines.

The general command line syntax is
bin/hadoop command [genericOptions] [commandOptions]

C:\apps\dist\hadoop-2.4.0.2.1.3.0-1948>_
```

7. RESTFul 风格的 HDFS

为了便于其他应用程序，特别是网络应用程序和类似程序通过 HTTP 协议访问 HDFS 中的数据，HDFS 提供了一个名为 WebHDFS 的附加协议。WebHDFS 符合 RESTFul 标准，可以让我们直接通过 HTTP 协议访问 HDFS，而不需要任何 Java 环境和完整可用的 Hadoop 环境。

客户端程序可以使用常见的工具（比如 curl 或 wget）来访问 HDFS。除了提供基于网络服务的 HDFS 数据访问功能外，WebHDFS 还内置了安全模块，并保留了 Hadoop 平台的并行处理能力。

按如下方式修改 hdfs-site. xml 的配置即可快速启用 WebHDFS：

```
<property>
        <name>dfs.webhdfs.enabled</name>
        <value>true</value>
</property>
```

我们可以访问 http://hadoop. apache. org/docs/current/hadoop-project-dist/hadoop-hdfs/Web-HDFS. html 来获取 WebHDFS REST API 的更多详细信息。

3.2.8　MapReduce

和 HDFS 类似，Hadoop MapReduce 框架也是受 Google 的 MapReduce 框架启发而诞生的。Hadoop MapReduce 是一个分布式计算框架，为了便于在集群中并行处理海量数据，还内置了容错处理机制。它基于操纵和处理本地数据的模式来运作。其核心工作理念是让计算能力向数据靠拢而不是让数据向计算能力靠拢。

1. MapReduce 架构

MapReduce 框架同样基于 Master-Slave（主从）架构。主节点被称为 JobTracker，从节点被称为 TaskTracker。与 NameNode 和 DataNode 不同的是，JobTracker 和 TaskTracker 并不需要专用的物理节点来部署，通常是以用守护进程的方式存在于 NameNode 和 DataNode 节点上。

- JobTracker：JobTracker 负责调度 job 的执行。一个 job 可包含多个 task。JobTracker 负责把 job 或 task 分发给各 TaskTracker，让多个 task 在 TaskTracker 上并行执行，并监控处理状态。如果 task 执行失败，它还负责重新安排失败 task 的运行。
- TaskTracker：TaskTracker 负责执行由 JobTracker 分配的 task，并持续跟 JobTracker 保持紧密联系。

现在，我们可以画出结合 HDFS 和 MapReduce 的主从架构示意图。NameNode 上运行 JobTracker，而 DataNode 上运行 TaskTracker。

在典型多节点集群中，NameNode 和 DataNode 分别位于不同的物理节点上。不过，对于仅有一个节点（伪分布式）的集群，NameNode 和 DataNode 在基础设施层是位于同一台物理机器上的，JobTracker 和 TaskTracker 也运行于同一个节点上。单节点集群一般用于开发环境。

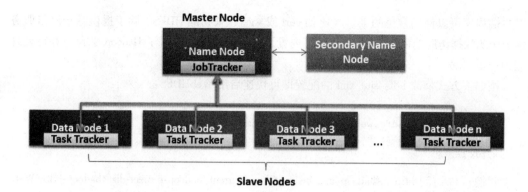

在 MapReduce 处理流程中有两个主要函数——Map 和 Reduce，分别对应两类实体 Mapper 和 Reducer，现介绍如下：

- Mapper：Mapper 的功能是把文件并行切分成多个数据块，并针对每个数据块执行一些基本处理功能（如排序、过滤等），以及任何业务逻辑或分析功能。Mapper 的输出将作为 Reducer 的输入。
- Reducer：Reducer 的职责是把 Mapper 的输入进行整合，得到最终结果。Reducer 也可以执行一些业务逻辑和分析功能。Mapper 和 Reducer 在运行过程中的中间结果以 key-value 键值对的形式存储在本地文件系统中，而它们的输入和最终输出则存储在 HDFS 中。总的来说，MapReduce 框架负责调度任务执行、监控执行状态，并处理失败和错误。下面这个图表展示了 Map 和 Reduce 函数是如何互相配合，协同处理存储于 HDFS 中的数据。

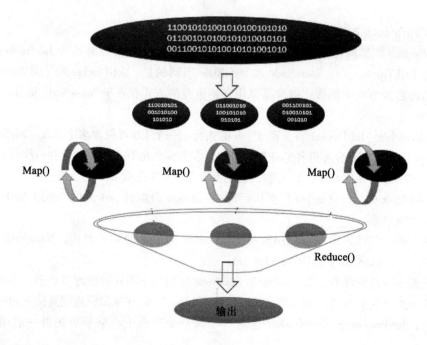

2. 为什么 MapReduce 能满足大数据处理需求

MapReduce 编程框架的一些优势列举如下：

- 并行执行：MapReduce 程序默认就可以在集群节点上并行运行。开发团队不需要关注

MapReduce 内部的分布式计算是怎么实现的，直接使用框架自身就可以了。

- 容错处理：MapReduce 框架基于主从架构设计，如果其中某个节点挂掉了，框架可以自动发现并纠正错误。
- 可伸缩性：MapReduce 框架可以分布式部署，易于水平扩展。我们可以随时按需添加新节点。
- 数据本地化：MapReduce 框架运行的一个前提是把程序向数据靠拢，而不是像传统方式那样把数据传递给程序代码。精确地说，MapReduce 总是处理本地数据。这是保证程序性能的一个重要原因。

3. MapReduce 执行流程和相关组件

本节我们将深入分析一下 MapReduce 的工作流程，了解一下每个组件的作用：

（1）客户端给 JobTracker 提交一个新 job（以 MapReduce job 的形式），并附带指定了输入数据和输出数据的路径以及相关配置。这个 job 被放入执行队列，然后被调度执行。

（2）JobTracker 根据配置信息和上下文环境获取所需数据后，会创建一个 job 执行计划。在执行计划中指定了运行该 job 的所有 TaskTracker。

（3）JobTracker 把 job 提交给指定的所有 TaskTracker。

（4）TaskTracker 基于本地数据执行 job 的所有 task。如果本地没有相关数据，它会自动从其他 DataNode 上获取。

（5）TaskTracker 通过心跳的方式把处理状态反馈给 JobTracker。JobTracker 本身有能力处理任何失败任务。

（6）最后，JobTracker 在 job 处理完毕后，把处理结果返回给客户端程序。

下面这张图表展示了以上工作流程。图中分两个部分分别标记了 HDFS 和 MapReduce 对应的节点分布。

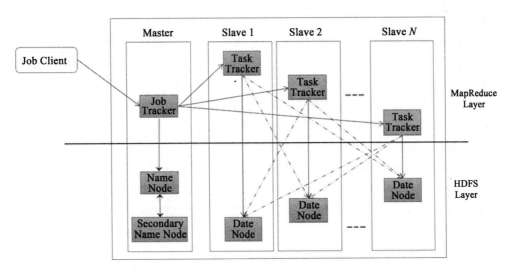

接下来了解一下 MapReduce 程序的一些核心组件，并学习如何编码实现。下面这个流程图向我们展示了从数据输入到输出的完整流程，以及 MapReduce 框架中的每个组件对应的处理环节。组件用红色虚线边框方块表示，每个环节产生的数据用蓝色实线边框方块表示。

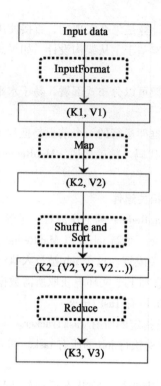

4. 开发 MapReduce 组件

MapReduce 框架包含一组 Java API。这些 API 需要由用户自行扩展实现。所有 API 的实现组合起来可以完成用户所需的具体功能，并可在 Hadoop 集群中并行执行。下面列举了一些需要用户实现的 API：

- 输入和输出数据格式化
- Mapper 接口实现
- Reducer 接口实现
- Partitioner（负责文件分割）
- Combiner（数据合并）
- Driver（负责初始化 job、控制结果输出位置、提交 job 等）
- Context（保存 MapReduce 执行的上下文环境）

（1）InputFormat（输入数据格式化）

InputFormat 类负责读取输入文件并将它格式化为可被 map 函数使用的输入。在这个过程中有两个核心方法：一个是把输入数据划分成多个逻辑片段；另一个是从逻辑片段读取出 key-value 键值对，作为输入提交给 map 函数。这两个方法分别对应了两个独立的接口：

- InputSplit
- RecordReader

切分输入文件功能不是必需的。有时候我们希望把输入文件作为整体进行处理，这时可以重写 isSplittable() 方法，并设置 flag 为 false。

（2）OutputFormat（输出数据格式化）

OutputFormat 接口负责核对 Hadoop 的输出是否和 job 配置中的要求一致。RecordWriter 负责把最终的 key-value 键值对结果写入到文件系统。每个 InputFormat 接口都有一个对应的 OutputFormat 接口。下面这个表格列举了 MapReduce 框架中一些常见的输入输出格式化接口：

输入数据格式化接口	相应的输出数据格式化接口
`TextInputFormat`	`TextOutputFormat`
`SequenceFileInputFormat`	`SequenceFileOutputFormat`
`DBInputFormat`	`DBOutputFormat`

（3）Mapper 接口实现

所有 Mapper 接口的实现都需要扩展 Mapper < KeyIn，ValueIn，KeyOut，ValueOut > 这个基础类，并且必须重写它的 map（）方法，实现自己的业务功能。Mapper 实现类的输入是 key-value 键值对，输出也是一组 key-value 键值对。其余的中间输出结果将被 shuffle（）和 sort（）方法使用。

对于给定的 MapReduce job，它的 InputFormat 生成的每个 InputSplit 都对应一个 Mapper 实例。

总的来说，我们在实现 Mapper 接口时需要实现四个方法。下表中列举了这些方法，以及每个方法的目的：

方法名及语法	目　　的
`setup(Context)`	当 mapper 初始化后所执行的第一个回调方法。这个方法是可选的。如果需要执行一些特殊的初始化操作或配置，则需要重写这个方法
`map(Object, Object, Context)`	这个方法将作为 mapper 逻辑的核心部分被调用。它接受 key-value 键值对作为输入，输出一组键值对的集合。重写这个方法是实现 Mapper 类的关键
`clean(Context)`	这个方法在 mapper 功能结束时调用，便于我们清理 mapper 使用到的各种资源
`run(Context)`	重写这个方法可以获得多线程执行 mapper 过程的能力

给定一个文件，我们期望计算出文件中单词的重复出现次数（词频）。本例中需要使用默认的 TextInputFormat 类。下面这张图表解释了 InputSplit 的工作内容。InputSplit 将会对每一行进行切分，生成 key-value 键值对。

图表中也展示了文本在 DataNode 的多个数据块中存储的场景。TextInputFormat 读取这些数据块，生成多个 InputSplit 实例（本图中我们可以发现有两个 InputSplit 实例，因此将有两个 Mapper 实例）。每个 Mapper 实例使用一个 InputSplit 实例，为单词的每次出现生成一个 key-value 键值对。在这里，key 是单词本身，value 是 1，代表一次出现。

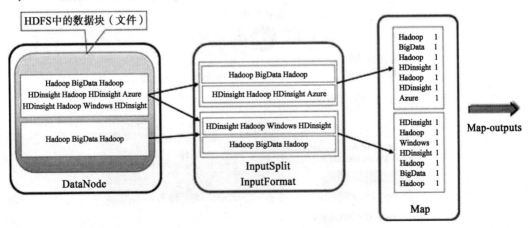

Mapper 的输出将在处理过程结束时写入磁盘，而处理中间结果都直接暂存在内存中，不会写入文件系统。这样做有助于提升性能。像这样把中间结果全部暂存在内存中也是可行的，因为 key 的取值范围是经过分割的，每个 Mapper 只需处理整个数据集的其中一部分。那么一般需要分配多少内存呢？默认值是 100MB，可以通过 io. set. mb 属性修改所需内存大小。通常存在一个临界值，当该属性值超过临界值时，会有一个后台进程把数据写入磁盘。下面的代码片段演示了 Mapper 类的实现：

```
public static class VowelMapper extends Mapper<Object, Text, Text,
IntWritable>
{
private final static IntWritable one = new IntWritable(1);
private Text word = new Text();
public void map(Object key, Text value, Context context) throws
IOException, InterruptedException
{
StringTokenizer itr = new StringTokenizer(value.toString());
while (itr.hasMoreTokens())
{
word.set(itr.nextToken());
context.write(word, one);
}
}
}
```

3.3 Hadoop 2. x

在 Hadoop 2. x 版本之前，所有 Hadoop 发行版都只是致力于解决 Hadoop 1. x 版本的各种限制，本质上都没有偏离 1. x 版的核心架构。而 Hadoop 2. x 则对底层架构做了大量改动，是 Hadoop 自身的一次重大突破。其中最重要的改变是 YARN 的诞生。YARN 是一个用来管理 Hadoop 集群的全新框架。它除了具备批处理能力外，还能满足实时数据处理的需求。Hadoop 2. x 版本解决的一些重要问题列举如下：

- 单 NameNode 问题
- 集群节点大规模增加的问题
- Hadoop 可处理的任务数量扩展问题

下面这张图展示了 Hadoop 1. x 架构和 Hadoop 2. x 的区别，还展示了 YARN 是如何把 MapReduce 和 HDFS 串联起来的。

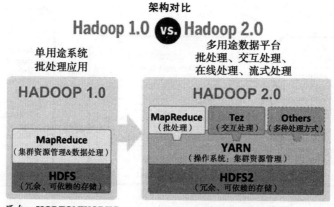

3.3.1　Hadoop 生态系统组件

　　Hadoop 衍生出了众多的附加和支持框架。下面这张图基本涵盖了由开源团体贡献的各种支持性框架。

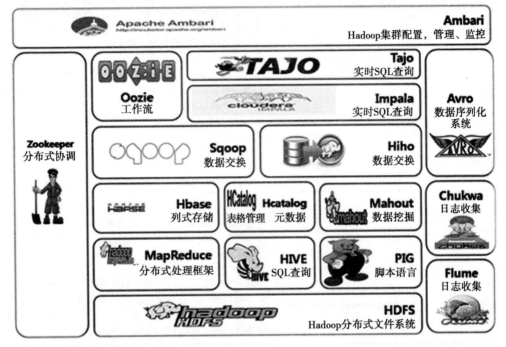

源自：互联网

　　以上这些框架的官网地址和设计目标列举在下面这张表格中。这些框架都可以与 Hadoop 的 Apache 发行版搭配使用。此外，还有大量的框架是由软件供应商开发的，定位于商业使用。这类商业框架就不在本书的讨论范围。

框　　架	URL 链接	主 要 目 的
HDFS（Hadoop 分布式文件系统）	http://hadoop.apache.org/docs/current/hadoop-project-dist/hadoop-hdfs/HdfsUserGuide.html	Hadoop 文件系统是 Hadoop 的一个核心组件。HDFS 具备内置的容错处理能力（可参考 HDFS 相关小节了解更多架构和实现细节）
MapReduce	http://hadoop.apache.org/docs/current/hadoop-mapreduce-client/hadoop-mapreduce-client-core/MapReduceTutorial.html	MapReduce 是一个在类似 Hadoop 这样的分布式平台上处理大数据的编程模型框架。最新版的 Apache MapReduce 扩展出了另一个框架：Apache YARN。 　　YARN：在 Hadoop 2.0 版中，MapReduce 经历了彻底的重构，并有了一个新名字：MapReduce 2。不过，MapReduce 编程模型并未改变。YARN 提供了一种新的资源管理和工作调度模型，也可以执行 MapReduce 任务。默认情况下，现有的 MapReduce job 无须修改即可在 YARN 中正常执行。只有在少数情况下，才需要对 job 做一些微小的升级

（续）

框　架	URL 链接	主 要 目 的
Pig	https://pig. apache. org/	Pig 是一个数据流并行处理框架。它有一门伴生的脚本语言 Pig Latin，可协助进行数据流开发。Pig Latin 拥有许多内置数据处理操作，比如连接（join）、分割（split）、排序（sort）等。Pig 执行在 Hadoop 平台之上，同时可以操作 HDFS 和 MapReduce。编译好的 Pig Latin 脚本可以并行执行各种内部功能
Hive	https://hive. apache. org/	Hive 是 Hadoop 生态系统中的一个数据仓库框架。它支持检索和处理分布式存储的大规模数据集合。Hive 提供一种叫作 HiveQL 的类 SQL 语言，该语言支持嵌入 mapper 和 reducer 程序
Flume	http://flume. apache. org/	Flume 框架更像是一个高效传输框架。它可以方便聚合、分析、处理和移动大容量日志数据。它具备一个可扩展的数据模型，并支持在线分析
Chukwa	https://chukwa. apache. org/	Chukwa 框架提供了一个 API，帮助用户轻松地进行数据收集、分析，以及数据采集监控。Chukwa 运行在 HDFS 及 MapReduce 框架之上，因此它天然集成了 Hadoop 的可扩展能力
HBase	http://hbase. apache. org/	HBase 受 Google BigTable 启发而产生。它是一种列式存储的 NoSQL 数据库，是对 Hadoop 平台的一种补充，并且支持实时数据操作。HBase 是一种基于 Hadoop 的数据库，通常用来存储 MapReduce job 的输出
HCatalog	https://cwiki. apache. org/confluence/display/Hive/HCatalog	HCatalog 用关系数据库的视角来看待存储在 HDFS 中的数据。无须考虑底层数据以何种格式存储在何处。HCatalog 现在是 Hive 的一个子集，因此它没有单独的发行版本
Avro	http://avro. apache. org/	Apache Avro 框架更像一个访问数据的接口。它支持建模、序列号及远程调用（RPC）。Avro 中的每种数据模式（schema）描述，亦可称为元数据，与数据存储在同一个文件中，因此 Avro 中的文件是自描述（self-describing）的
HIHO	https://github. com/sonalgoyal/hiho/wiki/About-HIHO	HIHO 代表的是 Hadoop-in 以及 Hadoop-out。该框架可帮助连接多个数据源至 Hadoop，并提供互操作支持。HIHO 支持连接至若干关系数据库及文件系统，并提供一些内置函数用于在 RDBMS 及 HDFS 之间并行移动数据
Sqoop	http://sqoop. apache. org/	Sqoop 是一个被广泛使用的在 HDFS 和 RDBMS 之间批量传输数据的框架。它与 Flume 类似，但是操作的是 RDBMS。Sqoop 是一种针对 Hadoop 的 ETL 工具
Tajo	http://tajo. apache. org/	Tajo 是一种基于 Hadoop 的关系型分布式数据仓库。Tajo 支持大数据集的 ad-hoc 查询、在线集成及 ETL 操作，这些数据存储在 HDFS 或其他数据源中

（续）

框　　架	URL 链接	主 要 目 的
Oozie	http://oozie. apache. org/	Oozie 是一个工作流管理框架。它作为一个调度器，利用有向无环图（Direct Acyclical Graph，DAG）对 MapReduce job 进行调度。Oozie 可基于数据或时间来调度执行任务
Zookeeper	http://zookeeper. apache. org/	Zookeeper，顾名思义，像是一个 Hadoop 的协调服务。它提供了各种工具用于构建和管理高可用分布式应用程序
Ambari	http://ambari. apache. org/	Ambari 是一个很直观的 Web 界面的 Hadoop 管理系统，它支持 RESTful API。Apache Ambari 由 Hortonworks 公司贡献，它也可以作为 Hadoop 生态系统其他框架的服务接口
Mahout	http://mahout. apache. org/	Apache Mahout 是一个开源的机器学习算法库。Mahout 的设计目标是提供一个可扩展的库，能应付分布式存储在多个系统中的大数据集。Apache Mahout 是一个能从原始数据中提取有用信息的库

3.3.2　Hadoop 安装和配置

Hadoop 有三种安装方式：

- 单机模式：这种安装模式下，Hadoop 以非分布式方式运行。所有的 daemon 都运行在单个 Java 进程中，以便于调试 bug。该模式又称为单节点模式。
- 伪分布式：这种安装模式中，Hadoop 被配置在单个节点上运行，但是它是一种伪分布式，即 Hadoop 的多个 daemon 进程运行在不同的 JVM 进程中。
- 分布式：这种安装模式下，Hadoop 被配置为运行在多个节点上，因此是真实的分布式模式。NameNode、Secondary NameNode、JobTracker 等 daemon 进程运行在 Master 节点上，而 DataNode 及 TaskTracker daemon 进程运行在 Slave 节点上。

Ubuntu 上的 Hadoop 安装需要下面这些前置条件：

- Java 1.7
- 创建 Hadoop 用户
- 配置 SSH 免密码登录
- 禁用 IPv6

1. 安装 Jdk 1.7

（1）使用下面这条命令下载 Java：

```
wget https://edelivery.oracle.com/otn-pub/java/jdk/7u45-b18/jdk-
7u45-linux-x64.tar.gz
```

```
HTTP request sent, awaiting response... 200 OK
Length: 96316511 (92M) [application/x-gzip]
Saving to: `jdk-7u25-linux-x64.tar.gz'

100%[===============================>] 96,316,511   311K/s   in 5m 3s

2013-10-24 14:34:22 (311 KB/s) - `jdk-7u25-linux-x64.tar.gz' saved [9631
6511/96316511]
```

（2）使用下面的命令解压二进制文件：

```
sudo tar xvzf jdk-7u45-linux-x64.tar.gz
```

（3）使用下面的命令创建目录，安装 Java：

```
mkdir -P /usr/local/Java
cd /usr/local/Java
```

（4）将二进制文件拷贝至一个新创建的目录中去：

```
sudo cp -r jdk-1.7.0_45 /usr/local/java
```

（5）配置 PATH 环境变量：

```
sudo nano /etc/profile
```

或者使用下面这条命令：

```
sudo gedit /etc/profile
```

（6）在文件中追加以下内容：

```
JAVA_HOME=/usr/local/Java/jdk1.7.0_45
PATH=$PATH:$HOME/bin:$JAVA_HOME/bin
export JAVA_HOME
export PATH
```

（7）在 Ubuntu 中，可按如下方式配置 Java 路径：

```
sudo update-alternatives --install "/usr/bin/javac" "javac" "/usr/
local/java/jdk1.7.0_45/bin/javac" 1
sudo update-alternatives --set javac /usr/local/Java/jdk1.7.0_45/
bin/javac
```

（8）检查安装是否成功：

```
java -version
```

```
master@Hadoopupgrade:~$ java -version
java version "1.7.0_45"
Java(TM) SE Runtime Environment (build 1.7.0_45-b18)
Java HotSpot(TM) 64-Bit Server VM (build 24.45-b08, mixed mode)
master@Hadoopupgrade:~$
```

2. 创建 Hadoop 专用的系统账号

（1）创建或添加一个组：

```
sudo addgroup hadoop
```

（2）创建或添加一个新用户，并将该用户指派至特定组：

```
sudo adduser -ingroup hadoop hduser
```

```
master@Hadoopupgrade:~$ sudo addgroup hadoop
Adding group `hadoop' (GID 1001) ...
Done.
master@Hadoopupgrade:~$ sudo adduser --ingroup hadoop hduser
Adding user `hduser' ...
Adding new user `hduser' (1001) with group `hadoop' ...
Creating home directory `/home/hduser' ...
Copying files from `/etc/skel' ...
Enter new UNIX password:
Retype new UNIX password:
passwd: password updated successfully
Changing the user information for hduser
Enter the new value, or press ENTER for the default
        Full Name []:
        Room Number []:
        Work Phone []:
        Home Phone []:
        Other []:
Is the information correct? [Y/n] Y
master@Hadoopupgrade:~$
```

（3）创建、配置 SSH 密钥访问：

```
ssh-keygen -t rsa -P ""
cat $HOME/.ssh/id_rsa.pub >> $HOME/.ssh/authorized_keys
```

（4）确认 SSH 配置成功：

```
ssh hduser@localhost
```

3. 禁用 IPv6

（1）使用下面的命令打开 sysctl. conf 文件：

```
sudo gedit /etc/sysctl.conf
```

（2）在 sysctl. conf 文件末添加下面这些行，然后重启机器确保配置更新成功：

```
#disable ipv6
net.ipv6.conf.all.disable_ipv6 = 1
net.ipv6.conf.default.disable_ipv6 = 1
net.ipv6.conf.lo.disable_ipv6 = 1
```

4. Hadoop 2. 6. 0 的安装步骤

（1）下载 Hadoop 2. 6. 0：

```
wget http://apache.claz.org/hadoop/common/hadoop-2.6.0/hadoop-
2.6.0.tar.gz
```

（2）解压文件：

```
tar -xvzf hadoop-2.6.0.tar.gz
```

（3）将解压后的内容移至新目录：

```
mv hadoop-2.6.0 hadoop
```

（4）将 hadoop 目录移动至/usr/local/目录：

```
sudo mv hadoop /usr/local/
```

（5）改变目录的所有者：

```
sudo chown -R hduser:hadoop Hadoop
```

（6）下一步，更新配置文件。

一共有四个配置文件，用来设置 Master 节点（NameNode）与 Slave 节点（DataNode）之间的通信：

- core-site.xml
- hdfs-site.xml
- mapred-site.xml
- yarn-site.xml

1）切换至配置文件所在目录：

```
cd /usr/local/Hadoop/etc/Hadoop
```

```
<configuration>

<!-- Site specific YARN configuration properties -->
<property>
      <name>yarn.nodemanager.aux-services</name>
      <value>mapreduce_shuffle</value>
</property>
 <property>
      <name>yarn.nodemanager.aux-services.mapreduce.shuffle.class</name>
      <value>org.apache.hadoop.mapred.ShuffleHandler</value>
 </property>

</configuration>
```

yarn-site.xml

2）配置文件 core-site.xml 中保存了 Master 节点 IP 或主机名，Hadoop 临时目录等信息：

```
<configuration>
<property>
      <name>fs.default.name</name>
      <value>hdfs://localhost:9000</value>
</property>
</configuration>
```

core-site.xml

3）配置文件 hdfs-site.xml 中存储了以下细节：

- NameNode 在节点上存储命名空间与事务日志的本地目录
- 本地文件系统存储的 block 的目录列表
- block 大小
- 副本数

```
<configuration>
<property>
    <name>dfs.replication</name>
    <value>1</value>
 </property>
 <property>
    <name>dfs.namenode.name.dir</name>
    <value>file:/usr/local/hadoop/yarn_data/hdfs/namenode</value>
 </property>
<property>
    <name>dfs.datanode.data.dir</name>
    <value>file:/usr/local/hadoop/yarn_data/hdfs/datanode</value>
</property>
</configuration>
```

hdfs-site. xml

4）配置文件 mapred-site. xml 中保存了以下细节：

- JobTracker 主机地址（IP）及端口
- Map/Reduce 过程中存储文件的 HDFS 地址
- 本地目录列表，这些目录里存储着 MapReduce 中间数据
- 每个 task tracker 能处理的最大 Map/Reduce 任务数
- DataNode 列表，这些节点或者参与，或者被排除在 Map/Reduce 任务之外
- TaskTracker 列表，这些节点或者参与，或者被排除在 Map/Reduce 任务之外

```
<configuration>
<property>
        <name>mapreduce.framework.name</name>
        <value>yarn</value>
</property>
</configuration>
```

mapred-site. xml

5）编辑 . bashrc 文件，如下图所示：

```
# Set Hadoop-related environment variables
export HADOOP_PREFIX='/usr/local/hadoop'
export HADOOP_HOME='/usr/local/hadoop'
export HADOOP_MAPRED_HOME=${HADOOP_HOME}
export HADOOP_COMMON_HOME=${HADOOP_HOME}
export HADOOP_HDFS_HOME=${HADOOP_HOME}
export YARN_HOME=${HADOOP_HOME}
export HADOOP_CONF_DIR=${HADOOP_HOME}/etc/hadoop
# Native Path
export HADOOP_COMMON_LIB_NATIVE_DIR=${HADOOP_PREFIX}/lib/native
export HADOOP_OPTS="-Djava.library.path=$HADOOP_PREFIX/lib"
#Java path
export JAVA_HOME='/usr/local/Java/jdk1.7.0_45'
# Add Hadoop bin/ directory to PATH
export PATH=$PATH:$HADOOP_HOME/bin:$JAVA_HOME/bin:$HADOOP_HOME/sbin
```

5. 启动 Hadoop

- 启动 NameNode：

  ```
  $ Hadoop-daemon.sh start namenode
  $ jps
  ```

- 启动 DataNode：

```
$ Hadoop-daemon.sh start datanode
$ jps
```

● 使用以下命令启动 ResourceManager：

```
$ yarn-daemon.sh start resourcemanager
$ jps
```

```
hduser@Hadoopupgrade:~$ hadoop-daemon.sh start namenode
starting namenode, logging to /usr/local/hadoop/logs/hadoop-hduser-namenode-Hado
opupgrade.out
hduser@Hadoopupgrade:~$ jps
1244 NameNode
1280 Jps
hduser@Hadoopupgrade:~$ hadoop-daemon.sh start datanode
starting datanode, logging to /usr/local/hadoop/logs/hadoop-hduser-datanode-Hado
opupgrade.out
hduser@Hadoopupgrade:~$ jps
1400 Jps
1244 NameNode
1332 DataNode
hduser@Hadoopupgrade:~$ yarn-daemon.sh start resourcemanager
starting resourcemanager, logging to /usr/local/hadoop/logs/yarn-hduser-resource
manager-Hadoopupgrade.out
hduser@Hadoopupgrade:~$ jps
1474 Jps
1244 NameNode
1433 ResourceManager
1332 DataNode
```

● 启动 NodeManager：

```
$ yarn-daemon.sh start nodemanager
```

● 检查 Hadoop Web 接口：

NameNode：http://localhost:50070

Secondary Namenode：http://localhost:50090

● 停止 Hadoop，使用下面的命令：

```
stop-dfs.sh
stop-yarn.sh
```

3.3.3　Hadoop 发行版和供应商

随着 Apache Hadoop 发行版的开源以及核心版本被大数据开源社区广泛采用，很多软件商也发布了它们自己的基于 Hadoop 的开源软件。其中某些厂商对 Hadoop 仅仅增加了支持，而有些厂商则是在 Hadoop 或 Hadoop 生态系统组件上进行封装或扩展。这些厂商也提供了自己的框架或库，它们构建于 Hadoop 核心库之上，同时也添加了一些额外的功能或特性。

本节中将介绍一些 Apache Hadoop 发行版本，并提供一个列表详细描述这些发行版的特性与差异，开发团体或组织可以根据这个表来决策，选择适合自己的版本。

不妨考虑下面这些软件厂商：

● Cloudera

● Hortonworks

- MapR
- Pivotal/EMC
- IBM

Category	Function/Framework	Cloudera	Hortonworks	MapR	Pivotal	IBM
Performance and Scalability	Data Ingestion	Batch	Batch	Batch and Streaming	Batch and Streaming	Batch and Streaming
	Metadata architecture	Centralized	Centralized	Distributed	Centralized	Centralized
	HBase performance	Spikes in latency	Spikes in latency	Low latency	Low latency	Spikes in latency
	NoSQL Support	Mainly batch applications	Mainly batch applications	Batch and online systems	Batch and online systems	Batch and online systems
Reliability	High Availability	Single failure recovery	Single failure recovery	Self-healing across multiple failures	Self-healing across multiple failures	Single failure recovery
	Disaster Recovery	File copy	N/A	Mirroring	Mirroring	File copy
	Replication	Data	Data	Data and metadata	Data and metadata	Data
	Snapshots	Consistent with closed files	Consistent with closed files	Point in time consistency	Consistent with closed files	Consistent with closed files
	Upgrading	Rolling upgrades	Planned	Rolling upgrades	Planned	Planned
Manageability	Volume Support	No	No	Yes	Yes	Yes
	Management Tools	Cloudera Manager	Ambari	MapR Control system	Proprietary console	Proprietary console
	Integration with REST API	Yes	Yes	Yes	Yes	Yes
	Job replacement control	No	No	Yes	Yes	No
Data Access & Processing	File System	HDFS, Read-only NFS	HDFS, read-only NFS	HDFS, read/write NFS and POSIX	HDFS, read/write NFS	HDFS, read-only NFS
	File I/O	Append-only	Append-only	Read/write	Append-only	Append-only
	Security ACLs	Yes	Yes	Yes	Yes	Yes
	Authentication	Kerberos	Kerberos	Kerberos and Native	Kerberos and Native	Kerberos and Native

3.4 小结

本章我们探讨了 Hadoop 的方方面面，从核心框架一直到生态系统组件。我们期望在本章结束时，读者朋友能够自己安装 Hadoop，并能够运行一些 MapReduce 程序。我们还期望读者朋友能够运行和管理 Hadoop 环境，并了解一些 Hadoop 生态系统组件的命令行用法。

下一章将把注意力集中在一些关键的机器学习框架和工具上，如 Mahout、Python、R、Spark 和 Julia 等。这些框架要么被 Hadoop 平台原生支持，要么需要和 Hadoop 平台直接集成来支持处理大规模数据集。

第 4 章
机器学习工具、库及框架

上一章介绍了机器学习解决方案的架构及相应技术平台的实现——Hadoop。在本章中，我们将介绍市面上被广泛采用的，以及即将问世的机器学习工具、库及框架。本章是后续章节的基础，因为涵盖了以下内容：如何在特定的机器学习框架中使用其开箱即可得的功能来实现特定的机器学习算法。

本章将介绍目前可以得到的开源或商业的机器学习库和工具，并挑选出最受欢迎的 5 款开源机器学习库。对于每种开源库，从安装到学习语法，到使用该库实现一个复杂的机器学习算法，再到绘制算法输出图形，都将逐一详细介绍。强烈建议读者在阅读后续章节之前先阅读本章，因为后续章节中对每个范例代码的理解都要依赖本章的知识。

我们挑选的这几个框架既可以作为单独的库在程序中使用，也能运行在 Hadoop 上。因此，本章内容既介绍如何编程实现一个机器学习算法，也将介绍每个机器学习框架与Hadoop 的整合。本书与互联网上一般的机器学习教程的区别正在于此。

本章将深入探讨以下话题：

- 对常见开源和商业机器学习库的简略介绍。
- 最主流的几种库和框架，如 R、Mahout、Julia、Python（既是编程语言，也是常用的机器学习库），以及 Spark。
- Apache Mahout 是一个基于 Java 可以运行在 Hadoop 上的开源机器学习框架。该框架也可以单机运行。Mahout 以能处理海量数据的机器学习问题而著称。它是 Hadoop 生态系统中的一个产品，并有自己的发行版本。
- R 是机器学习社区中被广泛使用的一种开源的机器学习和数据挖掘工具。该框架既可单独运行，也可以通过使用 Hadoop 的 R 扩展运行在 Hadoop 上。
- Julia 是一种开源的、高性能的编程语言。其支持分布式和并行处理数值和统计计算。
- Python 是一种解释型高级编程语言，其设计目标为提供一些新的语言功能，避免让开发陷入常见的传统陷阱中去。本章将着重介绍 Python 的一些常见的库——NumPy 和 SciPy，以及使用 scikit-learn 来执行我们的第一个机器学习程序。当然，也将介绍如何使用 Python 编写 MapReduce 程序。
- Apache Spark 及其机器学习核心库：Spark 是一个分布式计算系统，并提供了 Java、Python、Scala 等语言的 API。我们也将探讨 MLlib 中与机器学习相关的 API 及其对应的 Hadoop 版本。但是注意力还是会聚焦在 Spark 的 Java API 上。
- Spring XD 的简单介绍，以及与之相关的机器学习库。

● 每个机器学习框架相关的 Hadoop 知识。

4.1 机器学习工具概览

市面上有很多开源或商用的机器学习框架和工具，它们在过去的几十年里也在不断地演进。而机器学习领域本身也因要满足多种跨领域的需求而不断演化，研发强大的新算法。本章将带领读者接触到大量适用于大规模机器学习的开源工具，这些工具已经非常成熟，同时也被机器学习社区广泛采用。

从近年的机器学习社区的发展模式来看，已经发生了显著的变化。社区鼓励研究者以开源模式发布他们的研究成果。因为很多机器学习算法的作者在实现方面会遇到各种问题，以开源的方式发布，会被数据科学社区在实践中使用，该过程中代码会被检查和改进。开源模式通常被认为更有实际的价值。

下图展示了一个概念模型，用来描述市面上一些主流的开源或商业的机器学习框架和工具。本章将深入探讨突出显示的这些机器学习框架和工具。

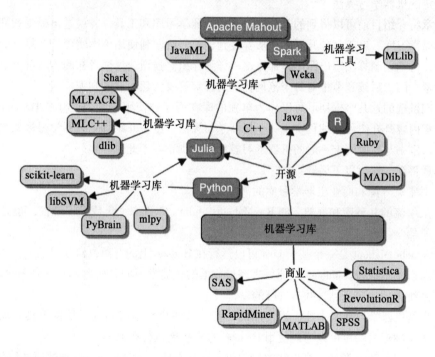

在这些框架或工具中，有一些依赖于特定的语言，如 Java、Python、C＋＋、Scala 等。有一些框架或工具（如 Julia、Spark、Mahout）则支持分布式或并行处理。而剩余部分（如 R 和 Python）可以在 Hadoop 上执行 MapReduce 函数。

在后续的小节中，会深入讨论突出显示部分的框架和库，包括以下这些话题：

● 一些开箱即用的机器学习库的简单介绍，并将涉及一些功能细节。
● 这些工具的安装、设置和配置方面的指导。
● 使用范例，包括使用语法、基本的数据处理功能及高级的机器学习功能。
● 可视化和绘图范例。

- 这些工具在 Hadoop 平台上的整合与执行。

4.2　Apache Mahout

Apache Mahout 是一个与 Apache Hadoop 捆绑的机器学习库，它是 Hadoop 生态系统中的一个重要产品。

Mahout 最早出现于 2008 年，当时是 Apache Lucene（一个开源的全文检索库）的一个子项目。Lucene 提供了搜索、文本挖掘及信息检索功能。这些搜索和文本分析功能很多都在内部使用了机器学习技术。Apache 组织决定把服务于 Lucene 的推荐引擎部分作为一个新项目独立出来，即 Mahout。Mahout 字面意思为"大象骑士"，暗示 Mahout 是运行在 Hadoop 上的机器学习算法。Mahout 既可水平扩展也可以单机执行（它与 Hadoop 的捆绑并不是非常紧密）。

Mahout 是一些基础的机器学习算法的集合，包括分类、聚类及模式挖掘等，它由 Java 语言实现。尽管 Mahout 只提供了机器学习算法的一个子集，它仍然是使用率最高的框架之一，因为它能轻松支持海量数据的分析与挖掘，即便输入是上亿行的非结构化数据。

4.2.1　Mahout 如何工作

Mahout 内部广泛使用 MapReduce，其最吸引人的特性在于构建在 Hadoop 上，并使用分布式计算范式。

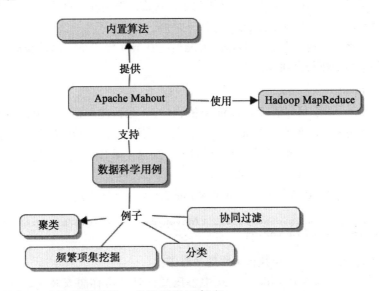

下面是 Mahout 已经实现了的一些机器学习任务：

- 协同过滤/推荐（collaborative filtering/recommendation）：使用用户数据作为输入，找到用户可能会喜欢的商品。
- 聚类：输入为一些文档，让它们根据内在特点聚成簇，使得每个簇中的文档属于一个共同的话题。
- 分类：输入也是一些文档，每个文档所属类别已经标注过，从这些输入中学习出一个规则或公式，用来将未知类型的文档映射到一个具体的类别上去。
- 频繁项集挖掘（frequent itemset mining）：使用一些商品的购买记录作为输入，从中学习商品之间的共现关系，用来推断购买某种商品的同时会购买的其他商品。

需要注意的是，一些特定的算法（如逻辑回归和SVM，这些算法将在后面章节中详细介绍）不能被并行处理，只能以单机模式训练。

4.2.2　安装和设置 Apache Mahout

在本章中，将会分别了解如何以单机模式和 Hadoop 集群模式来运行 Mahout。尽管在本书撰写的时候，已经有较新的 1.0 版本可用了，笔者还是基于 0.9 版本（当时最新的稳定版本）来编写所有的范例。范例依赖的操作系统为 Ubuntu 12.04（32 位版本）。

以下是 Apache Mahout 安装时的关键依赖项：

- JDK（1.6 或更高；本书所有范例都基于 JDK 1.7 u9）
- Maven（2.2 或更高；本书所有范例中都使用 Maven 3.0.4）
- Apache Hadoop（2.0；非强制选项，因为 Mahout 可单机运行）
- Apache Mahout（0.9）
- 集成开发环境——Eclipse IDE（Luna）

在第 3 章中，已经了解到 Hadoop 2.0 是如何在单节点模式下安装的，当然，Java 这种依赖项是必备的。

在本章中，我们将涉及下面这些话题：开发环境中的 Maven、Eclipse 设置，以及如何配置 Mahout 使之在单机或 Hadoop 集群模式下运行。考虑到所有相关的平台和框架都是开源产品，因此在 Windows 7 专业版中通过虚拟机来运行相关范例。

读者也许会意识到这个事实：Hadoop 不能运行在 root 账户下。因此我们创建一个叫作 practical-ml 的账户来执行每项任务。

1. 配置 Maven

Maven 非常有用，它可以管理 Mahout 所依赖的 jar 包，并且很轻松就能将依赖的 jar 包的版本更换为任意更新的版本。在 Maven 出现之前，下载依赖包的工作非常复杂和麻烦。更多 Maven 及其在开发实践中的应用细节，可参考下面这本著作：https://www.packtpub.com/application-development/apache-maven-3-cookbook。

可以在 Apache 的任意镜像网站下载到 Maven 3.0.4。不妨使用下面这个命令下载：

```
wget http://it.apache.contactlab.it/maven/maven-3/3.0.4/binaries/
apachemaven-3.0.4-bin.tar.gz
```

如果想手动安装 Maven，可执行下面这些操作：

1）从 apache-maven-3.0.4-bin.tar.gz 中解压文件到任意你想安装 Maven 3.0.4 的目录中去。

2）如果选择在/usr/local/apache-maven 中安装，将会在这里创建一个叫 apache-maven-3.0.4 的子目录。

3）将下面这些文本行追加到 .bashrc 文件中去：

```
export M2_HOME=/usr/local/apache-maven-3.0.4
export M2=$M2_HOME/bin
export PATH=$M2:$PATH
export JAVA_HOME=$HOME/programs/jdk
```

JAVA_HOME 必须指向 JDK 的安装目录。例如，输出 JAVA_HOME = /usr/java/jdk1.7，那么便能在 PATH 环境变量中找到 $JAVA_HOME/bin。PATH 变量要在 Java 安装时设置，但是它是可修改的。

可以运行下面这行命令来测试 Maven 是否安装成功：

```
mvn -version
```

如果有任意需要设置代理的地方，可以显式设置 settings.xml 文件中的代理设置部分。该配置文件可以在 Maven 安装目录的 conf 子目录中找到。

2. 使用 Eclipse 设置 Apache Mahout

下一步要讨论的是 Mahout 环境的配置，包括使用 Eclipse 配置代码库、获取范例、运行、调试、测试等。推荐使用 Eclipse，这也是为开发团队设置 Mahout 的最简单的方法。

执行以下步骤获取 Apache Mahout tar 包，解压，然后开始安装。

1）设置 Eclipse 集成开发环境。

可在下面这个链接中下载最新的 Eclipse：

https://www.eclipse.org/downloads/

2）使用下面的链接和命令下载 Mahout：

```
$ wget -c http://archive.apache.org/dist/mahout/0.9/mahout-distribution-0.9.tar.gz
```

3）使用下面的命令从 .tar 文件中提取 Mahout 相关文件：

```
$ tar zxf mahout-distribution-0.9.tar.gz
```

4）将 Maven 工程转换为 Eclipse 工程：

```
$ cd mahout-distribution-0.9
$ mvn eclipse: eclipse
```

上面的第二行命令用于构建 Eclipse 工程。

5）设置名为 M2_REPO 的 classpath 变量，用于指向本地存储库路径。使用下面这条命令用于添加所有 Maven jar 包到 Eclipse 的 classpath 中：

```
mvn -Declipse.workspace= eclipse:add-maven-repo
```

6）现在可以向 Eclipse 中导入 Mahout 工程了。

点击菜单项：File→Import→General→Existing Projects，将项目导入到工作区。

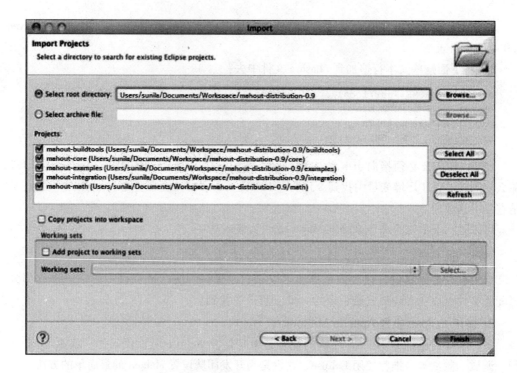

3. 不使用 Eclipse 设置 Apache Mahout

1）使用命令从下面的链接和下载 Mahout：

```
$ wget -c http://archive.apache.org/dist/mahout/0.9/mahout-
distribution-0.9.tar.gz
```

2）提取 Mahout 相关文件至/usr/local 目录中：

```
$ cd /usr/local
$ sudo tar xzf mahout-distribution-0.9.tar.gz
$ sudo mv mahout-distribution-0.9.tar.gz mahout
$ sudo chown -R practical-ml:hadoop mahout
```

3）在 . bashrc 文件中设置 Java、Maven、Mahout 路径。

打开 . bashrc 文件，输入下面这行命令：

```
gedit ~/.bashrc
```

添加下面这些内容到该文件中去：

```
export MAHOUT_HOME = /usr/local/mahout
path=$path:$MAHOUT_HOME/bin
export M2_HOME=/usr/local/maven
export PATH=$M2:$PATH
export M2=$M2_HOME/bin
PATH=$PATH:$JAVA_HOME/bin;$M2_HOME/bin
```

4）为了在本地模式（即单机模式，此时不需要 Hadoop；而 MapReduce 中算法是并行处理的）中运行 Mahout。

使用下面这条命令设置本地模式：

```
$MAHOUT_LOCAL=true
```

这将命令 Mahout 放弃从 $ HADOOP_CONF_DIR 中读取 Hadoop 配置。

因为 MAHOUT_LOCAL 已经设置了，因此不用将 HADOOP_CONF_DIR 添加到 classpath 中去。

当然，我们也可以选择让 Mahout 运行在 Hadoop 上。首先，确保 Hadoop 2. x 已安装并被正确配置。然后执行如下指令：

1）设置 $ HADOOP_HOME、$ HADOOP_CONF_DIR，并将它们添加到 $ PATH。

```
export HADOOP_CONF_DIR=$HADOOP_HOME/conf
```

上面的指令设置了 Hadoop 的运行模式（例如 coresite. xml、hdfs- site. xml、mapred-site. xml 等文件中的配置）。

2）使用下面这行命令启动 Hadoop 实例：

```
$HADOOP_HOME/bin/start-all.sh
```

3）检查 http://localhost:50030 及 http://localhost:50070，以确定 Hadoop 已经启动并在运行。

4）在 Mahout 目录下使用下面的 Maven 命令来构建 Mahout：

```
/usr/local/mahout$ mvn install
```

如果安装成功，则会看到下面的输出：

4.2.3 Mahout 软件包详解

下图描述了 Mahout 中的一些软件包，为各种机器学习算法提供了开箱即可得的功能性支持。其中比较核心的软件包为 utilities、math vectors、collections，以及用于并行处理和分布式存储的 Hadoop 和 MapReduce 相关软件包。

此外，构建在这些模块上的是机器学习的相关软件包，如下面所示：

- 分类
- 聚类
- 进化算法（evolutionary algorithm）
- 推荐算法
- 回归分析
- 频繁模式挖掘
- 降维

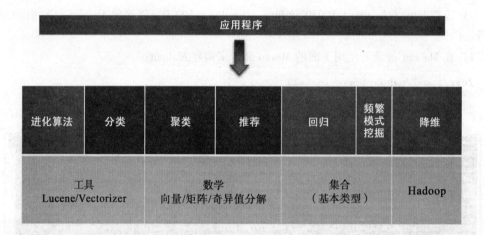

后续章节会详细介绍这些算法，并会在范例中使用每个软件包中的算法去解决特定的问题。

4.2.4 Mahout 中的 vector 实现

正如我们所理解的那样，为了演示 Mahout 中实现的各种机器学习算法，需要将数据转换为经典的 Mahout 数据格式。数据转换的处理中，编写的代码最好能使用 Mahout 中现成的脚本，尽量少对默认配置做更改。下面是标准的处理流程。

1）根据 raw 文本文件创建序列文件。

序列文件（sequence file）主要是 key-value 形式的二进制文件。序列文件的元数据主要包括了下面这些属性：

- version
- key name
- value name
- compression

2）根据序列文件生成 vector。更多的生成序列文件的操作，会在后续章节中演示各种算法时详细介绍。

3）在当前生成的 vector 上运行各种函数。

Mahout 中实现了多种 vector，它们都有非常良好的定义。

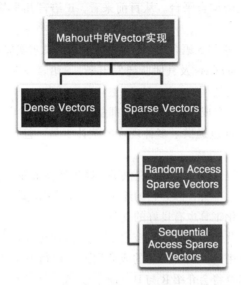

- dense vector：这种向量通常是一个 double 类型的数组，向量的维数等于数据集中特征的个数。因为这些向量的每个字段都会被预先分配空间，哪怕其值为 0，所以这种向量被称为 dense vector。
- sparse vector：稀疏向量，这种向量实际上是向量数组，用来表示那些非 0 值或非 null 值。稀疏向量有两类：随机存取和顺序存取稀疏向量。
  - random access sparse vector：随机存取稀疏向量，这种稀疏向量实际上是一个 Hash-Map，key 为 integer 类型，value 为 double 类型。任意时刻可以通过 key 来存取对应的 value。
  - sequential access sparse vector：顺序存取稀疏向量，这种类型的向量实际上是两个数组，第一个数组存储 key（integer），第二个数组存储 value（double）。这种向量对线性读取做了优化，不像随机存取类型的稀疏向量。值得指出的是，此类向量也只存储非 0 数值。

 如果想详细了解 Apache Mahout 的使用，可以参考 Packt 出版社的相关书籍《Apache Mahout Cookbook》。

本节中介绍的框架都可以工作在 Hadoop 平台上，并只需要修改少量配置。在下一节中，我们将介绍一个强大并且被广泛使用的机器学习工具——R。Hadoop 对 R 提供了强有力的支持，可以在 MapReduce 框架中运行 R 程序，在下一节中将会详细介绍。

4.3　R

R 是一种数据分析的语言，也是一个机器学习、统计计算、数据挖掘的开发环境，同时也提供了一个数据可视化的综合平台。从目前来看，R 语言几乎是所有数据科学家的必备技能。

R 是一个 GNU 项目，它与 S 语言类似。S 语言最初由贝尔实验室（即著名的 AT&T，现在的朗讯科技）的 John Chambers 及其团队研发出来。S 语言发明的初衷是支持所有统计函数，并且能被统计学家广泛使用。

R 由一大堆开源软件包组成，这些开源包都是可以免费获取和配置的，并被安装或加载到 R 运行环境中。这些软件包提供了多种现成的统计工具，包括线性和非线性模型、时间序列分析、分类、聚类等。

除了上面提及的那些统计模型，R 也提供了一些扩展性很强的绘图函数。R 支持的高级绘图功能为它赢得了很高的声誉，因为它的绘图质量达到了出版级水准。除此之外，R 对开源或商业的图形库和可视化工具也有良好的支持。

需要注意的是，R 在设计之初并没有支持其在分布式环境或并行模式中运行。幸运的是，现在已经有好几种可用的扩展（开源的或商用的）使得 R 具有可扩展的特性，能适应大数据场景下的要求。本章将会介绍 R 与 Hadoop 的集成，这样 R 就可以在 Hadoop 上运行并能利用 MapReduce 的威力。

最重要的是，R 是一款自由软件，它被广泛使用，拥有大量的贡献者及组织，这些人群会持续稳定地贡献与数据科学高度相关的成果。

下面列举了到目前为止 R 所支持的一些关键功能：

- 能高效管理和存储模型使用的数据。
- 提供了一组核心函数用来支持数组、向量、矩阵之间的计算。
- 提供了一些开箱即可用的机器学习相关函数，这些函数可以根据需要来加载，这使得实现一个数据科学工程的工作变得轻而易举。
- 提供了很多高级的、设计精巧的绘图函数，它们容易上手，并能帮助业务人员生成有价值的图表。
- 海量的用户与组织使用 R 软件，同时也有大量的贡献者，能快速开发多种 R 软件包及其扩展。
- R 也是一个支持各种时髦交互式数据分析方法的平台。

4.3.1　安装和设置 R

对于本书的所有范例，我们使用 R 2.15.1 版本，并在 CRAN 获取最新的 R 软件包。

可从网址 https://cran. r- project. org/bin/windows/base/old/2. 15. 1/下载 Windows 版本的 R 软件。

具体安装过程可参考：https://cran. r-project. org/doc/manuals/R-admin. html#Top。

也可以在 RGUI 或集成开发环境 RStudio 中使用 R。在下面的截图中，用户可以看到如何在 RGUI 环境中执行软件包的安装。

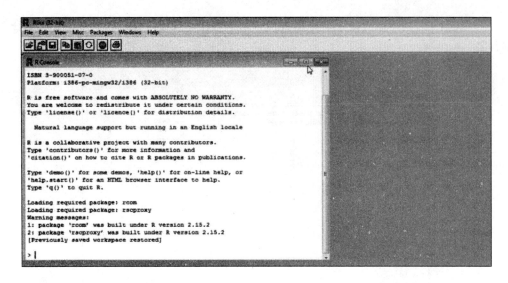

此时需要设置 CRAN 镜像地址，这样才能获取和加载 R 软件包，可点击菜单项 Packages→Set CRAN mirror：

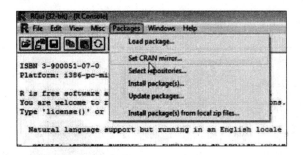

下面的截图中列举了一些镜像网站，开发者可以从中选择最合适的一个：

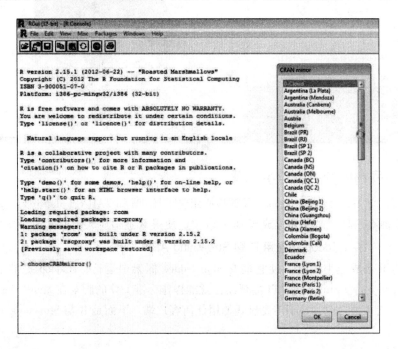

R 编辑器可以用来编写命令或 R 语言代码来执行任意操作，操作的输出将会显示在控制台上。

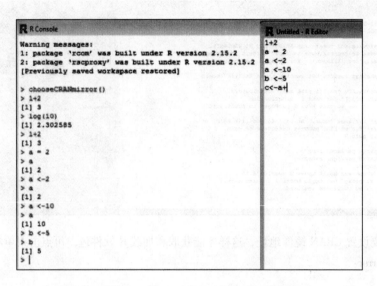

下面的截图展示了 R 的绘图能力：

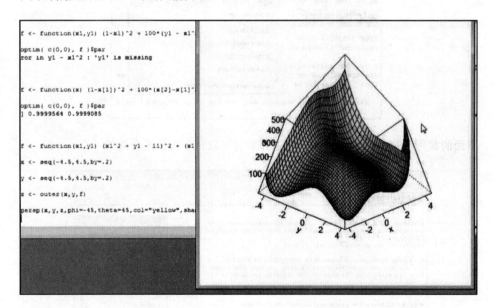

4.3.2 R 与 Apache Hadoop 集成

之前已经学习过 Apache Hadoop 及其核心组件、HDFS 和 YARN（MapReduce 2.0），也介绍了 R。下面有三种方式将 R 集成至 Hadoop 中，使得 R 能适应大规模机器学习的要求。

1. 方法 1：在 Hadoop 中使用 R 和 Streaming API

为了将 R 集成至 Hadoop，使它能在 MapReduce 框架中运行，Hadoop 提供了 R 语言的 Streaming API 支持。Streaming API 能帮助任意能操作标准 I/O 的脚本在 MapReduce 框架中运行。因此，在 R 语言中，并不需要显式使用任何客户端。下面是 R 与 Streaming 的范例：

```
$ ${HADOOP_HOME}/bin/Hadoop jar
${HADOOP_HOME}/contrib/streaming/*.jar \
-inputformat
org.apache.hadoop.mapred.TextInputFormat \
-input input_data.txt \
-output \
-mapper /home/tst/src/map.R \
-reducer /home/tst/src/reduce.R \
-file /home/tst/src/map.R \
-file /home/tst/src/reduce.R
```

2. 方法 2：使用 R 的 Rhipe 软件包

有一个叫作 Rhipe 的 R 软件包，它允许在 R 中执行 MapReduce 作业。为了使用该软件包，需要一些前置条件：

- R 需要安装在 Hadoop 集群的每个 DataNode 上。
- 需要在 Hadoop 的每个 DataNode 上安装 Protocol Buffer（更多 Protocol Buffer 细节可参考 http://wiki. apache. org/hadoop/ProtocolBuffers）。
- 需要在每个 DataNode 上安装 Rhipe 软件包。

下面的代码是一个在 R 语言中使用 Rhipe 库实现 MapReduce 函数的简单范例：

```
library(Rhipe)
rhinit(TRUE, TRUE);
map<-expression ( {lapply (map.values, function(mapper)…)})
reduce<-expression(
pre = {…},
reduce = {…},
post = {…},
)
x <- rhmr(map=map, reduce=reduce,
 ifolder=inputPath,
 ofolder=outputPath,
 inout=c('text', 'text'),
 jobname='test name'))
rhex(x)
```

3. 方法 3：使用 RHadoop

RHadoop 与 Rhipe 非常类似，可以让 R 函数在 MapReduce 模式中运行。它是一个由 Revolution Analytics 开发的开源软件库。下面列举的是构成 RHadoop 的软件包：

- plyrmr：该软件包提供了一些运行时在 Hadoop 上操作大数据集的的通用函数。
- rmr：该软件包提供了一系列函数，用于支持 R 与 Hadoop 的集成。
- rdfs：该软件包用于支持 R 与 HDFS 交互。
- rhbase：该软件包用于支持 R 与 HBase 的交互。

下面是一个例子，演示如何使用 rmr 软件包中的函数，将 R 集成至 Hadoop 中：

```
library(rmr)
maplogic<-function(k,v) { …}
reducelogic<-function(k,vv) { …}
mapreduce( input ="data.txt",
output="output",
textinputformat =rawtextinputformat,
```

```
map = maplogic,
reduce=reducelogic
)
```

4. R/Hadoop 集成方法小结

简单来说，前面三种方法都可以成功地将 R 集成到 Hadoop 上。这些方法通过借助 HDFS 的分布式存储能力，将 R 的处理能力水平扩展，使之能适应大数据场景下的需求。每种方法都有其优缺点。下面将一一评述：

- Hadoop 的 Streaming API 是最简单的方法，而且不需要任何复杂的安装和设置。
- Rhipe 与 RHadoop 都需要在 Hadoop 集群上安装和设置 R 和相关的软件包。
- 由于实现策略的不同，在 Streaming API 策略中，map 和 reduce 函数的作用更多的是通过管道向 R 函数提供输入，其余两种策略都允许开发者在 R 中编写或调用自定义的 MapReduce 函数。
- 在 Streaming API 策略中，并不需要显式使用 Hadoop 客户端，其余两种策略则需要。
- 类似的可扩展机器学习工具还有：Apache Mahout、Apache Hive、Revolution Analytics 的某些商业版本的 R 及 Segue 框架等。

5. 例解 R 语言

在本节中，将对 R 语言做简单介绍，包括学习基本语法并理解一些核心函数及其用法。

R 语言表达式

R 可以作为一个简单的数学计算器来使用，下面是它的一些基本用法。可以在 R 控制台观察表达式的输出：

```
> 1+1
[1] 2
> "Welcome to R!"
[1] "Welcome to R!"
> 6*7
[1] 42
> 10<22
[1] TRUE
> 2+7==5
[1] FALSE
```

赋值操作

赋值就是将一个值赋给一个变量或对这个变量做一些操作。

实例1：数值型赋值。

```
> x<-24
> x/2
[1] 12
```

实例2：字符串字面量赋值。

```
> x <- "Try R!"
[1] "Try R!"
> x
[1] " Try R!"
```

实例3：bool 型赋值。

```
> x <- TRUE
[1] TRUE
```

函数

R 语言中提供了很多现成的函数，为了调用它们，需要提供函数名和传递必要的参数列表。下面演示了一些 R 语言的内置函数，可以在 R 控制台观察这些函数的输出：

```
> sum(4,3,5,7)
[1] 19
> rep("Fun!", times=3)
[1] " Fun!" "Fun!" "Fun!"
> sqrt(81)
[1] 9
```

可使用 help 命令获取 R 语言指定函数的帮助信息：

```
> help(sum)
sum package: base R Documentation

Sum of Vector Elements

Description:

    'sum' returns the sum of all the values present in its arguments.

Usage:

    sum(..., na.rm = FALSE)
```

R 向量

向量就是一列相同类型的元素，它是 R 语言核心数据类型之一。很多机器学习函数依赖向量。

下面是向量的一些典型例子：

函数/语法	作　用	例　子	R 控制台输出
m:n	生成一个向量，从 m 递增至 n，步长为 1	> 5:9	[1] 5 6 7 8 9
seq(m,n)	生成一个向量，从 m 递增至 n，步长为 1	> seq(5,9)	[1] 5 6 7 8 9
seq(m,n,i)	生成一个向量，从 m 递增至 n，步长为 i	> seq(1,3,0.5)	[1] 1 1.5 2 2.5 3

向量的赋值、访问和操作

下表是一些 R 语言中创建、访问和操作向量的例子：

目　标	例　子
创建字符串向量	> sentence <- c('practical', 'machine', 'learning')
访问向量第三个元素	> sentence[3] [1] "learning."
修改向量中某元素	> sentence[1] <- "implementing"
添加元素到向量中	> sentence[4] <- "algorithms"

（续）

目　　标	例　　子
获取向量中的特定元素（通过下标集）	`> sentence[c(1,3)]` `[1] "implementing" "learning"`

获取向量特定下标范围的元素	`> sentence[2:4]`
	`[1] "machine" "learning"`
	`"algorithms"`

添加一组元素到向量中	`> sentence[5:7] <-` `c('for','large','datasets')`

向量每个元素值加 1	`> a <- c(1, 2, 3)`
	`> a + 1`
	`[1] 2 3 4`

向量每个元素除以 2	`> a / 2` `[1] 0.5 1.0 1.5`
向量每个元素乘以一个数	`> a*2` `[1] 2 4 6`

两个向量相加	`> b <- c(4, 5, 6)`
	`> a + b`
	`[1] 5 7 9`

比较两个向量	`> a == c(1, 99, 3)` `[1]  TRUE FALSE  TRUE`
对向量每个元素调用某函数	`> sqrt(a)` `[1] 1.000000 1.414214 1.732051`

R 矩阵

矩阵就是一个具有指定行数和列数的二维向量。下表就是 R 语言中创建、访问和操作矩阵的一些例子：

目　　标	例　　子

创建一个 3 行 4 列的矩阵，矩阵元素初始化为 0	`> matrix(0, 3, 4)`
	`     [,1] [,2] [,3] [,4]`
	`[1,]    0    0    0    0`
	`[2,]    0    0    0    0`
	`[3,]    0    0    0    0`

用一个列表来初始化一个矩阵	`> a <- 1:12`
	`> m <- matrix(a, 3, 4)`
	`     [,1] [,2] [,3] [,4]`
	`[1,]    1    4    7   10`
	`[2,]    2    5    8   11`
	`[3,]    3    6    9   12`

访问矩阵的元素	`> m[2, 3]` `[1] 8`
对矩阵指定元素赋值	`> m[1, 4] <- 0`

（续）

目 标	例 子

获取矩阵的指定行或列	`> m[2,]`
	`[1] 2 5 8 11`
	`> m[3,]`
	`[1] 7 8 9`

获取矩阵的子矩阵	`> m[, 2:4]`
	`     [,1] [,2] [,3]`
	`[1,]   4    7   10`
	`[2,]   5    8   11`

R因子

在数据分析和机器学习中，对数据归类或分组是很常见的操作。例如，将用户分为好用户或者差用户。R语言的factor数据类型正是用于标识和追踪分类数据的。创建因子类型数据很简单，首先定义一个类标签的向量，然后把该向量作为参数，调用factor函数。

下面的例子演示了如何通过factor函数创建因子类型数据并指定因子标签：

```
> ornaments <- c('ring', 'chain', 'bangle', 'anklet', 'nosepin',
'earring', 'ring', 'anklet')
> ornamenttypes <- factor(ornaments)
> print(ornamenttypes)
[1] ring chain bangle anklet nosepin earring
Levels: anklet bangle chain earring nosepin ring
```

因子类型的每个标签都有与之对应的整数编码。可以通过调用as.integer函数获取这些编码值，如下面这个例子所示：

```
> as.integer(ornamenttypes)
[1] 6 3 2 1 5 4 6 1
```

R数据框

R数据框有点类似数据库中表的概念。在R语言中数据框类型很有用，它用于联结一些相互关联但又类型各异的属性。例如，顾客购买的商品总数与账单总额及折扣率都是相关的。R数据框可帮助联结多个不同的属性，如下表所示：

目 标	例 子

创建一个数据框并检验其元素	`> purchase <- data.frame(totalbill,`
	`noitems, discount`
	`> print(purchase)`
	`  totalbill noitems discount`
	`1   300     5      10`
	`2   200     3      7.5`
	`3   100     1      5`
	`)`

（续）

目　标	例　子

通过下标或字段标签来访问数据框中元素	`> purchase[[2]]`
	`[1]  5 3 1`
	`> purchase[["totalbill"]]`
	`[1] 300 200 100`
	`> purchase$discount`
	`[1]  10 7.5 5`

从 CSV 文件中加载数据框	`> list.files()`
	`[1] "monthlypurchases.csv"`
	`> read.csv("monthlypurchases.csv")`
	`Amount     Items Discount`
	`1 2500          35      15`
	`2 5464          42      25`
	`3 1245           8       6`

R 统计功能

R 语言中提供了一些现成的统计函数，用于帮助统计学家解释数据。下面是一些统计函数的例子：

函　数	例　子

均值	`limbs <- c(4, 3, 4, 3, 2, 4, 4, 4)`
	`names(limbs) <- c('One-Eye', 'Peg-Leg', 'Smitty', 'Hook', 'Scooter', 'Dan', 'Mikey', 'Blackbeard')`
	`> mean(limbs)`
	`[1] 3.5`

中位数	`> median(limbs)` `[1] 4`
标准差	`> pounds <- c(45000, 50000, 35000, 40000, 35000, 45000, 10000, 15000)` `> deviation <- sd(pounds)`

每一段 R 代码可以保存在扩展名为 .R 的文件中，这种类型的文件也可以单独运行。

本节介绍了如何设置 R 语言环境，以及内置函数和数据类型。机器学习相关的 R 软件包将在后续章节中介绍。

 关于在 R 语言中构建机器学习的更多细节，可参考 Packt 出版社的相关著作：《Machine Learning with R》。

4.4　Julia

近年来，Julia 在机器学习和数据科学领域变得越来越流行，它在性能方面也有很好的表现，是 Python 的有力竞争者。Julia 是一种动态语言，天然支持分布式和并行处理，因此它使用非常方便，并且处理能力很快。

Julia 的高性能归功于 JIT 编译器和类型接口特性。同时，Julia 不像其他的数值编程语言，它并不强制对数值做向量化处理。类似 R、MATLAB 和 Python，Julia 也提供了易于使用但是代价高昂的高级数值计算功能。

下面是 Julia 的一些关键特征：

- 核心 API 和基础数值计算都由 Julia 代码实现
- 丰富的数据类型用于构建和描述各种对象
- 支持多分派（multiple dispatch），使得用户能通过多种参数组合来调用函数
- 支持针对不同参数类型的自动代码生成
- 已经证明了性能接近 C 语言这种静态编译语言
- Julia 是一种免费的开源编程语言（MIT licensed）
- 用户自定义类型的性能与内存使用量跟内置类型相近
- 基于性能考虑，Julia 不强制进行向量化处理
- 设计之初就支持分布式和并行处理
- 支持协程（co-routine）和轻量级线程
- 支持直接调用 C 函数
- 提供了 Shell 风格的进程管理能力
- 提供了 Lisp 风格的宏

4.4.1　安装和设置 Julia

我们将使用在本书撰写时的 Julia 最新版本——v0.3.4。

Julia 可以通过下面这些方式来构建和运行：

- 使用 Julia 命令行
- 使用 Juno——一个 Julia IDE
- 使用一个现成的开发运行环境（https://juliabox.org/），使用浏览器来编辑和运行 Julia 程序

1. 下载和使用命令行版本的 Julia

在 http://julialang.org/downloads/下载所需的 Julia 版本。

1）下载合适的可执行文件并执行。

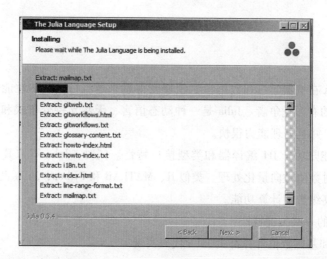

2）成功安装以后，打开 Julia 控制台，然后就可以使用 Julia 了。

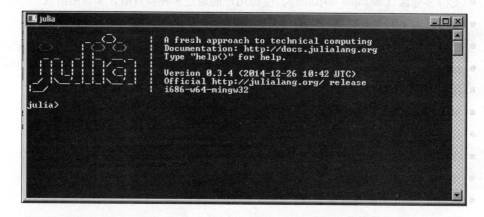

2. 使用 Juno IDE 运行 Julia 程序

使用 Juno IDE 能让开发和运行 Julia 代码更便捷。可在此下载最新的 Juno IDE：http://junolab. org/docs/install. html。

Juno 支持 Julia 的核心 API 和场景函数，这能帮助开发者简化开发过程。下面的截图展示了如何使用 Juno：

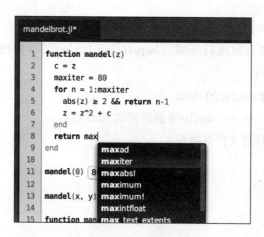

3. 通过浏览器使用 Julia

这种方式不需要任何额外的安装。可以遵照下面这些步骤在线使用 Julia：

1）通过浏览器访问 https://juliabox. org/。

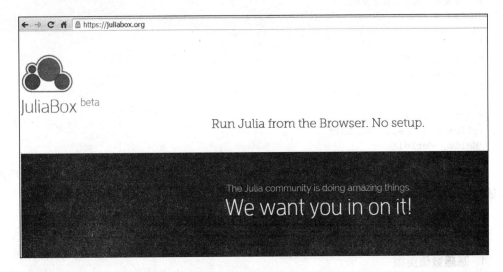

2）使用 Google 账号登录，系统会为每个登录用户创建一个 Julia 实例。通过该实例用户可以使用 Julia 控制台和 IJulia 实例。

通过上面介绍的三种方式，用户都可以访问 Julia 控制台，在这里用户可以执行 Julia 程序，所有的 Julia 代码文件都是以 .jl 结尾。

4.4.2　在命令行中执行 Julia 程序

Julia 在运行时通过 JIT 编译器将代码翻译为机器码，在底层实现中，使用 Low-Level Virtual Machine（LLVM）做代码生成与优化。LLVM 是一个成熟的项目，提供了一个标准编译技术套件，它也是 IOS 的一个组件。

可以在 Shell 中执行 Julia 程序，如下所示：

```
<</path/to/Julia>>/myjuliascript.jl
```

也可以先打开 Julia 控制台，输入下面的命令来执行 Julia 程序：

```
julia> include("<<path/to/juliascript>>/myjuliascript.jl")
```

4.4.3　例解 Julia

本节将介绍 Julia 编程的一些基本主题，并带领读者熟悉 Julia 的语法。到本节结束时，读者将能轻松编写和运行 Julia 程序。关于语法，Julia 与 MATLAB 非常类似。

4.4.4　变量与赋值

Julia 中的变量与任何其他编程语言中的变量类似，用来存储和操作数据。下面是一些 Julia 中变量创建、赋值和操作的例子：

```
# 将数值赋给变量
julia> x = 10
10

# 对变量执行简单的数学操作
julia> x + 1
11

# 对变量重新复制
julia> x = 1 + 1
2

# 将字符串赋给变量
julia> x = "Hello World!"
"Hello, World!"
```

Julia 作为一种数值编程程序，它提供了一些常用的常量。下面是一个可以直接使用的常量的例子。当然，用户也可以自己定义常量并对其赋值。

```
julia> pi
π = 3.1415926535897...
```

1. 基础数值类型

对于任何数值编程语言来说，都需要支持基于数值的各种计算。整数、浮点数作为此类语言的基本构件，被称为基础数值类型。

Julia 支持大量的基础数值类型，并提供了大量备受赞誉的数学函数。

2. 数据结构

除了基础数值类型以外，Julia 也提供了一些数据结构。例如向量、矩阵、元组、字典、集合等。下面是一些 Julia 数据结构的使用范例：

```
# Vector
b = [4, 5, 6]
b[1] # => 4
b[end] # => 6

# Matrix
matrix = [1 2; 3 4]

# Tuple
tup = (1, 2, 3)
tup[1] # => 1
tup[1] = 3 # => ERROR #因为元组是不可变的，因此赋值会报错
results in an error

# Dictionary
dict = ["one"=> 1, "two"=> 2, "three"=> 3]
dict["one"] # => 1

# Set
filled_set = Set(1,2,2,3,4)
```

3. 字符串操作

下面是一些 Julia 中字符串操作的范例：

```
split("I love learning Julia ! ")
# => 5-element Array{SubString{ASCIIString},1}:
"I"
"love."
"learning."
"Julia"
"!"

join(["It seems to be interesting", "to see",
"how it works"], ", ")
# => "It seems interesting, to see, how it works."
```

4. Julia 软件包

下面是 Julia 提供的一些现成的机器学习算法软件包：

- `Images.jl`
- `Graphs.jl`
- `DataFrames.jl`
- `DimensionalityReduction.jl`
- `Distributions.jl`
- `NLOpt.jl`
- `ArgParse.jl`
- `Logging.jl`
- `FactCheck.jl`
- `METADATA.jl`

如果想了解更多细节，可参考：https://github.com/JuliaLang/。

5. 跨语言交互

本节将涉及 Julia 与其他编程语言交互方面的话题。

（1）与 C 语言交互

Julia 非常灵活，支持无须任何包装器就可以直接调用 C 函数。下面是演示在 Julia 中调用 C 函数的例子：

```
julia> ccall(:clock, Int32, ())
2292761
julia> ccall(:getenv, Ptr{Uint8int8}, (Ptr{Uint8},), "SHELL")
Ptr{Uint8} @0x00007fff5fbffc45
julia> bytestring(ans)
"/bin/bash"
```

（2）与 Python 交互

与调用 C 函数类似，Julia 支持直接调用 Python 函数。值得注意的是，需要预先安装 Julia 的 PyCall 软件包。PyCall.jl 支持 Julia 与 Python 之间的自动类型转换，例如 Julia 数组与 NumPy 数组之间的转换。

下面的例子演示如何在 Julia 代码中调用 Python 函数：

```
julia> using PyCall # Installed with Pkg.add("PyCall")
julia> @pyimport math
julia> math.sin(math.pi / 4) - sin(pi / 4)
0.0
```

```
julia> @pyimport pylab
julia> x = linspace(0,2*pi,1000); y = sin(3*x + 4*cos(2*x));
julia> pylab.plot(x, y; color="red", linewidth=2.0, linestyle="--")
julia> pylab.show()
```

（3）与 MATLAB 交互

下面的例子演示如何在 Julia 代码中调用 MATLAB 函数：

```
using MATLAB

function sampleFunction(bmap::BitMatrix)
@mput bmap
@matlab bmapthin = bwmorph(bmap, "thin", inf)
convert(BitArray, @mget bmapthin)
end
```

6. 图形与绘图

Julia 提供了几个软件包用于绘图。下面列举了其中一部分：

- Gadfly.jl：该软件包类似 R 语言中的 ggplot2
- Winston.jl：该软件包类似 Matplotlib
- Gaston.jl：该软件包提供了调用 gnuplot 的接口

下面是一个使用 PyPlot 的例子：

```
using PyPlot
x = linspace(-2pi, 2pi)
y = sin(x)
plot(x, y, "--b")
```

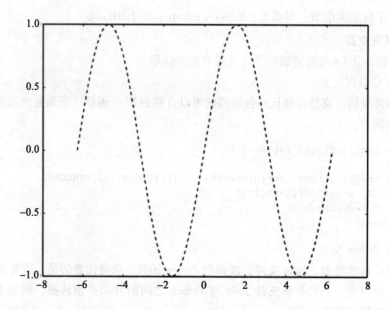

4.4.5 使用 Julia 的好处

使用 Julia 实现机器学习解决方案，有几个直接的好处：

- Julia 支持快速实现系统原型而不用担忧性能问题
- 天然支持并行处理

- 通过提供一些特殊的 Julia 类型，帮助开发者简化算法表示
- 在 Julia 中能轻松调用 C、Python、MATLAB、C++等语言的代码
- Julia 有开源社区的强有力支持
- 能与 Hadoop 良好协作，并能利用 Hive 的查询能力

4.4.6　Julia 与 Hadoop 集成

任意能与 Hadoop 整合的编程语言都应该能访问存储在 Hadoop 上的数据，并能在这些数据之上执行特定的业务逻辑。有两种途径可以实现该目的：一种是将 Hadoop 上的数据传输至程序所在机器，然后在这些数据上执行业务逻辑；另一种是将程序代码提交至 Hadoop 集群，以并行方式在 MapReduce 函数中执行业务逻辑。显而易见，前者需要从 Hadoop 集群上获取数据到本地，这要求本地机器有足够的 RAM 来容纳数据，这种方式也导致了无法处理海量数据。而后者需要将代码迁移到 Hadoop 集群中去执行，它能处理海量数据，但是需要实现相应的 MapReduce 函数的逻辑处理。

Julia 与 Hadoop 的整合，只需要在程序开始阶段做少量初始化操作。我们这里使用的是前面介绍的第一种方案。在 Julia 代码中，使用标准的 ODBC 连接到 Hadoop/HDFS，然后获取数据到本地 RAM 中做进一步处理。现在也可以在 Hadoop 的 DataNode 运行 Julia 代码，并能更新 HDFS 中的数据。

我们将使用 ODBC.jl 来连接 Hadoop，可以从 GitHub 上获取该软件包：https://github.com/quinnj/ODBC.jl。

这是一个 Julia 中简单的底层 ODBC 接口。可使用下面的命令在 Julia 软件包管理器中安装它。

下面的命令创建了一个 Julia 软件包仓库（该命令只执行一次）：

```
julia> Pkg.init()
```

下面的命令创建 ODBC repo 文件夹，然后下载 ODBC 软件包及其依赖（如果需要）：

```
julia> Pkg.add("ODBC")
```

下面的命令加载 ODBC 模块供程序使用（对于每个 Julia 实例都需要加载一次）：

```
julia> using ODBC
```

下面是一些重要的函数，用于跟 Hadoop/HDFS 交互：

- 为了连接到 ODBC 数据源并通过身份验证，需要使用 conn = ODBC. connect("mydatasource", usr = "johndoe", pwd = "12345")。
- 断开连接可使用 disconnect(connection::Connection = conn)。
- 通过一个连接字符串创建连接，可使用 advancedconnect(conn_string::String)。
- 为了在数据源上执行一个查询并取回一个数据子集，例如在 Hive 上执行一个查询，可使用 query(connection::Connection = conn, querystring, file = DataFrame, delim = '\t')。

下面是一个范例。

使用下面的命令加载 ODBC 模块：

```
using ODBC
```

为了通过 Hive 连接到 Hadoop 集群，可使用下面这条命令：

```
hiveconn = ODBC.connect("servername"; usr="your-user-name", pwd="your-
password-here")
```

将 Hive 查询语句保存到一个 Julia 字符串中：

```
hive_query_string = "select …;"
```

执行一个查询，可直接使用下面这行命令：

```
query(hive_query_string, hiveconn;output="C:\\sample.csv",delim=',')
```

这样，我们的 Julia 程序就可以到该文件中获取想要的数据，在这些数据之上运行机器学习算法。

4.5　Python

Python 也是机器学习和数据科学领域里使用率非常高的一种脚本语言。Python 以易于学习、开发和维护而著称。同时它也非常便于移植，Python 代码能在类 UNIX、Windows、Mac 等多个平台上运行。众多的 Python 库（如 Pydoop、SciPy 等）的实用性，也使得 Python 与大数据分析的关系越来越紧密。

Python 在机器学习领域如此流行，是因为它的几个关键特性，如下所列：

- Python 特别适合做数据分析。
- Python 是一种万金油类型的脚本语言，既可以用来编写脚本用于功能测试，也可以借助它全面的工具包来开发实时应用。
- Python 有很多机器学习软件包（详情可参考 http://mloss. org/software），即插即用，非常方便。

4.5.1　Python 中工具包的选择

在考虑使用具体的 Python 工具包之前，一定要考虑清楚每个工具包的使用代价。

下面这些问题可以用于帮助用户评估如何选择合适的工具包：

- 性能优先顺序如何？我们应该离线处理还是实时处理？
- 该工具包是否可定制以满足用户多种需求？
- 社区支持如何？能否快速修复 bug，提供强大的社区和专家支持？

Python 中有三种类型的工具包：

- 通过 Python 调用的其他语言编写的库，以及可以通过 Python 接口调用其他语言开发的一些库，如 MATLAB、R、Octave 等。这种方式有时候非常方便，因为有很多已有的外部库能无缝集成到 Python 中。
- 基于 Python 开发的工具包，市面上已经存在很多由 Python 实现的算法包。在后面的小节中将会介绍其中的一部分。
- 用户自己的开发的工具包。

4.5.2　例解 Python

Python 中有两个核心的工具包，很多工具包都构建在它们之上，分别是：

- NumPy：用于在 Python 中创建快速高效的数组。
- SciPy：实现了一系列操作 NumPy 内置类型的算法。

此外还有一些基于 C/C++ 开发的库，如 LIBLINEAR、LIBSVM、OpenCV 等。

现在介绍一些非常流行的，并且在本书撰写时仍在更新的 Python 库：

- NLTK：这是一个自然语言处理的工具包，它主要聚焦于自然语言处理（Natural Language Processing，NLP）。
- mlpy：这是一个机器学习的算法库，提供了一些关键的机器学习算法，如分类、回归、聚类等。
- PyML：一个主要关注支持向量机的机器学习工具包，下一章将会详细介绍。
- PyBrain：该工具包主要关注神经网络及相关功能。
- mdp-toolkit：该工具包主要提供了数据处理相关功能，支持任务调度和并行处理。
- scikit-learn：这是近年来数据科学领域最受欢迎的工具包之一。它支持有监督学习和无监督学习，也支持部分特征选择算法和数据可视化功能。有一个很庞大的团队对该项目提供技术支持，文档质量非常高。
- Pydoop：该工具包用于帮助开发者整合 Python 与 Hadoop。

在大数据分析领域，Pydoop 和 SciPy 的采用程度非常高。

在本章中，我们将会探讨 scikit-learn 工具包。后续章节中将会频繁使用该工具包演示范例。

作为一名 Python 程序员，熟练掌握 scikit-learn 好处很多，因为它能帮助开发者快速实现机器学习解决方案。

安装 Python 和配置 scikit-learn

下面是一些核心工具包的版本号，以及安装 Python 和 scikit-learn 所依赖的软件：

- Python（≥2.6 或≥3.3）
- NumPy（≥1.6.1）
- SciPy（≥0.9）
- 一个可用的 C++ 编译器

读者可以从 PyPI 中下载 scikit-learn 的 wheel 软件包（.whl 文件），然后使用 pip 工具进行安装。

可使用下面这些命令将软件包安装到主目录中：

```
python setup.py install --home
```

也可通过使用 git 命令，直接从 GitHub 安装 scikit-learn 到本地磁盘，如下所示：

```
% git clone git://github.com/scikit-learn/scikit-learn/
% cd scikit-learn
```

加载数据

很多机器学习库自带一些数据集，scikit-learn 也不例外，例如它的 iris 和 digits 数据集就可以用于构建和运行机器学习算法。

下面这些步骤用于加载 scikit-learn 自带的标准数据集：

```
>>> from sklearn import datasets
>>> iris = datasets.load_iris()
>>> digits = datasets.load_digits()
>>> print digits.data
[[ 0. 0. 5. ..., 0. 0. 0.]
 [ 0. 0. 0. ..., 10. 0. 0.]
 [ 0. 0. 0. ..., 16. 9. 0.]
 ...,
 [ 0. 0. 1. ..., 6. 0. 0.]
 [ 0. 0. 2. ..., 12. 0. 0.]
 [ 0. 0. 10. ..., 12. 1. 0.]]
>>> digits.target
array([0, 1, 2, ..., 8, 9, 8])
```

4.6 Apache Spark

Apache Spark 是一种开源的快速大数据处理框架，它支持流式处理、SQL、机器学习、图计算。该框架由 Scala 语言实现，支持 Java、Scala、Python 等多种语言调用。Spark 的性能是传统的 Hadoop 技术栈的 10～20 倍。Spark 是一种通用的框架，支持针对流式计算的交互式编程。Spark 甚至可以在单机模式中与 Hadoop 协作，支持处理 SequenceFiles、InputFormats 等格式。Spark 当然也能使用本地文件系统，还有 Hive、HBase、Cassandra、Amazon S3 等存储系统。

本书中所有例子都基于 Spark 1.2.0。

下图描绘了 Apache Spark 的核心模块：

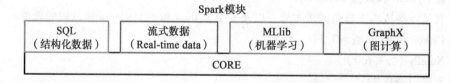

Spark模块

SQL （结构化数据）	流式数据 （Real-time data）	MLlib （机器学习）	GraphX （图计算）
CORE			

Spark 框架提供了很多基础性功能，其中包括：任务调度、与存储系统交互、容错、内存管理。Spark 遵循了一个叫作弹性分布式数据集（RDD）的编程范式。该范式指的是管理分布式存储及并行计算。

- Spark SQL 是 Spark 的一个软件包，用于查询和处理结构化或非结构化数据。该软件包的核心功能包括：
  - 多源异构数据的加载，如 Hive、JSON 等。
  - 实现 SQL 与 Python、Java、Scala 等语言代码整合，支持可操作分布式数据集和并行计算的用户自定义函数。
  - 支持包括 Tableau 之类的外部工具通过标准数据连接来执行基于 SQL 的查询操作。
- Spark Streaming 模块用户处理实时海量流式数据。该 API 不同于 Hadoop 的 Streaming API。
- MLlib 模块提供了开箱即可用的机器学习算法集，并且这些算法集是可扩展的以及可运行在集群之上。
- GraphX 模块提供了图数据库处理能力。

本章后续部分将介绍如何结合 Scala 语言使用 Spark。下面不妨先对 Scala 做一个快速的了解，并学习使用 Scala 编程。

4.6.1 Scala

Scala 是一种基于 JVM（Java 虚拟机）的强类型语言。该语言是一个独立的平台，但是它能利用 Java API。可在解释器中使用 Scala 调用 Spark。下图是一个在交互式命令行中执行 Scala 代码调用 Spark 的例子：

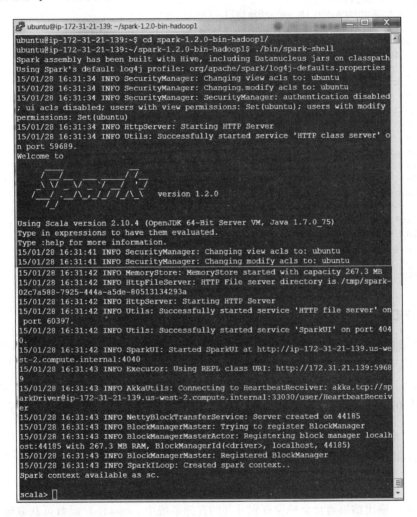

现在我们来看几个 Scala 的范例。

可直接复制下面的代码到命令行中执行：

```
// 默认变量可以赋值给任意表达式
scala>8 * 5 + 2
Res0: Int = 42
Scala>0.5 * res0
Res1= Double = 21.0
// 所有简单数据类型均为对象
scala>"Hello, " + res0
Res2: java.lang.String = Hello, 42
```

```
scala>10.toString()
Res2: String = 10
scala>a.+(b)
Res1: Int = 200              //读者不难理解，操作符实际上是一个函数，a method b
可简写为a.method(b)
scala>val myVal: String = "Foo"
//关键字"val"声明的变量其值不能被改变(immutable variable)
scala>var myVar:String = "Foo"
//关键字"val"声明的变量其值可以被改变(mutable variable)
scala> def cube(a: Int): Int = a * a * a
cube: (a: Int)Int
scala> myNumbers.map(x => cube(x))
res8: List[Int] = List(1, 8, 27, 64, 125, 64, 27)
scala> myNumbers.map(x => x * x * x)
res9: List[Int] = List(1, 8, 27, 64, 125, 64, 27)
scala> val myNumbers = List(1,2,3,4,5,4,3)
myNumbers: List[Int] = List(1, 2, 3, 4, 5, 4, 3)
scala> def factorial(n:Int):Int = if (n==0) 1 else n * factorial(n-1)
factorial: (n: Int)Int
scala> myNumbers.map(factorial)
res18: List[Int] = List(1, 2, 6, 24, 120, 24, 6)
scala> myNumbers.map(factorial).sum
res19: Int = 183
scala> var factor = 3
factor: Int = 3
scala> val multiplier = (i:Int) => i * factor
multiplier: Int => Int = <function1>
scala> val l1 = List(1,2,3,4,5) map multiplier
l1: List[Int] = List(3, 6, 9, 12, 15)
scala> factor = 5
factor: Int = 5
```

4.6.2　RDD 编程

RDD 是 Spark 对数据操作的最核心的抽象。RDD 是不可变的分布式数据元素集合。Spark 的所有功能只能通过 RDD 来实现。

Spark 会自动将 RDD 中的数据进行分片，然后分发到集群的节点中去，这样能支持数据的并行处理。可通过导入外部数据集或利用已有的 RDD 来创建 RDD。下面的命令演示了该功能：

```
scala> val c = file.filter(line => line.contains("and"))
```

函数 collect( ) 会将输出打印到控制台上：

```
scala>c.collect()
```

事实上，输出结果通常会被保存到外部的存储系统中。count( ) 函数可获取输出结果的行数。下面的代码将会打印输出结果的行数：

```
scala>println("input had " + c.count() + " lines")
```

函数 take( ) 则会从结果中读取 n 条记录：

```
scala>c.take(10).foreach(println)
```

Spark 的 RDD 处理实际上是按延迟（lazy）模式处理的，这样在处理大数据集时会有比较高的效率。

如果想在多个任务中重复使用 RDD，可利用 RDD. persist( ) 函数对数据进行持久化处理。

Spark 可将数据持久化到多个目的地。经过第一次计算以后，Spark 会将 RDD 的内容保存到内存中（尽管分片存储在集群的多个节点中），然后会在后续的操作中重复使用它们。

因此，处理 RDD 需要遵循以下基本步骤：

1）通过导入外部数据创建 RDD。

2）利用转换函数对已有 RDD 进行转换来定义新的 RDD，如 filter( ) 函数。

3）使用 persist( ) 函数来存储临时性的 RDD，用于后续的重复使用。

4）调用任何所需的函数（如 count( ) 函数）对数据进行并行处理。

下面是一个 Scala 中利用 RDD 估算圆周率的例子：

```scala
scala>var NUM_SAMPLES=5
scala> val count = sc.parallelize(1 to NUM_SAMPLES).map{i =>
    | val x = Math.random()
    | val y = Math.random()
    |  if (x*x + y*y < 1) 1 else 0
    | }.reduce(_ + _)
scala>println("Pi is roughly " + 4.0 * count / NUM_SAMPLES)
```

4.7　Spring XD

尽管本书不打算使用 Spring XD 来演示机器学习算法，但还是打算对 Spring XD 做些简单的介绍。因为 Spring XD 在机器学习圈子里的应用越来越广泛了。

XD 是 eXtreme Data 的缩写。该开源框架由 Pivotal 团队创建（早期名为 SpringSource），意在提供一站式大数据应用的开发和部署服务。

Spring XD 是一个分布式、可扩展的框架，它将数据探究、批量、实时数据分析、数据导出等功能统一到一个框架中。Spring XD 构建在 Spring Integration 和 Spring Batch 框架之上。

下面列举的是 Spring XD 的一些关键特性：

- Spring XD 是一个同时能处理批量或流式数据的统一框架。它是一个开放并可扩展的 runtime。
- 可扩展、高性能。它是一个分布式的数据探究框架，因此可以探究多种数据源，如 HDFS、NoSQL、Splunk 等。
- 支持数据探究期的实时分析，如收集各种指标、计数等。
- 批处理 job 的工作流管理，包括与标准 RDBMS 和 Hadoop 系统的交互。
- 数据导出可扩展并且高性能，例如可以从 HDFS 导出数据到 RDBMS 或 NoSQL 中。

Spring XD 因实现了一个 Lambda 架构而著称，理论上支持批量和实时数据处理。更多关于 Lambda 架构这种革命性架构的信息可参考第 14 章。

Spring XD 的架构基本可以分为三层，用来实现之前提到过的那些功能：

1）Speed Layer：该层负责数据的实时读写与处理。它使得系统是实时更新的。

2）Batch Layer：该层负责读取全量的 master 数据集，master 数据集又称为数据湖，意味

着它是所有数据的来源。

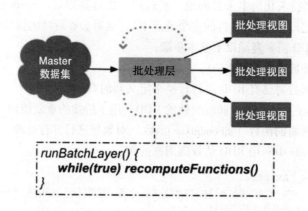

3）Serving Layer：该层是查询处理层，对用户提供数据处理接口。该层使得批量数据可查询，也就是大家常说的高吞吐。

Spring XD 运行时架构如下所示（图片源自 Pivotal 公司）：

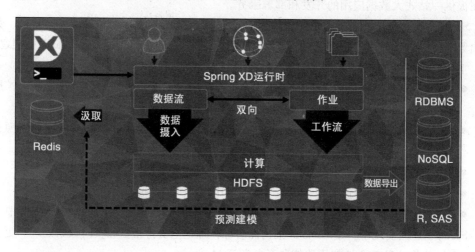

4.8　小结

本章介绍了一些常用的开源机器学习工具，还包括一些库、工具和框架的安装与使用。这些工具包括：Apache Mahout、Python、R、Julia、Apache Spark 中的 MLlib 等。另外，还着重介绍了这些框架与大数据平台——Apache Hadoop——的整合。本章是本书后续内容的基础，后面的章节中我们将利用这些框架实践具体的机器学习算法。

第 5 章

基于决策树的学习

本章开始，将深入讨论每一类具体的机器学习算法。在本章将学习一种叫作决策树（decision tree）的无参有监督学习（non-parametric supervised learning）方法。首先从基本概念入手，然后学习其他高级技术。决策树既可用于分类也可以用于回归。本章会通过一个例子介绍如何使用决策树解决实际问题，以及如何在 Apache Mahout、R、Julia、Apache Spark、Python 等语言或框架中实现决策树算法。

本章将深入探讨以下话题：

- 决策树：定义、术语、决策树能满足哪些需求，以及决策树的优缺点。
- 理解、构建决策树所需的基础知识及核心概念：如信息增益（information gain）和熵（entropy），回归树（regression tree）与分类树（classification tree）的构建，误差度量等。
- 决策树构建的常见问题：如为什么需要剪枝（pruning），有哪些剪枝策略等。
- 具体的决策树算法：一些常见的决策树，如 CART、C4.5、C5.0 等；及一些特殊的决策树，如随机森林（random forest）、斜树、演化树和 Hellinger 树等。
- 分类树与回归树的真实范例，以及它们在 Apache Mahout、R、Apache Spark、Julia、Python（scikit-learn）等语言和平台中的实现。

5.1　决策树

决策树是机器学习领域中已知的最强大、应用范围最广泛的建模技术之一。

决策树可以很自然地导出规则用于分类或回归。下面的例子中的这条规则就是从决策树中导出来的：

If（laptop model is x）**and**（manufactured by y）**and**（is z years old）**and**（with some owners being k）**then**（the battery life is n hours）.

仔细观察这个例子，会发现这些规则非常简单、易于人类阅读、格式清晰。另外，这些规则便于保存在数据库中，可供后续重复使用。下图揭示了决策树的相关特性与技术。

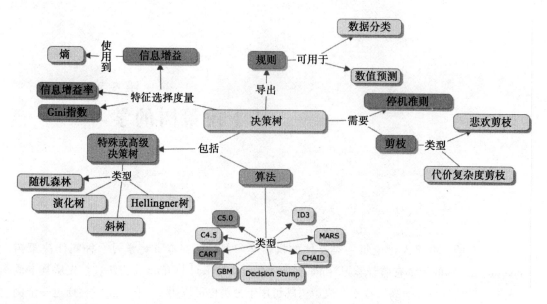

5.1.1 术语

　　决策树通过从根节点到叶子节点遍历一个树形结构来对数据实例来分类。再抽象一点来看，决策树由两种元素构成：节点，以及连接节点的边。决策流程如下：从根节点开始→在每个节点选择一条边→跳转到下一个节点→直到抵达叶子节点→做出决策。每个节点代表对一个具体特征（属性）的测试，而分支代表该特征的各种不同特征值。

　　下面是决策树的一些特性：

- 每一个非叶子节点代表一种特征
- 每个分支代表特征值的一个子集或区间
- 叶子节点代表目标特征值
- 开始的节点被称为根节点

　　下图是上面这些特性的等价表述：

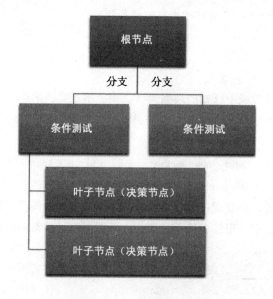

5.1.2 目标与用途

决策树可以用于分类或回归，从这个角度来看决策树可分为两类：

- 分类树（classification tree）
- 回归树（regression tree）

分类树可以对数据集中的数据实例进行分类。为了使用分类树，要求数据实例的目标特征的数据类型为分类（categorical）类型，如 yes/no、true/false 等。而回归树用于数值预测，要求目标特征为数值类型（连续或离散数值），如股票价格、电脑价格等。

下图描述了决策树的用途及分类（分类树、回归树）：

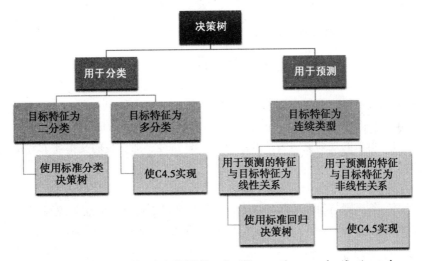

源自：http://www.simafore.com/blog/bid/62482/2-main-differences-between-classification-and-regression-trees

5.1.3 构造决策树

学习决策树算法的最好办法是利用一个简单的范例，通过手工方式来构造决策树。在本节中，我们从一个小例子入手，下面的表格是对应的数据集。目标是根据客户的人口统计资料来预测他们是否会接受贷款。对于商务用户来说，如果从数据产生的模型能转换为规则，那是再好不过了。

ID	Age	Experience	Income	Family	CCAvg	Personal Loan
1	25	1	49	4	1.60	0
2	45	19	34	3	1.50	0
3	39	15	11	1	1.00	0
4	35	9	100	1	2.70	0
5	35	8	45	4	1.00	0
6	37	13	29	4	0.40	0
10	34	9	180	1	8.90	1
17	38	14	130	4	4.70	1
19	46	21	193	2	8.10	1
30	38	13	119	1	3.30	1
39	42	18	141	3	5.00	1
43	32	7	132	4	1.10	1
48	37	12	194	4	0.20	1

上表中可以看出，age 特征与 experience 特征高度相关，因此可以忽略其中之一。这对特征选择会有潜在的帮助。

实例 1：现在来构建决策树，最开始，我们选择 CCAvg（average credit card balance）特征进行分裂（split）。

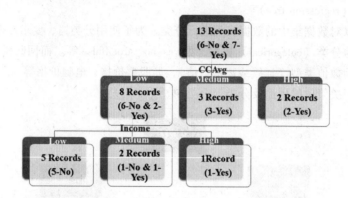

此时构建的决策树，可导出两条很明显的规则：

*If CCAvg is medium **then** loan = accept* **or** *if CCAvg is high **then** loan = accept*

为了让构建出来的规则更清晰，可添加 income 特征，那么我们又得到了另外两条规则：

*If CCAvg is low **and** income is low，**then** loan is not accept*

*If CCAvg is low **and** income is high，**then** loan is accept*

如果把第二条规则与前面的两条规则合并，那么可以得到下面这条规则：

*If（CCAvg is medium）**or**（CCAvg is high）**or**（CCAvg is low, and income is high）**then** loan = accept*

实例 2：使用 Family 特征构建决策树。

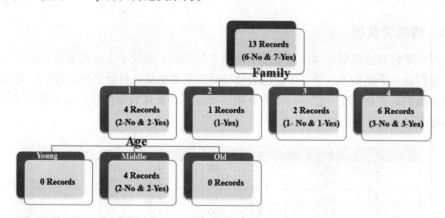

在这个案例中，只有一条规则分类效果并不准确，因为它只涉及了两个数据实例。

由此可见，构建决策树时，最开始选择的分裂特征的不同会导致产生不同精度的模型。参考前面的例子，我们可以得出决策树构建的一些重要准则：

- 通常来说，开始构建决策树时会选择一个特征进行分裂，然后将数据集分割为若干个子集，再对这些子集进行类似的递归处理（通常不同的节点对不同的特征进行分裂）。

- 同一问题可以构造出多个不同的决策树。
- 决策树深度与被选用的特征数量成正比。
- 决策树构造需要有停机准则（termination criteria），用来决定是否继续进行构造。如果没有停机准则，会产生过拟合的模型。
- 决策树的输出总是些简单的规则，它们可以被存储及后续使用，只要数据格式支持，可使用这些规则对不同的数据集进行分类或回归操作。

在机器学习领域决策树之所以备受喜爱，主要原因之一是模型对噪声的鲁棒性相当好。另外，决策树还能处理训练集中的未知数据（如数据集中所有记录的 income 特征值缺失）。

1. 缺失值处理

缺失值处理有多种方式，有一种比较有趣的方式是将缺失值指定为该特征中出现最多的特征值。通常拥有此类特征值的数据记录属于同一类别，这么处理有利于提升模型精度。

也可以使用概率方法处理缺失值，如缺失值赋予的是各个特征值出现的概率分布。

如为 x 特征的每个特征值 v_i 赋予一个概率值 p_i。

在每个节点中，可计算出特征 x 不同特征值对应的比例 p_i，用这个比例来估算分布概率。决策树分裂过程中，这些概率可以基于某个分支中的数据子集中的特征值分布再次估算。

举个例子，假设有一个布尔型特征 A。观测到 10 个实例，它们的特征 A 的值有 3 个为 True，7 个为 False。因此 A(x) = True 的概率为 0.3，而 A(x) = False 的概率为 0.7。

因此，如果基于特征 A 进行分裂，对于 A = True 的分支来说，实例覆盖比例为 0.3，而另外一个分支实例覆盖比例为 0.7。这些估算出来的概率可用于计算信息增益，也可用于对缺失值赋值。该方法可以应用在某些机器学习场景中，例如需要为决策树新分支的未知值赋值时。C4.5 算法中就使用了该方法来为缺失值赋值。

2. 决策树构造的一些考虑

决策树构造的关键是分裂（split）。因此为了构造决策树，需要明确以下问题：

- 第一个及下一个用于分裂的特征是什么？
- 何时停止构建决策树（避免过拟合）？

3. 选择合适的特征

有三个指标可用于选择最适合的分裂特征：

- 信息增益与熵
- Gini 指数
- 信息增益率（gain ratio）

（1）信息增益与熵

C4.5 算法中使用了信息增益与熵。熵用来度量数据中的不确定性。现在让我们来用一种直观的方式来理解信息增益与熵的概念。

现在来考虑一下抛硬币的游戏，假设有五枚硬币，每枚硬币抛投后正面朝上的概率分别为 0、0.25、0.5、0.75、1。如果用这五枚硬币来抛掷，抛掷结果最确定及最不确定的分别是哪一枚硬币？不确定性最低的是概率为 0、1 的那两枚硬币，而不确定性最高的是概率为 0.5 的硬币。下图揭示了五枚硬币抛掷结果的不确定性（熵越大不确定性越高）：

总熵

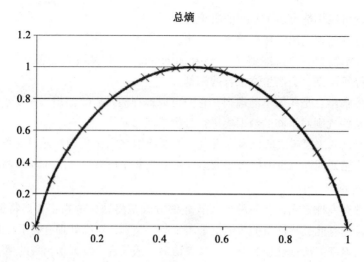

这里的熵可以用数学公式来表示：

$$H = - \sum p_i \log 2 p_i$$

这里的 p_i 代表特定事件或特定目标特征值的发生概率。

如果有一个系统中有四种事件，发生概率分别为 1/2、1/4、1/5、1/8，因此该系统的熵可以计算出来：

$$H = -1/2 \log_2(1/2) - 1/4\log_2(1/4) - 1/5\log_2(1/5) - 1/8\log_2(1/8)$$

算法 C5.0 及 C4.5 的最初版本（ID3）中使用了熵作为特征选择的指标。每个节点会选择导致最大熵降幅的特征用于分裂。熵的减少量被称为信息增益。

信息增益 = 分裂前的熵 - 分裂后的熵

系统分裂前的熵按下面公式计算：

$$E = - \sum_{i=1}^{m} p_i \log_2(p_i)$$

系统根据特征 A 将数据集 D 分裂为 v 个子集，此时熵按下面的公式计算：

$$E_A = \sum_{i=1}^{v} \frac{D_i}{D} E(D_i)$$

因此信息增益的值等于 $E - E_A$。

现在不妨找个例子来手动计算一下信息增益：

ID	Age	Income	Family	CCAvg	Personal Loan
1	Young	Low	4	Low	0
2	Old	Low	3	Low	0
3	Middle	Low	1	Low	0
4	Middle	Medium	1	Low	0
5	Middle	Low	4	Low	0
6	Middle	Low	4	Low	0
10	Middle	High	1	High	1
17	Middle	Medium	4	Medium	1
19	Old	High	2	High	1
30	Middle	Medium	1	Medium	1
39	Old	Medium	3	Medium	1
43	Young	Medium	4	Low	1
48	Middle	High	4	Low	1

类型为 P（yes/1）代表接受贷款，类型为 N（no/0）代表不接受贷款

分裂前系统的熵为：

$$-\frac{6}{13}\log_2\left(\frac{6}{13}\right) - \frac{7}{13}\log_2\left(\frac{7}{13}\right) = 0.995\ 727$$

显然，这种分裂方式与五五开分裂效果相似。下面我们来寻找产生最大信息增益的特征。

例如，我们采用 CCAvg 及 Family 特征进行分裂，下面是熵的计算过程。总熵值等于各节点熵的加权和。

		CCAvg		
	Fraction	Loan=No	Loan=Yes	Entropy
Low	0.615385	0.25	0.75	0.81
Medium	0.230769	0.00	1.00	0.00
High	0.153846	0.00	1.00	0.00
Entropy	0.499248			

分裂后系统熵值如下：

$$Entropy_{CCAvg} = \frac{8}{13}E(6,2) + \frac{3}{13}E(0,3) + \frac{2}{13}E(0,2) = 0.499\ 248$$

类似地，计算出使用 Family 对应的熵及两个特征对应的信息增益。两种分裂方式的信息增益值如下：

$$I_{CCAvg} = 0.995\ 727 - 0.499\ 248 = 0.496\ 479$$

$$I_{Family} = 0.995\ 727 - 0.923\ 077 = 0.072\ 65$$

该方法可以应用到任意特征上，最终选择信息增益最大的特征来进行分裂。在每个节点，都要进行这种测试以选择最佳的分裂特征。

（2）Gini 指数

Gini 指数也是一种常用的决策树分裂指标。该指标是以意大利统计学家和经济学家 Corrado Gini 的名字来命名的。Gini 指数用来度量两个随机项属于同一类别的概率。对于一个真实的数据集来说，这个概率通常是 1。对于决策树来说，每个节点的 Gini 指数等于该节点下各类别数据实例的比例的平方和。例如，某个节点中，数据实例类型只有两种，且比例相同，那么 Gini 指数值等于 $0.5^2 + 0.5^2 = 0.5$。这也等价于 1/2 的概率随机挑选到属于同一类型的实例。现在，我们使用之前的数据集来计算 Gini 指数：

$$原始的\ Gini\ 指数 = \left(\frac{6}{13}\right)^2 + \left(\frac{7}{13}\right)^2 = 0.502\ 959$$

当使用 CCAvg 及 Family 特征时，Gini 指数见下表：

	CCAvg			
	Fraction	Loan=No	Loan=Yes	Gini
Low	0.615385	0.250000	0.750000	0.625
Medium	0.230769	0.000000	1.000000	1.000
High	0.153846	0.000000	1.000000	1.000
Gini Index			0.769231	

	Fraction	Family Loan=No	Loan=Yes	Entropy
1	0.307692	0.5	0.5	0.5
2	0.076923	0	1	1
3	0.153846	0.50	0.50	0.5
4	0.461538	0.50	0.50	0.5
Gini Index		0.538462		

（3）信息增益率

C4.5 算法相较于 ID3 算法的一大改进就是使用信息增益率作为节点分裂指标。信息增益率是信息增益与信息量（information content）的比率。产生最大信息增益率的特征将被选用为分裂特征。

下面用一个简单但是很极端的例子来说明信息增益率为什么比信息增益更好：

Men				Female		
Number	Age	Married		Number	Age	Married
Man 1	1	No		Woman 1	41	Yes
Man 2	2	No		Woman 2	42	Yes
...	...	...		...	...	...
Man 40	40	No		Woman 59	99	Yes
				Woman 60	99	No

因变量用来表述人们是否在特定的条件下结婚。我们姑且假设这个案例中，男性均没有结婚，而女性除了最后一位（一共有 60 位女性）都已结婚。

直观的来看，该数据集可以推导出一些很简单的规则：

- 如果一个人是男性，那么他未结婚。
- 如果一个人是女性，那么她已经结婚（唯一的反例可能是噪声）。

现在，让我们来系统地探究这个案例。首先，将数据集分割为两个子集：训练集与测试集。训练集中包含最后 20 位男性（全部未婚，年龄在 21 ~ 40 岁之间），最后 30 位女性（除了最后一位，其他人均已婚，年龄在 71 ~ 99 岁之间）。测试集中包含了剩余的一半女性，她们均为已婚。

计算信息增益率需要度量信息量。

信息量用 $-f_i \log_2 f_i$ 来定义。这里完全不用考虑因变量的值，我们只需要知道某类实例出现的次数在所有实例中的比例。

对于性别来说，只包含两种状态；20 位男性，30 位女性。因此对于性别特征来说，信息量等于 $2/5 \times \log(2/5, 2) - 3/5 \times \log(3/5, 2) = 0.9709$。

对于年龄来说，包含 49 种状态（49 个不同的年龄），对于只有一个数据实例的状态，其信息量等于 $-(1/50) \times \log(1/50, 2) = 0.1129$。

其中有 48 种状态，它们分别与单个数据实例对应，因此信息量 $= 0.1129 \times 48 = 5.4192$。对于最后一种状态，有两个数据实例，因此其信息量 $= -(2/50 \times \log(2/50, 2)) = 0.1857$。而总的信息量 $= 5.6039$。

性别特征的信息增益率 = 性别特征的信息增益/性别特征总信息量 = 0.8549/0.9709 = 0.8805。

根据前面的计算，年龄特征的信息增益率 = 0.1680。

因此当采用信息增益率作为决策树分裂指标时，性别特征更合适，这也与人的直觉相符。因此我们应该采用信息增益率指标来构建决策树。最后导出的规则为：如果性别为男性，则未婚；如果性别为女性，则已婚。

4. 停机法则与剪枝

构建决策树时，如果分枝足够深，就能对训练集中的样本完美分类。通过增加决策树深度来提升分类精度，这看起来是一种可行的办法，但是在训练集中包含噪声时会带来一些问题。如果训练集非常小，包含的数据不足以代表总体时构建出来的决策树会存在过拟合现象。

在决策树学习中，有很多种办法可以避免过拟合。下面是两个不同的方法：

- 方法一：当决策树对训练集完美分类之前就停止生长。
- 方法二：如果出现过拟合的状况，则对决策树进行剪枝。

尽管方法一看起来更直接，但实际上，针对过拟合决策树的后剪枝（post-pruning）技术才是实践中最成功的策略。理由是按照方法一很难知道应该在何时停止决策树的生长。值得一提的是，无论采用何种策略，停机法则都很重要，因为需要将决策树的大小控制在合适的范围。

下面的两个方法可用于寻找合适的决策树大小：

1) 指定一个与训练集独立并且不一样的数据集，用来验证决策树中后剪枝涉及节点的分类正确性。这是一种通用的方法，被称为训练集与验证集方法。

2) 本方法与方法1不一样，它将所有数据当作训练集来使用，并应用概率方法来检查裁剪特定的节点是否可能对训练产生任何改进。例如，使用卡方测试来检验这个概率。

降低错误率剪枝（reduced-error-pruning（D））：对某节点剪枝时，裁剪掉以该节点为根节点的整棵子树。进一步将该节点标记为叶子节点（该节点的类标签为子树对应实例集的类标签中的众数）。算法流程如下所示：

> *Partition D into D_{train} (training / "growing"), $D_{validation}$(validation / "pruning")*
>
> *Build complete tree T on D_{train}*
>
> *UNTIL accuracy on $D_{validation}$ decreases DO*
>
> *FOR each non-leaf node candidate in T*
>
> *Temp[candidate] ←Prune (T, candidate)*
>
> *Accuracy[candidate] ←Test (Temp[candidate], $D_{validation}$)*
>
> *T←T'∈Temp with best value of Accuracy (best increase; greedy)*
>
> *RETURN (pruned)*

规则后剪枝（rule post-pruning）是一种更常见的决策树剪枝方法，它有较高的精度。C4.5算法中就使用规则后剪枝的一个变种。

下面是规则后剪枝的处理流程：

1) 基于训练集构建决策树，直到观察到明显的过拟合现象。

2) 为构建好的决策树的每条路径生成规则，即从根节点到每个叶子节点的每条路径映射为一条规则。

3）对每条规则进行测试，移除满足某些符合先决条件的规则以提高决策树精度。

4）使用修剪过的规则，以便提升对后续实例预测的准确性。

下面列举了基于规则剪枝的优点，以及剪枝对规则导出的必要性：

- 增加规则的可读性。
- 在根节点和叶子节点上都可以进行一致的测试。
- 有利做出是否移除或保留某节点的决策。

5. 决策树的图形化表示

到目前为止，读者已经了解了决策树是如何表示的，以及如何在某个节点选择分裂特征对数据集进行分割，进而在各个数据子集（分支）上递归构建决策树。决策树的另一种表示方式是使用图形进行可视化表示。举个例子，假设从输入特征中选择两个特征（两个维度），当使用某一特征变量与固定数值比较时，等价于用一条与坐标轴平行的直线对数据集进行分割。我们还可以比较两个特征，此时图形上看是特征的线性组合，而不是一个与坐标轴不平行的超平面。

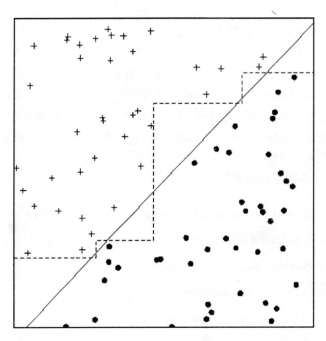

在指定数据集上构建出多棵决策树是可行的。确定其中最小并且最完美的决策树的过程被称为最小一致性假设（minimum consistent hypothesis）。让我们来解释一下什么样的决策树是最好的决策树：

奥卡姆剃刀（Occam's Razor）法则非常简单；如果有两种方法能解决同一个问题且输出结果一样，一定要采用最简单的那种。

在数据挖掘实践中，人们容易陷入复杂方法和海量计算的陷阱中去。因此在构建模型时一定要采用奥卡姆剃刀的推理原则。要选择平衡了决策树大小及错误率的最优决策树。

6. 决策树算法

有很多决策树构造算法。这些算法中 C4.5 和 CART 是最被广为采用的。在本节中，将会深入介绍这两种算法，同时也会简单介绍一些其他的决策树算法。

（1）CART

CART 是分类与回归树（Classification and Regression Tree，是 Breiman 等人于 1984 年发明的）的缩写。CART 创建的是二叉树。这意味着一个特定的节点最多只有两个分支。CART 的核心理念是依照某种优度准则（goodness criterion）去选择一种最佳的节点分裂方式。此外，随着决策树的生长，也会启用代价复杂度剪枝（cost-complexity pruning）的机制。CART 采用了 Gini 指数来选择合适的特征进行分裂。

使用 CART 可计算先验概率分布。利用 CART 能够生成回归树，回归树用来预测数值而不是类标签。预测值为该节点对应的数据实例的目标特征值的加权平均值。CART 在分裂节点时，寻找最小化预测残差平方和（prediction squared error）的特征。

用上一节中的数据集来构造 CART，下图描述了构建出来的决策树：

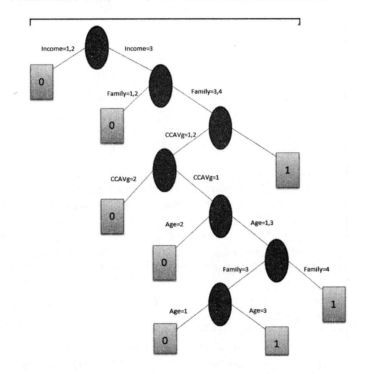

（2）C4.5

C4.5 与 CART 非常类似，两者的区别在于 C4.5 的每个节点可以分裂为多个分支（大于 2）。选择分裂特征时，C4.5 采用了信息增益率进行测量。信息增益率的计算是基于信息增益的。上一节中提到了信息增益，信息增益最大的特征是能在样本数较少的时候帮助提高分类精度。C4.5 也有它的缺点：在生成规则时，需要较多的内存和较强的 CPU 计算能力。C5.0 是 C4.5 的商业版本，它在 1997 年面世。

C4.5 是 ID3 算法的改进。C4.5 中使用了信息增益率来选择分裂特征。分裂过程在分裂次数到达某个阈值时停止。在决策树生长阶段结束后，开始执行剪枝操作，这里用到了基于误差的剪枝方法。

下图描述了用 C4.5 算法构建出来的决策树（训练集与上一节中相同）：

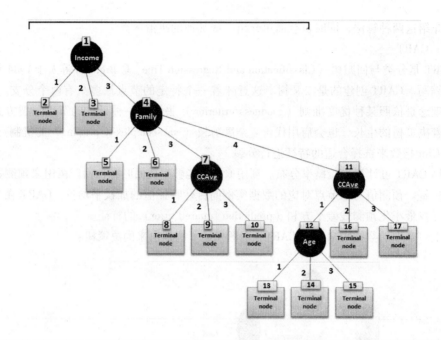

决策树算法	工作原理
ID3	ID3（Iterative Dichotomiser 3）算法被认为是最简单的决策树算法。选择分裂特征时使用了信息增益指标。决策树的分裂直到信息增益为零时停止。ID3中没有使用剪枝技术，它能处理数值型特征及缺失值
CHAID	CHAID（Chi-squared Automatic Interaction Detection）算法只能处理标称（nominal）类型特征。对于每个特征，会选择一个与目标特征最接近的一个值。可能还需要计算一个额外的统计量，这取决于该算法的目标特征的类型 F检验适用于连续型目标特征，皮尔森卡方检验（Pearson chi-squared test）适用于标称类型目标特征，而似然率检验（likelihood-ratio test）则适用于有序类型（ordinal）目标特征。CHAID算法会检查某些条件是否达到阈值来合并特征值pair，直到没有符合条件的pair为止 CHAID算法可以处理缺失值，其方法很简单，它假设所有缺失值都属于某个有效的类别。该过程没有剪枝操作
QUEST	QUEST是Quick、Unbiased、Efficient及Statistical Tree的缩写 支持单特征及多特征线性组合分裂。F检验、皮尔森卡方检验或k-means聚类（这里$k=2$）等方法可以用于计算每个输入特征值、目标变量值pair之间的关联，具体方法的采用依赖特征的类型。与目标特征变量关联关系最强的特征被选作分裂特征。为了确保分裂特征中存在一个最优的分裂点，这里用到了二次判别分析（Quadratic Discriminant Analysis，QDA）。值得一提的是，QUEST算法生成的是二叉树，并且使用了十折交叉验证（10-fold cross-validation）
CAL5	只能处理数值类型特征
FACT	是QUEST算法的早期版本，它通过在统计方法的基础上再执行判别分析来选择分裂特征
LMDT	使用了多特征测试（multivariate testing）机制来构建决策树
MARS	使用线性样条（linear spline）及张量积（tensor product）来近似多元线性回归

7. 贪心算法与决策树

决策树最有活力的特点之一就是它的构建是基于贪心算法的。贪心算法通过获得每阶段的局部最优解来获得全局最优解。尽管是否为全局最优解不一定每次都能保证，但选择局部最优解总是最大程度帮助用户获得全局最优解。

每个节点都是在搜索局部最优解，因此决策树构造时陷入获取某个局部最优解的泥潭是极有可能的。不过在大多数时候，能得到局部最优解已经足够好了。

8. 决策树的优点

决策树有以下优点：

- 算法简单，构建速度快，只需要做少量实验
- 鲁棒性强
- 易于理解和解释
- 不需要复杂的数据准备
- 可同时处理类别或数值类型的数据
- 支持使用统计方法做验证
- 支持高维数据和大数据集操作

5.1.4　特殊的决策树

本节中，我们将探究一些现实中可能面临的特殊情况，这些情况非常重要，并有与之对应的特殊的决策树解决方案。这些解决特殊问题的决策树算法都非常精妙。

1. 斜树

斜树适用于非常复杂的数据集。假设数据集中的实例有以下特征：$x1$，$x2$，…，$x3$，xn。那么 C4.5 或者 CART 等算法需要测试诸如此类的条件：$x1 >$ 某个值，或 $x2 <$ 另外某个值等。此时的目标是在每个节点找到一个合适的分裂特征。从几何上看，每个判断条件其实就是一条与坐标轴平行的直线，如下图所示：

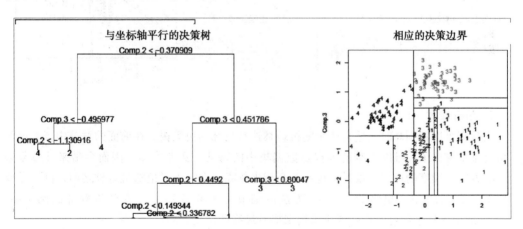

显然，当数据集非常复杂时，会构建出非常复杂的决策树，并且构建过程非常耗时。为了简化问题，我们需要使用到数据挖掘中的一个术语：超平面（hyperplane）。

在一维空间中，一个点就可以将空间分为两块。在二维空间一条直线或曲线可以把空间分为两部分。而在三维空间中，一个平面或者曲面能将空间分为两部分。在高于三维的空间中，我们可以想象出一个类似的分割面，不妨称之为超平面。常见空间的分割方式如下图所示：

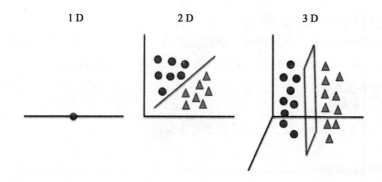

读者不难理解，传统的决策树技术在节点分裂时产生的是与坐标轴平行的超平面。如果数据集非常复杂，则传统的方法变得非常繁重。可以考虑使用倾斜的超平面，虽然可解释性会降低，但是有助于构建出更简洁的决策树。因此，使用这种方法决策树节点分裂时的测试条件会有所变化，如下所示：

$$xi > K \text{ 或 } < K \quad \geq \quad a1x1 + a2x2 + \cdots + c > K \text{ 或 } < K$$

倾斜的超平面能将决策树的规模缩小好几倍。使用与前面范例相同的数据集，斜树算法构建出来的决策树可以参考下图：

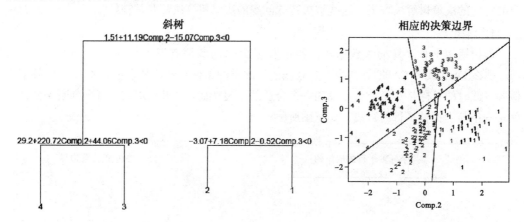

2. 随机森林

当数据维度特别高时，适合使用随机森林这种特殊的决策树。在前面的章节中读者已经了解过维度灾难了。维度灾难的前提是数据集中的特征个数非常多，因而会带来计算复杂性。随着特征维度的增加，误差率也可能会越来越高。在深入讨论随机森林之前，读者需要了解 boosting 的概念。更多的 boosting 方法的细节可参考第 13 章。在随机森林的例子中，boosting 的应用在于组合使用多棵决策树来提升最终的精度。

随机森林是决策树的一种扩展，随机森林中使用了多棵决策树。这些决策树都是通过随机手段生成的：随机选择样本集及特征集。下图描述了随机森林中如何为每棵决策树随机化选择样本集的：

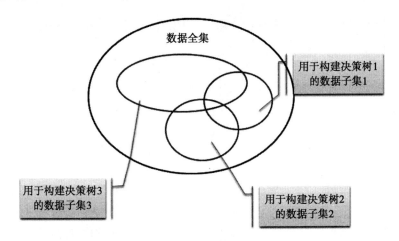

除了为每棵决策树随机选择样本集之外，还可以为每棵决策树随机选择特征集。如下图所示：

S No	Variable		
1	X1		X1, X2, X3 决策树1用到的 特征集
2	X2		
3	X3		X3, X4, X5 决策树2用到的 特征集
4	X4		
5	X5		
...	...		Xa, Xb, Xn 决策树3用到的 特征集
N	Xn		

因为每棵决策树都是通过随机手段构建出来的，所以它们被称为随机树。多棵随机树则统称为随机森林。

随机树基于两种激进的理念。首先，每棵树都对数据集的最大子集做出准确的预测。其次，多个地方会出现错误。因此，一般来说，对多棵决策树的结果进行投票才可以得到比较理想的结果。

如果没有足够的样本来得到较好的估计（estimate），这会导致稀疏性问题。空间密度（spatial density）的指数增长有两个重要原因：一个是维度的增加，另一个是数据中的等距点（equidistant point）的增加。而大多数数据在尾部。

为了估算给定精度下的密度，下表显示了样本数量随维度增长的情况。下面的计算公式也揭示了多元正态分布估计的均方误差是如何随着维度的增长而增长的（下面的公式的证明与表格的计算均源自 Silverman）。

$$\text{MSE}\left[\hat{f}_m(p)\right] = O\left(\frac{1}{m^{4/(D+4)}}\right)$$

维　　数	所需的样本数量
1	4
2	19
5	786
7	10 700
10	842 000

随机森林是决策树的一个重要的扩展，它非常简单、易于理解并且效率极高，尤其是处理高维数据时。当原始数据维度很高时，可以从特征集中随机选择一个子集，利用训练集的相应特征来构建决策树让决策树自由生长而不采用任何剪枝操作。我们通常会迭代执行该过程，构造数以百计的决策树，每棵决策树使用不同的特征子集。

当随机森林用于预测时，每个新的数据实例会从森林中每棵决策树的根节点向下遍历。当抵达叶子节点，该实例会被赋予一个类标签，此时预测才算完成。该过程会重复多次，直到随机森林中所有决策树都遍历完，再根据所有决策树预测结果投票产生最终的预测结果。

3. 演化树

当全局最优解看起来无法达到时，演化树就能派上用场了。读者前面已经了解过了：决策树是基于贪心算法的。于是在某些时候，可能要构建非常大的决策树，因为构建操作可能会陷入局部最优解。因此，当构建出来的决策树深度非常深时，需要考虑使用斜树或者演化树。

演化树的概念最早源自一种非常有吸引力的算法：基因算法（genetic algorithm）。基因算法的深入探讨超出了本书的范围。本章只介绍最本质的概念。

演化树并不使用确定的数学公式寻找每个节点最优的分裂特征，而是每一步随机挑选一个节点，以该节点为根节点创建一棵树。构建过程不断迭代，直到构建了出一个决策森林（决策树集合）。此时从决策森林里挑选出与数据拟合得较好的那些决策树，然后随机组合这些决策树，用来构建下一代的决策森林。

换句话说，演化树选择了一个截然不同的顶部节点，并生成了一棵更短的树，不过它的效率跟普通决策树是一样的。但是进化算法需要更多的时间来计算。

4. Hellinger 树

迄今为止，已经有很多研究致力于寻找对因变量（目标变量）概率分布不敏感的纯度指标（impurity measure），而已有的熵或 Gini 指数对因变量概率分布敏感。最近有论文推荐使用 Hellinger 距离作为纯度指标，该指标不依赖目标变量的概率分布。

$$d_H(P(Y_+), P(Y_-)) = \sqrt{\sum_{i \in V} \left(\sqrt{P(Y_+|X_i)} - \sqrt{P(Y_-|X_i)}\right)^2}$$

$P(Y_+|X)$ 实质上是 Y_+ 在每个特征上的分布，同样，$P(Y_-|X)$ 是 Y_- 在每个特征上的分布。

High	Low	0
High	High	1

在上图（上图为一个表格）中，当第一个特征的特征值为 High 时，只有当第二个特征的特征值也为 High 时，概率值为 1。此时总距离为 sqrt(2)。

5.2　实现决策树

本章相关的随书源码介绍了决策树和随机森林的实现，可参考源码路径 .../chapter5/...，每个子文件夹对应具体平台或框架中的实现。

1. 使用 Mahout

参考文件夹：.../mahout/chapter5/decisiontreeexample/

参考文件夹：.../mahout/chapter5/randomforestexample/

2. 使用 R

参考文件夹：.../r/chapter5/decisiontreeexample/

参考文件夹：.../r/chapter5/randomforestexample/

3. 使用 Spark

参考文件夹：.../spark/chapter5/decisiontreeexample/

参考文件夹：.../spark/chapter5/randomforestexample/

4. 使用 Python（scikit-learn）

参考文件夹：.../python-scikit-learn/chapter5/decisiontreeexample/

参考文件夹：.../python-scikit-learn/chapter5/randomforestexample/

5. 使用 Julia

参考文件夹：.../julia/chapter5/decisiontreeexample/

参考文件夹：.../julia/chapter5/randomforestexample/

5.3　小结

在本章中，读者已经学习了一类有监督学习方法：决策树。决策树既可用于解决分类问题也可以用于解决回归问题。决策树学习相关的话题也一一涉及，如特征选择、决策树分裂、决策树剪枝等。在所有的决策树算法中，我们着重介绍了 CART 与 C4.5。当面对一个特殊的需求或问题，读者也需要学习如何在具体的工具或平台中实现决策树。常用的工具与平台有 Spark（MLlib）、R、Julia 等。在下一章中，我们将介绍如何使用最近邻（nearest neighbour）算法及支持向量机来解决有监督和无监督问题。

第 6 章
基于实例和核方法的学习

上一章中介绍了如何使用决策树解决分类和回归问题。在本章中，将介绍两种重要的模型，既可用于有监督学习也可用于无监督学习，它们分别是最近邻（nearest neighbor）方法，一种基于实例的机器学习模型；以及支持向量机（Support Vector Machine，SVM），一种基于核方法（kernel method）的机器学习模型。我们将学习与这两种方法相关的基本技术，及如何在 Apache Mahout、R、Julia、Apache Spark、Python 等语言或平台中实现它们。下图描述了本书中涉及的各种机器学习模型，突出显示部分是本章将要重点讨论的。

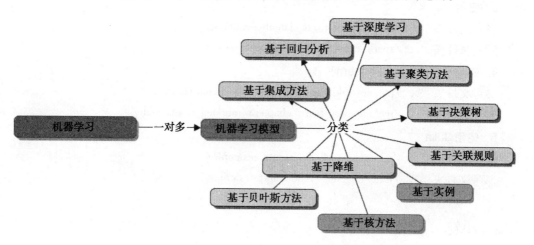

本章将深入探讨以下话题：
- 基于实例的机器学习模型
- 基于实例的机器学习简介
- lazy learning 与 eager learning
- 介绍基于实例的机器学习相关的各种算法，包括最近邻方法、基于实例的推理（case-based reasoning）、局部加权回归（locally weighed regression）、径向基函数（radial basis function）。
- 深入探讨 kNN（k-Nearest Neighbor）算法，同时通过一个真实案例来演示该算法；提升 kNN 算法性能的技巧。
- 本章所提及的算法在 Apache Mahout、R、Julia、Apache Spark、Python（scikit-learn）等语言或平台中的实现。

- 基于核方法的机器学习模型
  - 基于核方法的机器学习简介
  - 介绍与基于核方法的机器学习相关的各种算法，包括支持向量机、线性判别分析（Discriminate Analysis，LDA）等。
  - 通过一个真实案例深入探讨 SVM 算法。

6.1　基于实例的学习

基于实例的学习（IBL）方法通过下面这种方式来学习：它只是简单存储训练数据，当新查询（新的数据实例）抵达系统时，利用训练数据来对新数据进行推断（分类或数值预测）。读者在第 1 章中已经了解过了，实例无非是数据集的一个子集。基于实例的机器学习模型实际上只用到了与当前问题紧密相关的一个或一组实例。通过比较，模型会选择出一些相关的实例，甚至可能会包括被预测的那个新实例。此时的比较，依赖具体的距离度量准则，在该准则下挑选出最匹配的实例（实例集）用于预测。因为此类方法在内存中存储了历史数据，所以也被称为基于内存或基于实例的学习。此时，问题的关键是实例的表示方式及实例间的相似度度量准则。

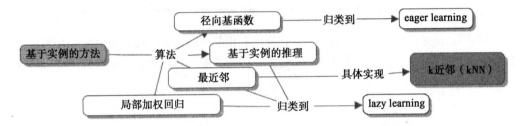

每当新实例抵达系统，处理时会从内存中检索出一些与该实例相似的实例，然后基于这些实例对新实例进行分类或数值预测。

基于实例的学习器（learner）又被称为延迟学习器（lazy learner）。总的来说，整个数据集都会参与预测，但是其中只有一小部分实例会被引用到，这些实例被称为新实例的近邻，新实例的目标变量的值由近邻的目标变量值决定。一旦近邻被确定，近邻的偏好会被组合利用，产生最终的预测结果，通常是利用 top-k 对近邻的目标变量值进行投票。

复杂函数通常可以通过更简单函数来近似表示。不幸的是，此类手段对新数据的分类代价通常非常高昂，因为会导致产生维度灾难（curse of dimensionality），最糟糕的时候所有实例的所有特征都会用于计算。本章及后续章节会涉及回归和分类问题。对于分类问题来说，要预测的是新实例所属的类别，而对于回归问题来说，要预测的是新实例对应的目标变量的数值。首先，我们将介绍最近邻算法，它既可用于解决分类问题，也可用于解决回归问题。

Rote Learner 是一种基于实例的分类器，主要用于记忆整个训练集。预测方式很机械，直接从训练集找到与新实例完全匹配的实例用于预测。而其他分类器如最近邻分类器，是利用距离最近的一些近邻来预测。在下一节中，将深入介绍最近邻算法。

6.1.1　最近邻

在开始理解什么是最近邻算法之前，先来演示一个例子：下图是一个散点图，其中 X

和 Y 分别分别代表两种不同类型的实例，与之对应的星形和三角形。读者暂且不用理会每类数据分别代表什么。如果让我们凭直觉来判断红色方框中数据点所属类别，答案显然是绿色三角形。此时基于直觉，不需要了解数据实例就可以得出结论。决策的原理是这样的：当我们看到了新实例的近邻，基于近邻的特质来预测新实例的类别。总的来说，此类算法是基于近邻数据实例的行为来做预测。

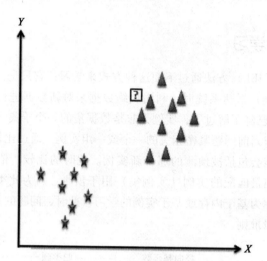

　　最近邻算法是一种基于直觉的算法。该算法利用某些距离度量技术来检索最近邻，这些技术将在后面小节进行介绍。现在对之前的例子进行扩展，同样地，待分类的新实例用问号来表示。

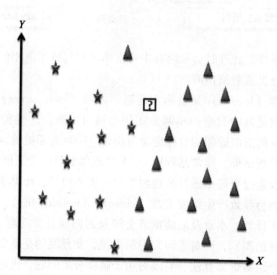

　　不妨先假设新实例所属类别是星形（黄色）。距离度量很重要，因为近邻通常不是一个实例而是一个区域。下图显示的是一个区域，该区域中所有数据实例都属于星形（黄色）类型。这种区域被称为 Voronoi cell，它通常是由直线围起来的多边形，此时对应的距离度量为欧式距离（Euclidean distance）。

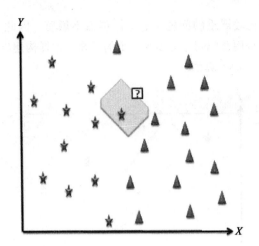

当针对每个样本的 Voronoi cell 计算好了以后，可以得到 Voronoi tessellation，如下图所示。这个棋盘状的图是样本空间的一种划分，每个区域之间互不相交，通常每个区域中只有一个实例。

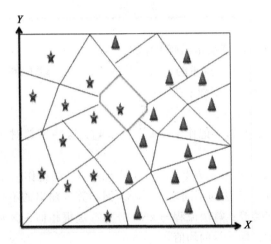

区域的大小由可用的样本数决定。样本越多，区域的大小越小。Voronoi tessellation 的一个有趣的性质是可以构造边界曲线，将不同类型实例分隔开，如下图所示。粗线条右侧为三角形类型，左侧为星形类型。

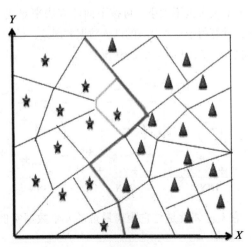

最近邻方法的一个比较严重的问题是它对离群点不敏感，因此会让边界曲线的构造陷入困境，一个解决办法是构造期间考虑多余一个的近邻，这样构建出来的模型会更加稳定和平滑。因此 k 近邻意味着 kNN 算法。

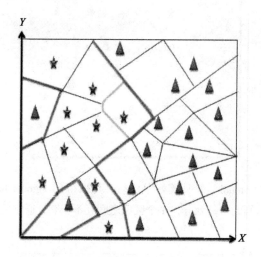

下面介绍一下 kNN 分类算法是如何工作的：

已知训练样本为 $\{x_i, y_i\}$，这里的 x_i 代表特征值，y_i 代表类标签，如果有一个新的实例 x 待分类，kNN 算法将按下面的步骤来执行：

1）计算所有训练样本 x_i 与 x 的距离。

2）选择最近的 k 个近邻，记作 x_{i1}，x_{i2}，$\cdots$，x_{ik}，这些近邻对应的类标签分别是 y_{i1}，y_{i2}，$\cdots$，y_{ik}。

3）返回 k 个近邻的类标签的众数作为 x 的类标签，不妨记作 y。

现在来看看 kNN 回归算法的不同之处：kNN 回归算法输出的不是类标签，而是一个实数值，例如投票数、年龄等；算法流程与 kNN 分类算法很相似，区别在于第 3 步，输出的是一个数值，即样本的目标变量的均值。

1. kNN 中 k 的取值

在 kNN 算法中，k 值的大小对算法的表现影响巨大。如果 k 值过大，则会导致分类精度低；若 k 值过小，则算法对离群点敏感，这在前面的小节中已经讨论过了。因此，一个合适的 k 值通常是比较中庸的，既不太大也不太小。可按下面的方法来寻找一个合适的 k 值：先划定一个取值范围，逐个尝试，计算每个 k 值对应的训练数据的误差，挑选一个泛化性能最好的 k 值。

下图描述的 k 值分别是 1、2、3 时对应的状况：

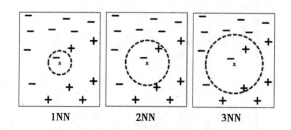

对于数据点 x 来说，它 k 近邻就是与它距离最近的 k 个数据实例。

2. kNN 中的距离度量

距离度量是 kNN 算法中一个比较有意思的方面，可能也是该算法唯一可以采用不同实现方案进行实验的地方。有很多可选的距离度量方法，本节中将会着重介绍其中最常用的那些。距离度量的主要目的是确定哪些样本相似，哪些样本不相似。类似 k 值，距离度量方法的选择也能决定 kNN 算法的性能。

（1）欧氏距离

欧氏距离（Euclidean distance）是处理数值类型特征的默认选项。欧氏距离的计算公式如下：

$$D(x,x') = \sqrt{\sum |x_d - x'_d|^2}$$

欧氏距离有对称、球形的特性，它平等对待每一维特征。它的一大缺点是对单个特征中的极值敏感。欧氏距离的特性跟均方误差（mean squared error）类似。

（2）海明距离

海明距离（Hamming distance）是处理类别类型特征的默认选项。海明距离的最大作用是检查两个特征值是否相等。如果相等距离为 0，不相等则距离为 1。计算时需要检查两个实例的所有特征。海明距离计算公式如下：

$$D(x,x') = \sum_d 1_{x_d \neq x'_d}$$

不同的特征有不同的刻度，因此需要对特征做归一化处理（normalize）。

（3）闵氏距离

现在我们来了解一下闵氏距离（Minkowski distance）即 p-范数距离，它是一组距离度量方法，跟 p 的取值有关。它是欧氏距离的一种泛化。闵氏距离使用起来非常灵活。

闵氏距离的计算公式与欧式距离计算公式类似，如下所示：

$$D(x,x') = \sqrt[p]{\sum |x_d - x'_d|^p}$$

当 $p = 0$，等价于海明距离。

当 $p = 1$，等价于曼哈顿距离（Manhattan distance）。

当 $p = 2$，等价于欧氏距离。

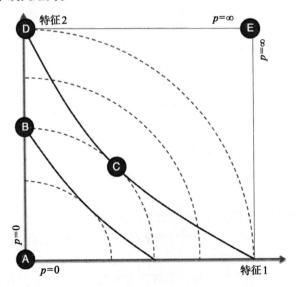

3. 基于实例的推理

基于实例的推理（Case-Based Reasoning，CBR）是一种高级的基于实例的机器学习方法，它用到的数据实例更复杂。除了训练集以外，CBR 也不断累积新数据，这些新数据分类之后被纳入训练集。跟其他基于实例的机器学习方法类似，也是从已有数据中检索与新数据实例最相似的一些数据实例用于预测。CBR 中使用了基于语义网（semantic nets-based）的距离度量方法。该度量方法是基于图的，与之前介绍过的欧氏距离等均不相同。

与其他基于实例的机器学习方法类似，CBR 也是一种 lazy learner，算法的性能依赖数据实例的组织方式及其内容。

人之所以能够解决问题和进行推理，关键在于能复用历史数据。CBR 的建模借鉴了人类思维的特点，而且易于被人类理解。这意味着 CBR 的工作方式可以被专家修改或协同专家一起工作。

由于 CBR 能处理非常复杂的数据实例，因此它适合解决很多复杂的问题。如通常会在医疗诊断中使用 CBR 算法，用来诊断心脏病、听觉障碍以及其他相关的复杂病症。下图揭示了 CBR 算法的学习流程，它有一个很著名的别名：R4。

机器学习中的 lazy learning 指的是基于训练集的学习和泛化处理被延迟到了查询期。这种学习策略的优点是可以并行处理，缺点是内存消耗较高。下图描述 CBR 的处理过程：

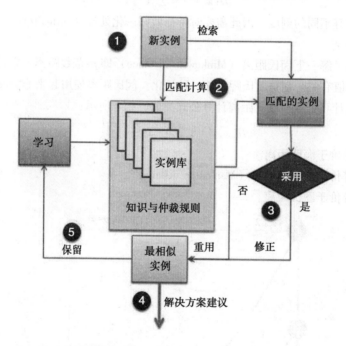

1）首先，一个新的数据实例抵达。

2）检索过程被触发，算法会让新抵达的数据实例与已有的且已经分类的数据集进行比较。

3）检查被检索出的实例是否与新实例完美匹配。

4）如果完美匹配，则重用该实例对应的解决方案，否则修正匹配实例的解决方案。

5）输出最终的推荐的解决方案。

6）在稍后的某个时间点，如果推荐的解决方案与事实吻合，就保留这次的学习结果，将该实例添加到实例库中。学习阶段也可能会基于事实添加一些规则到知识库中去。

4. 局部加权回归

局部加权回归（Locally Weighed Regression，LWR）是一种特殊的回归。当训练集中有很多噪声时，无法用线性模型来拟合。此时可利用对最近邻加权的方式来解决此类非线性拟合的问题。离待预测的数据实例越近的训练样本，其权重越高。

6.1.2 实现 kNN

本章与 kNN 算法相关的代码位于源码目录 .../chapter6/... 对应的子文件夹中。

1. 使用 Mahout

参考文件夹：.../mahout/chapter6/knnexample/

2. 使用 R

参考文件夹：.../r/chapter6/knnexample/

3. 使用 Spark

参考文件夹：.../spark/chapter6/knnexample/

4. 使用 Python（scikit-learn）

参考文件夹：.../python-scikit-learn/chapter6/knnexample/

5. 使用 Julia

参考文件夹：.../julia/chapter6/knnexample/

6.2 基于核方法的学习

前面讨论了基于实例的机器学习方法，并且深入探讨了最近邻算法，以及具体实现的相关话题。在本节中，我们将学习核（kernel）以及基于核方法的机器学习算法。

核简单来说是传递给机器学习算法的一个相似度函数。该函数接收两个参数，计算出两者之间的相似度。如果我们执行一个图像分类的任务，输入数据应该为一个 key-value 对（图像、标签）。分类处理流程如下：首先接收图像数据，然后进行特征处理，最后将特征向量输入算法进行分类。在相似度函数的例子中，我们可以定义一个核函数（kernel function），其内部计算图像之间相似度，核函数计算出来的相似度与图像及其标签数据一并传递给机器学习算法。这里最终的输出是一个分类器。

标准的回归分析、SVM、感知器（Perceptron）框架都使用到了核方法，并且只使用到向量。为了解决这个需求，需要将机器学习算法中的计算表示为内积（dot product），这样的话核函数就能被广泛使用。

核函数比特征向量更可取。这有很多优势，最重要的一点是易于计算。同时，与内积相比，特征向量需要更多的存储空间。因此，机器学习算法在实现时应该使用内积，然后经过映射后调用核函数。这样可以彻底避免在某些环节使用特征向量。核函数的引入，使得机器学习算法能毫不费劲地处理非常复杂的数据和计算，而不用真正去构造、存储和计算高维向量。

6.2.1 核函数

现在来精确理解什么是核函数。下图描述的是一个一维函数，它的输入为一维的数据样本。假设有以下样本（不同颜色代表不同类型的样本）：

　　针对上图，一维超平面只能是垂直的直线（实际上是数轴上的一个点），此时不存在一条垂直的直线能对样本集完美分类（指的是超平面将不同类型样本分隔在两侧）。而在二维世界中，如下图所示，超平面是任意的二维平面中的直线。存在一个超平面能把红色、蓝色样本点完美分开。SVM 中用到了这种超平面。

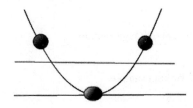

　　随着维度空间的增长，需要能够消除数据维度增长对计算的影响。下面这个映射 $x \to (x, x2)$ 被称为核函数。

　　对于维度空间不断增长的情况，计算复杂度会随维度增长而迅速增长，因此需要借助核技巧（kernel trick）以很低的代价来降低计算成本。

6.2.2　支持向量机

　　SVM 通常用于解决分类问题。总的来说，它是一种寻找可对样本数据有效分类的超平面的方法。二维空间中，超平面是一条直线，而在三维空间中，超平面是一个平面。下面通过一个例子来介绍 SVM 是如何对二维空间中的二分类数据进行线性分类的。在最近邻算法中也用到了这个例子。下图中，样本数据有两个维度的特征，分别为 X 和 Y，样本有两类，分别用三角形和星形来表示。

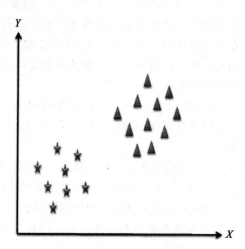

　　SVM 的目标是找到能分隔两类数据的超平面。下图揭示了这个事实：存在多个可能的超平面。因此需要寻找最佳的分隔超平面，最佳分隔超平面是与两类数据的间隔（margin）最大的那个超平面。在分类问题中，间隔是两类数据中离超平面最近的点到该超平面的距离之和。

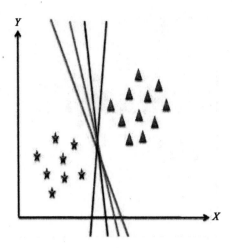

我们来观察其中的两个超平面，其对应的间隔分别记为 M1 和 M2。很显然间隔 M1 >
M2，因此，最佳分隔超平面是介于绿色和蓝色超平面之间的一个新的超平面。

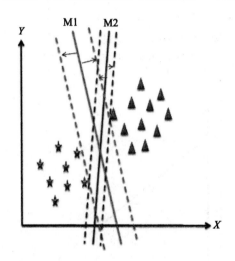

新的超平面可以用一个线性方程式来表示：

$$f(x) = ax + b$$

假设三角形类型的样本点特征值代入方程，等式左边的值都 $\geqslant 1$，而星形类型的样本点
特征值代入方程，等式左边的值都 $\leqslant -1$。对于每类数据到超平面最近的点，它们到超平面
的距离都 $\geqslant 1$。这里模（modulu）等于 1。

对于三角形类型数据：$f(x) \geqslant 1$，而对星形数据 $f(x) \leqslant -1$。当然，也有可能 $|f(x)|$ 恰
好等于 1。

点到超平面的距离可以用下面的式子来计算：

$$M1 = |f(x)| / \|a\| = 1/\|a\|$$

总的间隔 $= 1/\|a\| + 1/\|a\| = 2/\|a\|$。

SVM 的目标是最大化间隔，等价于最小化 $\|a\|$，$\|a\|$ 是权重向量的模。最小化权重 a
的模，是一个非线性优化的问题。其中一种解法是利用 KKT（Karush-Kuhn-Tucker）条件，
使用拉格朗日乘子（Lagrange multiplier）λ_i。

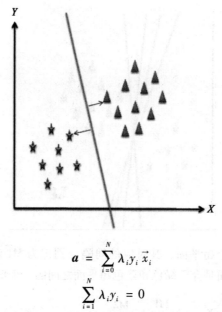

$$a = \sum_{i=0}^{N} \lambda_i y_i \vec{x}_i$$

$$\sum_{i=1}^{N} \lambda_i y_i = 0$$

现在来考察一个例子，例子中使用了两个数据点，每个点有两个特征 X 和 Y。现在需要寻找两点之间的某个点，它到两个数据点的距离最大。下图直观地描述了该需求，红色圆圈代表了这个最优点。

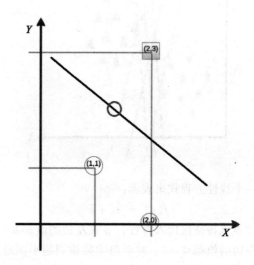

最大间隔对应的超平面的权重向量平行于经过点（1，1）及（2，3）的直线。权重向量平行于向量（1，2），决策边界与权重向量垂直，且位于两个数据点连线的中间，经过点（1.5，2）。

因此，可计算出 $y = x_1 + 2x_2 - 5.5$，同时几何间隔（geometric margin）等于 $\sqrt{5}$。

下面是支持向量机的计算过程：

对于向量 $w = (a, 2a)$，这里的 a 为变量，点（1，1）及点（2，3）可表示为 a 的函数，如下所示：

对于点（1，1），有 $a + 2a + \omega_0 = -1$

对于点（2，3），有 $2a + 6a + \omega_0 = 1$

权重计算过程如下：

$$\omega_0 = 1 - 8a \quad 3a + 1 - 8a = -1$$

$$\therefore \quad 5a = 2$$

$$a = \frac{2}{5}$$

$$\omega_0 = 1 - 8\frac{2}{5} = \frac{5 - 16}{5}$$

$$\omega_0 = -\frac{11}{5}$$

下面是计算出来的支持向量（support vector）：

$$\vec{w} = \left(\frac{2}{5}, \frac{4}{5} \right)$$

最后计算出的分隔超平面的方程式如下：

$$g(\vec{x}) = \frac{2}{5}x_1 + \frac{4}{5}x_2 - \frac{11}{5}$$

$$g(\vec{x}) = x_1 + 2x_2 - 5.5$$

可分隔的数据（inseparable data）

SVM 目标是找到最佳分隔超平面，如果该超平面存在的话。现实中由于数据中充斥着噪声，往往无法求解最佳分隔超平面。另外，分隔边界也有可能是非线性的。下面的第一个图揭示的是包含数据噪声的情况，第二个图揭示的是非线性分隔边界的情况。

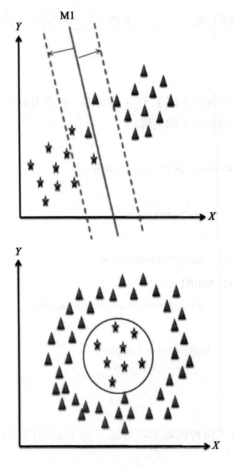

　　对于数据中包含噪声的情况，最佳解决方案是减少间隔，以及引入松弛变量（slack variable）。

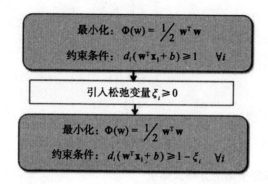

　　对于非线性分隔边界的情况，可以通过核方法来解决。下图是一些常见的核方法：

多项式：　　$K_p(\mathbf{X}, \mathbf{Y}) = (1 + \mathbf{X} \cdot \mathbf{Y})^p$

径向基函数（RBF）或高斯函数：　　$K_r(\mathbf{X}, \mathbf{Y}) = e^{-\frac{1}{2\sigma^2}\|\mathbf{X}-\mathbf{Y}\|_2^2}$

双曲正切：　　$K_s(\mathbf{X}, \mathbf{Y}) = \tanh(\beta_0 \mathbf{X} \cdot \mathbf{Y} + \beta_1)$

6.2.3　实现 SVM

　　本书第6章相关的随书源码介绍了 SVM 的实现，可参考源码路径 .../chapter6/...，每个子文件夹对应具体平台或框架中的实现。

1. 使用 Mahout

参考文件夹：.../mahout/chapter6/svmexample/

2. 使用 R

参考文件夹：.../r/chapter6/svmexample/

3. 使用 Spark

参考文件夹：.../spark/chapter6/svmexample/

4. 使用 Python（scikit-learn）

参考文件夹：.../python-scikit-learn/chapter6/svmexample/

5. 使用 Julia

参考文件夹：.../julia/chapter6/svmexample/

6.3　小结

　　在本章中，我们探讨了两种机器学习算法，基于实例的以及基于核方法的机器学习算法。了解它们是如何满足分类或预测的需求的。在基于实例的机器学习方法中,详细介绍了最近邻算法,了解了如何通过 Mahout、Spark、R、Julia、Python 等平台或框架实现 kNN 算法。同样地,在基于核方法的机器学习算法中,着重介绍了 SVM。在下一章中,将会涉及基于关联规则挖掘的机器学习算法,其中着重介绍 Apriori 及 FP-growth 算法。

第7章
关联规则学习

前面已经介绍过决策树,以及基于实例和核方法的机器学习方法(包括了有监督和无监督方法)了。同时也介绍了这几类方法中最流行的算法。在本章中,我们将探讨关联规则学习,并且会着重介绍该类方法中的 Apriori 算法与 FP-growth 算法。首先介绍关联规则学习的基础概念,然后再通过一些实操案例来演示如何在 Apache Mahout、R、Julia、Apache Spark、Python 等语言或框架中解决相关问题。下图描绘了本书中涉及的机器学习模型,突出显示部分是本章中涉及的部分。

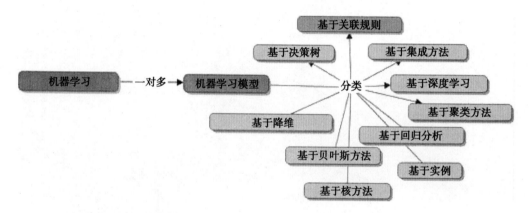

本章将深入探讨以下话题:

- 关联规则学习的基本概念与核心原理。
- 关联规则的主要应用领域,如购物篮问题。
- 关键术语,如项集(itemset)、提升度(lift)、支持度(support)、置信度(confidence)、频繁项集(frequent itemset),及规则生成(rule generation)技术。
- 深入探讨关联规则学习相关算法,如 Apriori 算法与 FP-growth 算法;比较两者在大数据背景下的异同。
- 了解一些高级关联规则概念及其动机,如相关规则与序列规则(correlation and sequential rule)。
- 基于 Apache Mahout、R、Apache Spark、Julia、Python(scikit-learn)等语言和框架的关联规则学习算法的实现。

7.1　关联规则学习

关联规则学习用于发现频繁模式（frequent pattern）与关联性，关联规则可用于分类和需求预测。关联规则学习的处理流程如下：给定事务集，找到其中蕴含的关联规则，关联规则指的是某个规则能预测一个项（item）如何随其他项的出现而出现，项通常指的是商品，从事务（transaction）集中学习这些规则被称为关联规则学习。下图描绘了关联规则学习的相关概念与技术：

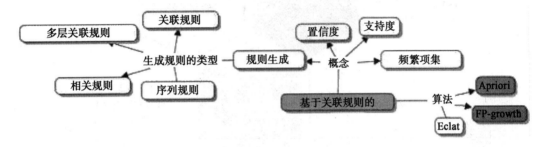

7.1.1　关联规则的定义

关联规则是模式的一种表示方式，它代表了某事件伴随另一事件出现的概率。形式上来看，关联规则是 if…then 这样的语句，用于将数据库中之前看似不相关的两类数据关联起来。简单来说，关联规则能帮助找到频繁共现的一些对象。关联规则的目标是找到大数据集中所有满足最小支持度阈值的项集，用于生成满足最低置信度阈值的规则集合。关联规则的一个最常见的案例是购物篮问题。可以用一个更具体的例子来说明购物篮问题，例如当一个用户购买了 iPad，那么他通常也会购买一个 iPad 壳。

关联规则中使用了两个重要的指标，它们分别是支持度和置信度。每个关联规则都有对应的最小支持度与最小置信度，这两个指标需要同时成立。这两个阈值是用户指定的。

现在来看看支持度、置信度、提升度等指标具体是什么。不妨再次使用前面解释过的那个例子，if X then Y，这里的 X 指的是购买一个 iPad，而 Y 指的是购买一个 iPad 壳。

支持度指的是商品 X 与 Y 被共同购买的频次除以事务（购买）总数。

$$支持度 = \frac{frq(X,Y)}{N}$$

置信度被定义为商品 X，Y 被同时购买的次数除以商品 X 被单独购买的次数。

$$置信度 = \frac{frq(X,Y)}{frq(X)}$$

提升度被定义为商品 X，Y 共现支持度除以两个商品的各自支持度的乘积。

$$提升度 = \frac{Support}{Supp(X) \times Supp(Y)}$$

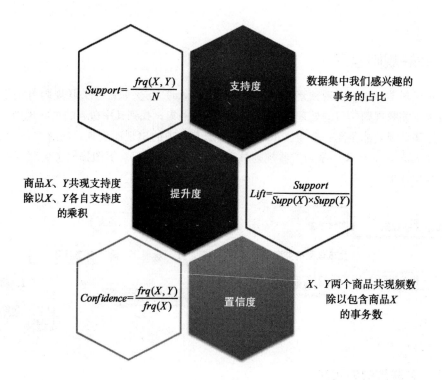

在理解这些指标的重要意义之前，不妨在实例中说明这些术语。数据仓库中的商品集称为项集，不妨记作 $I = \{i_1, i_2, \cdots, i_n\}$，所有的事务称为事务集，事务指的是某一次购买，它是项集的一个子集，不妨记作 $T = \{t_1, t_2, \cdots, t_x\}$，这里的 t_x 是 I 中的一个具体的商品，每条事务拥有唯一的事务标识符（Unique Transaction Identifer，UTI）。

现在通过一个例子来演示项集、事务集，及前面介绍过的那些度量指标。假设项集中有5个商品，事务集中有5个事务，如下图所示，这里的项集 $I = \{iPad(A), iPad\ case(B), iPad\ scratch\ guard(C), Apple\ care(D), iPhone(E)\}$。

事务集为 $T = \{\{iPad, iPad\ case, iPad\ scratch\ guard\}, \{iPad, iPad\ scratch\ guard, Apple\ care\}, \{iPad\ case, iPad\ scratch\ guard, Apple\ care\}, \{iPad, Apple\ care, iPhone\}, \{iPad\ case, iPad\ scratch\ guard, iPhone\}\}$

下表中列举了多条关联规则，以及每条规则对应的支持度、置信度、提升度等指标。

#	关联规则	支持度	置信度	提升度
1	If iPad (A) is purchased, iPhone (D) is also purchased	2/5	2/3	10/9
2	If iPad scratch guard (C) is purchased, iPad (A) is also purchased	2/5	2/4	5/6
3	If iPad (A) is purchased, iPad scratch guard (C) is alse purchased	2/5	2/3	5/6

（续）

#	关联规则	支持度	置信度	提升度
4	If iPad Case（B）and iPad scratchguard（C）are purchased，then apple care（D）is also purchased	1/5	1/3	5/9

　　从这些项集，基于支持度和置信度的计算，可以确定频繁项集（frequent itemset）。关联规则挖掘的目标是找到满足下面这些准则的规则集：

- 支持度≥最小支持度阈值
- 置信度≥最小置信度阈值

下面是频繁项集生成和关联规则挖掘的处理步骤：

1）列举所有可能的规则。

2）计算每条规则的支持度、置信度。

3）裁剪掉不满足最小支持度及最小置信度阈值的规则。

上述策略被称为暴力策略，因为在计算量很大时通常被弃用。

 源自同一个项集的规则往往有相同的支持度，但是置信度不同。最小支持度与最小置信度必须与问题定义申明时设定的阈值一致。例如，最小支持度与最小置信度可能是75%和85%。

为了避免过量计算，处理过程可以简化为以下两步：

- 频繁项集生成：生成支持度大于最小支持度阈值的频繁项集。
- 规则生成：基于已生成的频繁项集，生成置信度较高的规则。

假设有5个商品，则有32个可能的项集，下图揭示了5个商品 A、B、C、D、E 所有可能的组合：

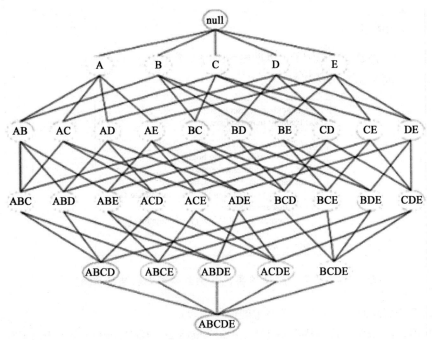

给定项的个数，可以计算可能的项集与规则个数：

假设项的个数为 d：

可能的项集个数 $= 2^d$。

下面的公式可用来计算 d 个项时能产生的规则总数：

$$\sum_{k=1}^{d-1}\left[\binom{d}{k}\times\sum_{j=1}^{d-k}\binom{d-k}{j}\right]=3^d-2^{d+1}+1$$

举个例子，假设项个数 $d=6$，则可能的项集个数 $=2^d=64$。

而可能的关联规则条数 $=602$。

下图揭示了项个数与可能的关联规则条数的关系：

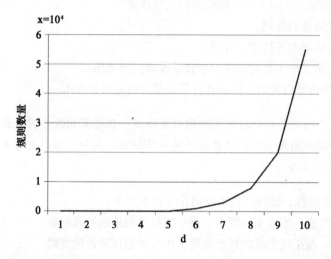

高效的频繁项集及关联规则生成策略决定了关联规则学习算法的效率。在下一节中，我们将详细介绍 Apriori 与 FP-growth 算法。

7.1.2 Apriori 算法

在本节中，将通过一个例子，以循序渐进的方式介绍 Apriori 算法。

下面是 Apriori 算法的伪代码：

```
Ck: Candidate itemset of size k
Lk: frequent itemset of size k

L1 = {frequent items};
for (k=1; Lk!=∅; k++) do begin
    Ck+1 = candidates generated from Lk;
    for each transaction t in database do
        increment the count of all candidates in Ck+1
        that are contained in t
    Lk+1 = candidates in Ck+1 with min_support
    end
return ∪k Lk;
```

 Apriori 原理：对于所有的频繁项集，其子集必定也是频繁项集。

考虑 5 个商品的例子（与上一节中的例子相同）：

商品项集 $I=\{iPad(A), iPad\ case(B), iPad\ scratch\ guard(C), Apple\ care\ (D), iPhone\ (E)\}$。

下面有 9 条事务，不妨假设最小支持度计数（minimum support count）阈值为 2。[注]

TID	事　务　集
1	iPad (A), iPad case (B), iPhone (E)
2	iPad case (B), and Apple care (D)
3	iPad case (B) and iPad scratch guard (C)
4	iPad (A), iPad case (B), and Apple care (D)
5	iPad (A), and Apple care (D)
6	iPad case (B) and iPad scratch guard (C)
7	iPad (A), and Apple care (D)
8	iPad (A), iPad case (B), iPad scratch guard (C), and iPhone (E)
9	iPad (A), iPad case (B) and iPad scratch guard (C)

现在，我们使用上面的数据集来手动演示 Apriori 算法：

1）根据前面的事务集计算每个商品出现的次数（候选集 C_1）：

项　　集	支 持 度
{iPad (A)}	6
{iPad case (B)}	7
{iPad scratch guard (C)}	6
{Apple care (D)}	2
{iPhone (E)}	2

当项集大小为 1 时，从 C_1 中确定项集频繁项集 L_1：

项　　集	支 持 度
{iPad (A)}	6
{iPad case (B)}	7
{iPad scratch guard (C)}	6
{Apple care (D)}	2
{iPhone (E)}	2

2）生成包含两个商品的候选项集 C_2，扫描数据集，计算支持度：

项　　集	支 持 度
{iPad (A), iPad case (B)}	4
{iPad (A), iPad scratch guard (C)}	4
{iPad (A), Apple care (D)}	1
{iPad (A), iPhone (E)}	2
{iPad case (B), iPad scratch guard (C)}	4
{iPad case (B), Apple care (D)}	2
{iPad case (B), iPhone (E)}	2
{iPad scratch guard (C), Apple care (D)}	0
{iPad scratch guard (C), iPhone (E)}	1
{Apple care (D), iPhone (E)}	0

3）当项集大小为 2 时，从候选项集 C_2 中确定频繁项集 L_2：

项　　集	支　持　度
{iPad (A)，iPad case (B)}	4
{iPad (A)，iPad scratch guard (C)}	4
{iPad (A)，iPhone (E)}	2
{iPad case (B)，iPad scratch guard (C)}	4
{iPad case (B)，Apple care (D)}	2
{iPad case (B)，iPhone (E)}	2

4）生成包含 3 个商品的候选项集 C_3。

5）最后，扫描数据集，计算支持度计数，确定包含 3 个商品的频繁项集。

与之前的步骤类似，只是我们将向读者演示如何基于 Apriori 原理在频繁项集识别时进行剪枝。首先，确定项集所有可能的子集。然后检查是否有任何子项集不属于频繁项集列表。如果找到这样的子集，那么可以排除这种包含 3 个商品的项集。

C_3	项　　集	可能的子项集		
1√	{A, B, C}	{A, B} √	{A, C} √	{B, C} √
2√	{A, B, D}	{A, B} √	{A, D} √	{B, D} √
3×	{A, C, D}	{A, C} √	{A, D} √	{C, D} ×
4×	{B, C, D}	{B, C} √	{B, D} √	{C, D} ×
5×	{B, C, E}	{B, C} √	{B, E} ×	{C, E} ×
6×	{B, D, E}	{B, D} √	{B, E} ×	{D, E} ×

在上表中，带叉的项集都根据 Apriori 原理被裁剪掉了，这里利用了第 3 步得到的项集 L_2。这里的项集用商品编码 A、B、C、D、E 来表示，而不是完整商品名。于是，可以确定包含 3 个商品的候选项集，如下表所示：

C_3	项　　集	支　持　度
1	{iPad (A)，iPad case (B)，iPad scratch guard (C)}	2
2	{iPad (A)，iPad case (B)，Apple care (D)}	2

因此可以确定包含 3 个商品的频繁项集 L_3，如下表所示：

L_3	项　　集	支　持　度
1	{iPad (A)，iPad case (B)，iPad scratch guard (C)}	2
2	{iPad (A)，iPad case (B)，Apple care (D)}	2

6）生成包含 4 个商品的候选项集 C_4。

7）扫描数据集，计算支持度及包含 3 个商品的频繁项集 L_4。

读者不难发现，剪枝步骤在这里停止了，因为已经没有进一步可用的 C_3。

Apriori 算法效率较低，因为它需要多次扫描数据集。不过存在一些技巧来提升该算法的效率。下面列举了其中的一部分：

- 如果某个事务中不包含任何频繁项集，那么该事务对关联规则学习是无用的，应排除在后续的扫描之外。
- 数据集中任意的频繁项集至少是数据集的某个部分中的频繁项集。
- 使用抽样技巧，使用数据集的一个子集，同时采用较小的最小支持度阈值，这会帮助提升算法效率。

1. 规则生成策略

假设存在一个频繁项集，不妨记作 $\{A, B, C, D\}$，可能的候选规则为：

$ABC{\rightarrow}D$

$ABD{\rightarrow}C$

$ACD{\rightarrow}B$

$BCD{\rightarrow}A$

$AB{\rightarrow}CD$

$AC{\rightarrow}BD$

$AD{\rightarrow}BC$

$BC{\rightarrow}AD$

$BD{\rightarrow}AC$

$CD{\rightarrow}AB$

$A{\rightarrow}BCD$

$B{\rightarrow}ACD$

$C{\rightarrow}ABD$

$D{\rightarrow}ABC$

根据标准公式，对于每个包含 k 个商品的频繁项集，存在 $2^k - 2$ 可能的候选规则。不过只有置信度较高的规则会被保留。下图描述了如何标记较低置信度的规则然后移除它们：

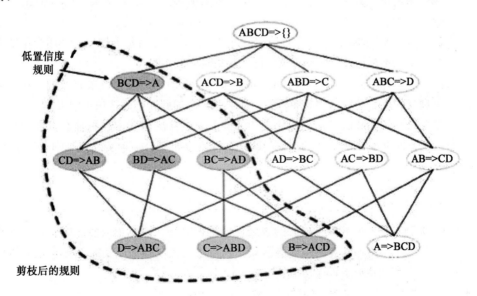

2. 定义合适的最小支持度

存在一些指导性原则，可以帮助关联规则学习实践者定义合适的最小支持度阈值，如下
所列：

- 太高的最小支持度：导致过滤掉包含稀有商品的项集。
- 太低的最小支持度：计算成本上升，因为需要多趟扫描数据集。

3. Apriori 算法的缺陷

很显然，对于 Apriori 算法，为了产生包含 k 个商品的所有项集，都需要扫描数据集并
用到包含 $k-1$ 个商品的所有项集，同时也要使用到模式匹配技术。算法的主要瓶颈在于需
要维护两类巨大的项集，并且要多次扫描数据集。不妨来看一个例子，假设有 10^4 个只包含
一个商品的频繁项集，那么会导致产生 10^7 个包含两个商品的候选项集。为了产生包含 n 个
商品的项集，最多需要扫描 $n+1$ 次数据集。

解决方案是避免产生所有的候选项集，其中一种方法是将庞大的数据集或数据库压缩
为一种紧凑的表示—频繁模式树（Frequent Pattern tree，FP-tree）。这种数据结构能帮助避免
穷举式扫描。

业界已经存在若干优化 Apriori 算法实现的方法，下面列举了最重要的那些：

- 方法 1——基于 Hash 的项集计数：利用 Hash 技术，每个 k 项集都会被映射到对应的
  桶（bucket）中，对于每个桶都有预设的阈值。如果某个桶中项集的计数均低于该阈
  值，则这个桶不会被处理。这种方法能快速有效地过滤掉无需处理的桶（及其中的
  项集），因此能提高算法效率。
- 方法 2——事务消除/计数：如果一个事务中不包含任何目标 k 项集，那么该事务没
  有任何处理价值。因此该方法的思路是找出目标事务，并在进行后续处理之前移除
  它们。
- 方法 3——基于划分（partitioning）：在数据全集上频繁的项集，必然在某个数据子集
  上也是频繁的。如果不存在这种划分，那么项集为非频繁项集，可以中止其后续
  处理。
- 方法 4——基于抽样：这是一种简单的处理方法，学习时基于抽样，使用全量数据的
  一个子集。不过这样会减小 k 值，即 k 项集对应的 k 的大小。
- 方法 5——动态项集计数（dynamic itemset counting）：这是一种最有效的方法，如果
  一个项集的所有子项集都是频繁的，那么将它添加到新的候选项集中去。

尽管存在若干种 Apriori 算法的优化策略，但由于该算法需要多趟扫描数据库，它天然
是低效的。为了解决 Apriori 算法的性能问题，科学家发明了另一种关联规则学习算法：FP-
growth。

7.1.3   FP-growth 算法

FP-growth 算法是一种高效可扩展的频繁模式挖掘算法，因此也天然能应用到关联规则
挖掘中去。它突破了 Apriori 算法的性能瓶颈。该算法在生成频繁项集时无需真正产生候选
项集。FP-growth 算法主要有两个步骤：

- 根据数据集构造一种紧凑的数据结构——FP-tree。
- 从 FP-tree 中直接抽取频繁项集。

不妨考虑使用 Apriori 算法中相同的例子来演示 FP-growth 算法（见上一节中的例子）：

商品集 $I = \{iPad(A), iPad\ case(B), iPad\ scratch\ guard(C), Apple\ care\ (D), iPhone\ (E)\}$。事务集中有 9 条事务。假设最小支持度计数为 2：

TID	事务集
1	iPad (A), iPad case (B), and iPhone (E)
2	iPad case (B), Apple care (D)
3	iPad case (B), iPad scratch guard (C)
4	iPad (A), iPad case (B), and Apple care (D)
5	iPad (A), Apple care (D)
6	iPad case (B), iPad scratch guard (C)
7	iPad (A), Apple care (D)
8	iPad (A), iPad case (B), iPad scratch guard (C), and iPhone (E)
9	iPad (A), iPad case (B), and iPad scratch guard (C)

下面将基于该数据库来建立 FP-tree：

1）计算最小支持度计数。这里的最小支持率为 30%，下面是最小支持度的计算方法：

$$最小支持度 = 30/100 \times 9 = 2.7 \sim 3$$

2）计算包含一个商品的项集出现的频次，另外基于支持度计算项集的位次：

项　集	支　持　度	位　次
{iPad (A)}	6	2
{iPad case (B)}	7	1
{iPad scratch guard (C)}	6	3
{Apple care (D)}	2	4
{iPhone (E)}	2	5

3）根据商品的排序位次重写每条事务：

TID	事务集	重写后的事务
1	iPad (A), iPad case (B), and iPhone (E)	iPad case (B), iPad (A), and iPhone (E)
2	iPad case (B), Apple care (D)	iPad case (B), Apple care (D)
3	iPad case (B), iPad scratch guard (C)	iPad case (B), iPad scratch guard (C)
4	iPad (A), iPad case (B), and Apple care (D)	iPad case (B), iPad (A), and Apple care (D)
5	iPad (A), Apple care (D)	iPad (A), Apple care (D)
6	iPad case (B) iPad scratch guard (C)	iPad case (B) iPad scratch guard (C)
7	iPad (A), Apple care (D)	iPad (A), Apple care (D)
8	iPad (A), iPad case (B), iPad scratch guard (C), and iPhone (E)	iPad case (B), iPad (A), iPad scratch guard (C), and iPhone (E)
9	iPad (A), iPad case (B) and iPad scratch guard (C)	iPad case (B), iPad (A) and iPad scratch guard (C)

4）为 TID = 1 的事务构造 FP-tree，该事务中重写后的项集为 iPad case (B), iPad (A), and iPhone (E)。

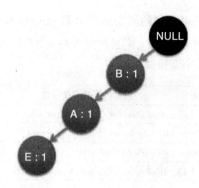

5）现在处理 TID = 2 的事务，该事务重写后的项集为 *iPad case*（*B*），*Apple care*（*D*）。更新后的 FP-tree 如下所示：

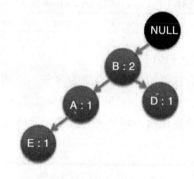

6）依次处理事务集中所有的事务，并相应地更新 FP-tree。最终的 FP-tree 如下图所示。请注意，每次在每条事务中扫描到一个商品，就会增加该商品对应的计数。

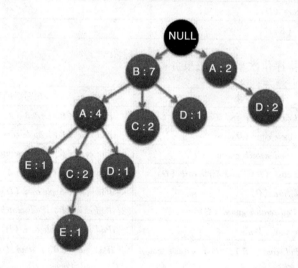

7）为每条事务构建条件 FP-tree（conditional FP-tree）以及条件模式基（conditional pattern base）。

8）最后，生成频繁模式，数据集计算的最终结果如下：

E：{B, E：2}，{A, E：2}，{B, A, E：2}

D：{B, D：2}

C: $\{B, C: 4\}$, $\{A, C: 4\}$, $\{B, A, C: 2\}$

A: $\{B, A: 4\}$

7.1.4 Apriori 与 FP-growth

下图展示了两个算法在不同最小支持度阈值时的关系：

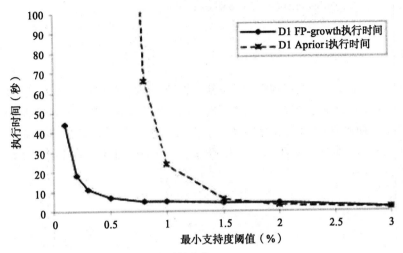

图片来源：Pier Luca Lanzi 教授的一篇文章

下面列举的时 FP-growth 算法的一些优点：

- 存储了频繁模式挖掘所需的全量信息，不会割裂长事务中蕴含的模式。
- 数据的紧凑表示，事先就排除了非频繁项集，因此避免了存储无关信息。
- FP-growth 算法采用了分而治之的策略，数据集被分解到每个截止目前发现的频繁模式上。这种处理将数据搜索范围从数据库全集缩减到某个子集上。
- 不需要生成候选项集，因此节省了对候选项集测试的时间开销。

7.2 实现 Apriori 及 FP-growth 算法

本章相关的随书源码介绍了 Apriori 及 FP-growth 算法的实现，可参考源码路径.../chapter7/...，每个子文件夹对应具体平台或框架中的实现。

1. 使用 Mahout

参考文件夹：.../mahout/chapter7/aprioriexample/

参考文件夹：.../mahout/chapter7/fpgrowthexample/

2. 使用 R

参考文件夹：.../r/chapter7/aprioriexample/

参考文件夹：.../r/chapter7/fpgrowthexample/

3. 使用 Spark

参考文件夹：.../spark/chapter7/aprioriexample/

参考文件夹：.../spark/chapter7/fpgrowthexample/

4. 使用 Python（scikit-learn）

参考文件夹：.../python-scikit-learn/chapter7/aprioriexample/

参考文件夹：.../python-scikit-learn/chapter7/fpgrowthexample/

5. 使用 Julia

参考文件夹：.../julia/chapter7/aprioriexample/

参考文件夹：.../julia/chapter7/fpgrowthexample/

7.3 小结

在本章中，读者学习了关联规则学习方法，以及 Apriori 和 FP-growth 算法。借助一个常见的例子，读者可以以循序渐进的方式来了解这两种算法是如何进行关联规则挖掘的。我们同时也比较了这两种算法的实现思路及性能差异。最后介绍如何在 Mahout、R、Python、Julia、Spark 等语言或框架中实现 Apriori 及 FP-growth 算法。在下一章中，将介绍聚类方法，重点会介绍 k-means 算法。

第 8 章

聚 类 学 习

在本章中，我们将学习基于聚类的机器学习方法，如 k-means 等常见算法。聚类是一种典型的无监督学习方法，因此训练数据不需要显式定义目标特征（目标变量）。读者将会学习到聚类相关的基础概念及高级概念，之后通过实际的例子来掌握 Apache Mahout、R、Julia、Apache Spark、Python 等工具中提供的 k-means 聚类算法。

下图描述了本书中涉及的各种机器学习算法，其中突出显示部分是本章将要深入介绍的。

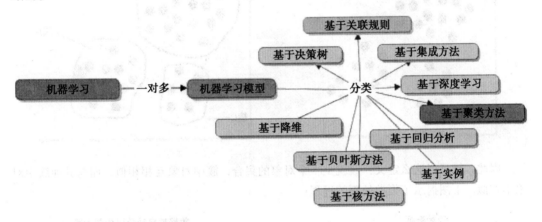

本章将深入探讨以下话题：
- 聚类方法的核心原则及目标。
- 理解簇的表示方法，以及聚类中用到的距离度量技术。
- 深入了解 k-means 聚类，选择适当的聚类算法及簇评估法则。此时尤其重要的是要选择合适的簇的个数。
- 层次聚类、数据标准化、空洞探索（discovering hole）、数据区域等概念综述。
- 利用 Apache Mahout、R、Apache Spark、Julia、Python（scikit-learn）中的库或模块演示聚类算法。

8.1 聚类学习

聚类学习方法被认为是一种典型的无监督学习方法，训练集数据没有目标特征。聚类的目标是探索数据中蕴藏的内在结构。

下图描述了聚类学习涉及的方法和技术，本章中将会深入介绍它们：

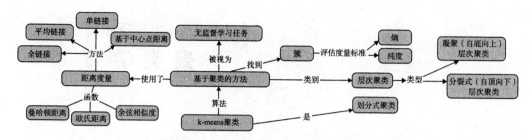

聚类技术的主要目标是找到数据中那些相似或同质的群组，这些群组被称为簇（cluster）。聚类是按如下方式进行的：相似的或者说距离较近的数据实例归入到同一个簇中，与当前簇距离较远的数据实例归入到另外的簇中。下图描绘了一些数据点，并演示了数据是如何归入到三个不同簇去的（这里是基于人的直觉划分）。

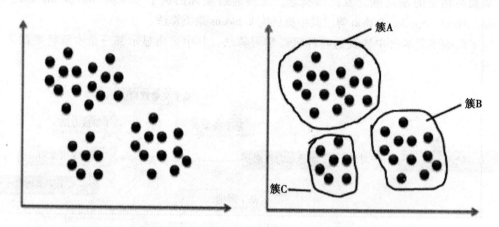

因此，簇可以这么定义：簇就是一个对象的集合，簇中对象互相相似，而与其他簇中对象不相似。下图揭示了聚类处理的过程：

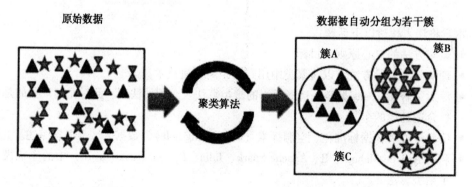

下面是一些简单的聚类的例子：

- T恤可以基于尺寸聚类：如 small（S）、medium（M）、large（L）、extra large（XL）等。
- 市场营销：根据客户之间的相似性将他们自动分组。

● 文本聚类：根据文本内容之间的相似性，将文本聚类为有层次的 topic 簇。

事实上，聚类技术在很多领域都得到了广泛的应用，如考古学、生物学、市场营销、保险行业、图书馆、金融服务等。

8.2 聚类的类型

简而言之，聚类分析指的是所有那些能将给定数据自动聚成簇的算法。有两类基本的聚类算法，如下所示：

● 层次聚类（hierarchical clustering）算法。
● 划分式聚类（partitional clustering）算法。

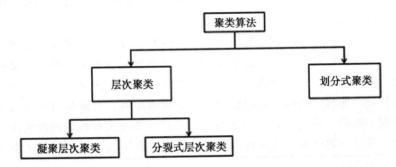

层次聚类算法产生的簇之间是有层次关系的，而划分式聚类算法产生的簇之间互不相交。

8.2.1 层次聚类

层次聚类产生的簇之间有层次关系。有两种方式来产生这种簇结构，一种是迭代地将多个较小的簇合并为较大的簇，一种是将一个较大的簇分裂多个较小的簇。聚类算法产生的有层次结构的这些簇又称为树状图（dendogram）。树状图是簇层次的一种表示方式。用户可以快速察觉到树状图中不同的层级代表的是不同的簇。在层次聚类中，需要用一种相似度度量来表示同一个大簇中不同小簇之间的距离。下图揭示了层次聚类中的树状图表示方法：

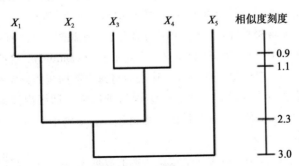

层次聚类还有另外一种简单的表示方法：维恩图（Venn diagram）。在这种表示法中，圆圈内所有数据点都属于同一个簇。下图是一个涉及 5 个数据点的层次聚类的维恩图表示。

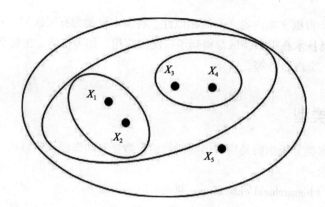

有两种层次聚类算法：凝聚层次聚类（agglomerative clustering）及分裂式层次聚类（divisive clustering）算法。

凝聚层次聚类算法使用的是一种自底向上的策略，将一系列簇合并为更大的簇。而分裂式层次聚类采用的是自顶向下的策略，将一个簇分裂为多个子簇。这里使用贪心算法来决定哪个簇被用于合并或分裂，距离度量方法也是非常关键的。我们不妨回顾一下第 6 章中的知识，那时已经提及过欧氏距离、曼哈顿距离、余弦相似度等最常用的适用于数值型数据的距离（相似度）度量准则，以及针对非数值型数据的海明距离。对于层次聚类来说，算法必须要使用原始数据集吗？看起来有距离度量矩阵似乎就足够了，因为聚类是基于距离的。

凝聚层次聚类算法执行步骤如下所示：

1）最开始时有 m 个簇，不妨记作：$S1 = \{X1\}$，$S2 = \{X2\}$，…，$Sm = \{Xm\}$。

2）查找到一组距离最近的簇，将它们合并为一个簇。

3）重复步骤 2，直到簇个数等于预定值。

8.2.2 划分式聚类

与层次聚类算法相比，划分式聚类有很大的不同，它通过使用一个预先制定的领域相关的准则来产生和评估将要生成的簇。划分式聚类产生的簇是互斥的，因此簇之间不能形成层次关系。事实上每个数据点只能被分到一个簇中。簇的个数 k 是预设好的，作为算法的一个输入。最常用的划分式聚类算法是 k-means，本章中将深入介绍它。

在深入探讨 k-means 聚类算法之前，先快速定义一些概念。算法有一个输入参数 k，它代表期望产生的簇的个数，然后算法会定义 k 个中心点（centroid），这些中心点能帮助算法将数据集划分为 k 个簇。基于这些中心点，算法会将每个数据实例分派到离它最近的中心点所在的簇中，算法会执行多次迭代，直到簇结构趋于稳定（即簇内数据高度相似，而簇间数据不相似）。因此划分式聚类的有效性的关键是选择合适的中心点。下面介绍基于中心点的划分式聚类算法的处理步骤。

输入：k（簇的个数），d（包含 n 个数据实例的数据集）。

输出：k 个簇，簇内数据点与中心点的相似性度量总和最大化。

1）确定 k 个数据点，作为最初的 k 个簇的中心点。

2）将剩余数据点指派到距离最近的中心点所在簇中。

3）随机选择一个非中心点数据对象，然后重新计算那些可能会与现有中心点交换产生新的中心点集合的数据实例，直到不再发生任何交换。

层次聚类与划分式聚类算法在很多方面存在内在的显著区别，这些区别包括一些基本假设、执行时间假设、输入参数、最终产生的簇的形态等。一般来说，划分式聚类执行速度要比层次聚类快。而层次聚类只需要用到相似度度量，但是划分式聚类需要知道簇的个数、中心点等相关细节。因此层次聚类算法不需要额外的参数，而划分式聚类需要一个参数来指示将要产生多少个簇。相对于划分式聚类有精确的簇个数 k 而言，层次聚类的簇的定义就显得比较主观了。

 聚类的质量依赖所选择的算法、距离函数，以及具体的应用。簇的质量可以用下面的标准来衡量：最好的聚类结果是数据点在簇内距距离最小化，在簇间距离最大化。

8.3　k-means 聚类算法

本节中将深入介绍 k-means 聚类算法。k-means 算法是一种划分式聚类算法。

假设已有一个数据集，如下所示：

$D = \{x_1, x_2, \cdots, x_n\}$，这里的 $xi = (xi_1, xi_2, \cdots, xi_r)$，是一个实数空间中的向量，$r$ 是向量的维数。

k-means 聚类算法将给定数据划分为 k 个簇，每个簇有一个中心点。

簇个数 k 由用户指定。

给定 k 的情况下，k-means (k, D) 算法执行步骤如下：

1）确定 k 个数据点作为最初的中心点（簇的中心）。

2）重复执行步骤 3 ~ 7。

3）for $x \in D$，执行步骤 4 ~ 5。

4）计算 x 与每个中心点的距离。

5）将 x 指派到距离最近中心点对应的簇中（每个中心点代表一个簇）。

6）endfor。

7）利用当前的簇中的数据点重新计算中心点，直到满足停机条件。

8.3.1　k-means 算法的收敛性

下面列举的是 k-means 聚类算法的收敛判别准则：

● 被指派到另一个簇中的数据实例为零或少于阈值。

● 中心点不再变化或变化很小。

● 预测的残差平方和（SSE）的减少量低于阈值。

假设 C_j 是第 j 个簇，m_j 是第 j 个簇 C_j 的中心点（即 C_j 中所有数据点的均值向量），$dist(x, m_j)$ 是数据点 x 与中心点 m_j 的距离。下面的例子中通过图形表示法来演示收敛判别准则。

例如：

1）随机确定 k 个中心点：

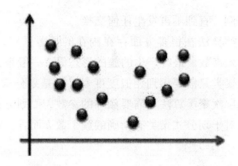

2）第一轮迭代：计算数据点与各中心点的距离，将数据点分派到具体的簇中：

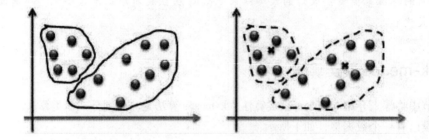

3）第二轮迭代：重新计算中心点，将数据点分派到合适的簇中：

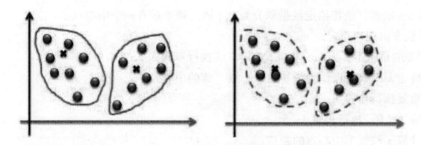

4）第三轮迭代：重新计算中心点，将数据点分派到合适的簇中：

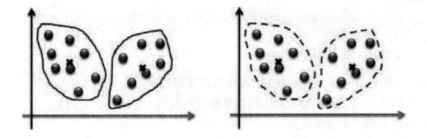

5）终止聚类处理，因为满足某种停机条件（中心点变化或数据点分派变化幅度低于阈值）。

基于磁盘的 k-means 聚类

某些场景下，k-means 聚类算法需要直接操作磁盘上的数据。比如说数据量非常巨大，以至于无法全部加载到内存中去。此时的策略是增量式计算中心点，每一轮迭代只扫描数据集一次。因此基于磁盘的 k-means 算法性能受迭代次数影响很大。建议只进行有限轮迭代，最好是少于 50 次。尽管该算法有一定的可扩展性，但它不是可扩展性最好的，它有更好的替代品，如 BIRCH 聚类算法就是其中之一。下面的步骤描述了基于磁盘的 k-means 算法。

基于磁盘的 k-means（k，D）算法：

1）选择 k 个数据点作为初始中心点（簇的中心），中心点用 m_j 来表示，$j = 1，2，3，\cdots，k$。

2）重复执行步骤 3 ~ 12。

3）初始化 $s_j = 0$，这里 $j = 1，2，3，\cdots，k$（实际上是一个 0 向量）。

4）初始化 $n_j = 0$，这里 $j = 1，2，3，\cdots，k$（n_j 是簇中数据点的个数）。

5）对于每个数据点 $x \in D$。

6）$j = \arg \min \text{dist}（x，m_j）$。

7）将 x 分派到第 j 个簇中。

8）$s_j = s_j + x$。

9）$n_j = n_j + 1$。

10）endfor。

11）$m_i = s_j / n_j$，这里 $i = 1，2，\cdots，k$。

12）直到满足某种停机条件。

8.3.2　k-means 算法的优点

类似 k-means 算法的无监督学习方法有很多好处，下面列举了其中的一部分：

- k-means 算法简单易懂且容易实现，这使得它非常流行。
- k-means 算法比较高效，时间复杂度为 $O（ikn）$，这里的 n 是数据点的数量，k 是簇的个数，i 是迭代的总轮数。因为 i 和 k 的数值比较小，所以 k-means 聚类的时间复杂度可以用线性表达式来表示。

8.3.3　k-means 算法的缺点

下面列举的是 k-means 算法的一些缺点：

- 簇的个数 k 是由用户输入的，它最好是被仔细确认过的。
- 该算法只适用于数值类型数据，因为需要计算均值，而分类类型数据没有中心点，可用的数据无非是频度计数。
- 聚类产生的簇通常是比较规则的球体（或超球体），而不是椭圆或椭球状的。
- 该算法对初始的中心点很敏感，例如每次随机产生的 K 个种子，然后进行聚类处理，通常会产生不同的聚类结果。下图揭示了这个事实，同样的数据集都使用 k-means 聚类算法，种子不一样，聚类结果不同：

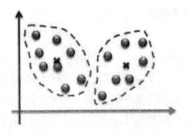 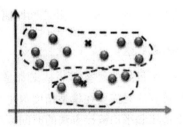

- 此外，k-means 算法对离群点也很敏感。离群点通常是数据录入时产生的错误，或者某些非常怪异的数据点。下图揭示了离群点对聚类的影响。第一个图是理想的聚类结果，而第二图中则产生了非预期的聚类结果。

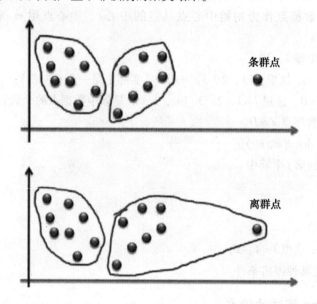

到目前为止，我们介绍过的算法和机器学习技术大多数是对离群点敏感的。有些标准化的技术可以用于处理离群点。

其中一种方法是过滤掉离群点，此时需要利用一些技术来处理数据中的噪声。本书接下来的章节将会涉及噪声移除技术。在 k-means 聚类的案例中，离群点的移除会推迟到若干轮迭代后进行，这样有利于确定数据点是否为离群点。另一种方法是坚持在聚类中使用较小的数据集，这样的话，碰上离群点的概率就大大降低了。

8.3.4　距离度量

距离度量在聚类算法中非常重要。每一轮中将数据实例指派到具体的簇中，依据的是数据实例与中心点的距离。下面介绍了一些常用的簇之间距离度量法则：

- 单链接（single link）：两个簇之间的距离等于两个簇中相距最近的两个数据实例间的距离。该距离度量对噪声敏感。
- 全链接（complete link）：两个簇之间的距离等于两个簇中相距最远的两个数据实例间的距离。该距离度量对离群点敏感。
- 平均链接（average link）：两个簇之间的距离等于两个簇之间所有数据实例 pair 距离的平均值。
- 中心点距离（centroids）：簇之间距离等于簇中心点的距离。

8.3.5　复杂度度量

如何选择一个最好的聚类算法从来都是一个巨大的挑战。往往存在多种可用的聚类算法，用户在挑选算法时需要在模型精度与复杂度之间做一些平衡。单链接方法的时间复杂度为 $O(n^2)$，全链接和平均链接方法的时间复杂度为 $O(n^2 \log n)$。每种方法既有优点，也有局限性，它们都有其适用的场景（数据分布），所以对于复杂问题来说，并没有标准的解决模式。因此，在机器学习中数据准备与标准化（standardization）非常重要。选用何种距离度量方法只能通过实践来比较，在项目中实现多种距离度量方法，经过多次迭代，然后比较聚类结果选择最优的距离度量方法。聚类方法的效果依赖算法组件或参数的初始选择，因此聚类是比较主观的。

8.4　实现 k-means 聚类

本章相关的随书源码介绍了 k-means 聚类算法的几种实现（仅限于无监督学习方法，源码路径 .../chapter08/... 下的子文件夹中为具体实现的源码）。

1. 使用 Mahout

参考文件夹：.../mahout/chapter8/k-meansexample/

2. 使用 R

参考文件夹：.../r/chapter8/k-meansexample/

3. 使用 Spark

参考文件夹：.../spark/chapter8/k-meansexample/

4. 使用 Python（scikit-learn）

参考文件夹：.../python-scikit-learn/chapter8/k-meansexample/

5. 使用 Julia

参考文件夹：.../julia/chapter8/k-meansexample/

8.5　小结

在本章中，介绍了基于聚类的机器学习方法。之后结合范例深入探讨了 k-means 算法。最后介绍了如何使用 Mahout、R、Python、Julia、Spark 等工具实现 k-means 聚类。在下一章中，将会涉及贝叶斯方法，并会详细介绍朴素贝叶斯算法。

第 9 章
贝叶斯学习

在本章中，我们将继续学习一种基于统计的机器学习方法，该方法称为贝叶斯方法，并着重介绍该方法中的朴素贝叶斯（Naïve Bayes）算法。统计模型通常有一个显式的概率模型，用来揭示数据实例属于某一类别的概率，它与其他分类算法不一样，其他分类算法会为数据实例指派一个确定的类别。在深入探讨贝叶斯学习之前，先学习一些重要的概率统计知识（如概率分布）及贝叶斯定理，贝叶斯定理是贝叶斯机器学习方法的核心思想。

贝叶斯学习是一种有监督机器学习技术，其目标是构建类标签的分布模型，这里对应的目标变量有明确的定义。朴素贝叶斯基于贝叶斯定理，同时做了特征之间相互独立的朴素假设。

你也将了解贝叶斯方法的基础概念及高级概念，以及如何在 Apache Mahout、R、Julia、Apache Spark 和 Python 等语言或平台中实现朴素贝叶斯算法。

下图描述了本书中涉及的机器学习模型，突出显示部分是本章中将要深入探讨的。

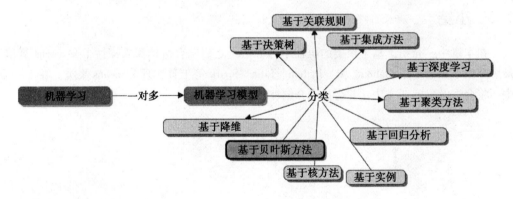

本章将深入探讨以下话题：
- 贝叶斯统计概述及核心原理；概率、分布模型及其他相关的统计量。
- 贝叶斯定理详解。
- 深入探讨朴素贝叶斯算法，介绍朴素贝叶斯的一些变种，如基于多项式和伯努利的朴素贝叶斯分类器。
- 详细介绍哪些现实问题可通过贝叶斯学习来解决。
- 精选范例，用来演示如何利用 Apache Mahout、R、Apache Spark、Julia、Python（scikit-learn）的库或模块来实现朴素贝叶斯算法。

9.1　贝叶斯学习

在有监督学习类目中，属于统计学习方法的模型有基于实例的机器学习方法及贝叶斯学习方法。在理解贝叶斯学习之前，首先对机器学习涉及的概率模型及贝叶斯统计做一次概要性的介绍。统计学的知识非常深广，我们不打算逐一探讨，仅介绍足以武装读者掌握贝叶斯学习方法的那部分内容。

9.1.1　统计学家的视角

统计学家的目标是解决人们在多个领域中使用数据时面临的各种问题。典型的工程师思维是采用一些主观或客观但是非常确定的方法，而不是利用数据导出结论来解决问题。而统计学家则通过探究数据来解答问题。统计学家会在所有的模型中考虑变异性（不同时间点测量到准确数值的概率会有轻微的差别）。

不妨来考察一个例子：M. F. Hussain 是一个好画家吗？解决该问题的一种办法是遵循某些约定成俗（根据人或者社区）的美术作品判别标准来评价。因此该问题的答案可能要基于作者是否有创造性的表达手法、色彩使用情况、艺术表现形式、元素形状等因素来评价。"我相信 M. F. Hussain 是一个好画家。"在这个情况下，受访者的评价是非常主观的（这意味着不同人的评价可能会千差万别）。统计学家的思维有所不同。他们首先会收集专业人士（大学艺术系教授、艺术家、收藏家等）对美术作品的评价数据作为样本。然后分析这些样本数据，从而得到一些结论，如：3000 个参与者中，75% 的大学艺术系教授，83% 的专业艺术家以及 96% 的收藏者认为 Mr. M. F. Hussain 是一个好画家。很显然，大多数人都认为他是个好画家。这是一种非常客观的度量手段。

1. 重要的术语和定义

下面列举的是使用和理解数据所需的重要参数和概念。它们在某些情况下作为定义来使用，而在某些情况下通过例子和公式来解释。不妨称它们为术语或统计量。下一节将介绍其中某些术语。

术　　语	定　　义
总体（population）	总体指的是所有的数据。通常来说，统计学家会做出与一组对象（对象可能是印第安人、星系、国家等）相关的预测。这组对象中的所有成员组成的集合被称为总体
样本（sample）	大多数时候，直接在总体上进行统计分析并不可行。因此，统计学家会从总体中收集一个具有代表性的子集来进行计算。这个子集被称为样本。基于样本计算的代价肯定比基于总体的代价低。有多种收集样本的技术： ● 分层抽样（stratified sampling）：抽样前，总体被分为若干个大小相当的子集。子集之间是互斥的，每个元素只被指派到唯一的子集中去 ● 整群抽样（cluster sampling）：这种抽样方法确保有 n 个不同的簇，每个簇中没有重复元素
样本容量（sample size）	这是一个难以把握的参数，每个统计学家都面对过不知道怎么设置样本容量的窘境。样本容量应该设置为多大呢？样本容量越大，精度越高。但是相应的数据收集分析的代价也高。因此，真正的挑战是找到最优的样本容量，能同时平衡统计推断精度与数据处理成本

（续）

术　　语	定　　义
抽样偏差（sampling bias）	偏差（bias）是一种系统性的误差，能以某种方式影响输出结果。而抽样偏差是因抽样引起的一致性的误差
变量（variable）	变量是对样本或总体的一种度量。当我们讨论一个班的成员，他们的年龄、学术背景、性别、身高等特征都可称为变量。某些变量为独立变量，这意味着它们不依赖其他变量。而某些变量是非独立的
随机性（randomness）	如果某个事件在发生之前其输出为不可知的，则称为随机的。随机事件的一个很好的例子：明天下午 1 点时的黄金价格
均值（mean）	该变量的值等于样本中所有成员的值求和以后除以样本容量后的值
中位数（median）	中位数等于数据集按大小排序后居中的那一个数。中位数又被称为第二四分位数（记作 Q2），即位于数据集 50% 的那个数。由于数据集中元素数可能为偶数，此时居中的数有两个，中位数则为它们的均值
众数（mode）	变量中出现频率最高的那个值被称为众数。数据集可能只有一个众数，也可能有多个众数。如果数据服从正态分布（稍后会介绍正态分布），那么众数可以用下面这个经验公式来计算： 均值 – 众数 = 3 × (均值 – 中位数)
标准差（standard deviation）	标准差是变量偏离均值的一个平均值。标准差通常也被称为均值的标准差。公式如下： $$\sigma = \sqrt{\frac{1}{n-1} \sum_{i=1}^{i=n} (x_i - \bar{x})^2}$$

2. 概率

在开始理解概率之前，不妨先看看为什么我们要先考虑各种不确定性。现实生活中的活动，其结果或输出总是伴随着各种不确定性。下面是一些常见的例子：明天是否能赶上火车？本季度本公司的畅销商品是否能保持现在的销售势头？玩抛硬币的游戏时，会得到正面还是背面？是否能在 t 分钟内赶上航班？

产生不确定性的原因有多种：

● 由于缺乏相关知识导致的不确定性，如数据不够充足、分析不完整、不精确的度量指标。

● 由现实复杂性导致的不确定性，如由不完备的处理条件导致的结果。

现实世界中，人们需要利用概率和不确定性来处理知识缺乏时的各种状况，并且对结果进行预测。

现在回顾一下上面的最后一个例子。

是否能在 25 分钟内赶到机场？对交通建模时可能会涉及多种因素，如对路况了解不充分、红绿灯、某些未知事件（如爆胎）等。为了预测结果，需要做些有限的假设，并且依照某种原则来处理不确定性，这就是概率。简单来说，概率就是用来研究随机性和不确定性的。

在概率学中，实验（experiment）指的是可重复进行，但是结果无法预知的事情。实验的每种输出结果被称为样本点，而事件是一个集合，其包含的元素为样本点。包含所有样本点的集合称为样本空间（sample space），每个样本点有对应的发生的可能性（概率）。

事件 E 的概率记作 $P(E)$，其概率被定义为该事件出现的可能性。

 离散事件 E 的概率 $P(E)$ = 事件 E 出现的次数/所有样本点出现的总次数。

以掷硬币的游戏为例，有两种可能性：结果为正面朝上或背面朝上。

正面朝上的概率 $P(H) = 1/2 = 0.5$。

而在玩掷骰子时，则有六种可能性，即骰子的点数分别为 1，2，3，4，5，6。

骰子点数为 1 时，其概率 $P(1) = 1/6 \approx 0.1667$。

任意事件的概率值必须介于 0 与 1 之间，即：

$$0 \leqslant P(E) \leqslant 1$$

概率值为 0 意味着该事件不可能发生，若概率值为 1，则说明该事件必然会发生。如果有 n 个事件，它们的概率值之和为 1。可按如下方式表述：

$$\text{If } S = \{e1, e2, \cdots, en\} \text{ then } P(e1) + P(e2) + \cdots + P(en) = 1$$

概率有多种定义方式：

- 古典方法（classical method）：前面的小节中就使用了此类方法来定义概率。当每个样本点等概率出现时，可使用古典方法。假设某个实验，其样本点有 n 个。若某事件包含 m 个样本点，则有：

  事件 E 概率 = 事件 E 出现次数/所有样本点出现的次数 = m/n

  举个例子，一袋巧克力，其中五块是棕色包装的，六块是黄色包装的，两块是红色包装的，八块是橙色包装的，两块是蓝色包装的，七块是绿色包装的。那么如果随机挑选一块糖果，其包装为棕色的概率多大？

  此时应有：$P(B) = 5/30$

- 经验方法（empirical method）：概率计算的经验方法也被称为相对频率，因为这个公式需要用到实验重复的次数。该方法定义了事件 E 的概率，即观察到事件的次数处以实验重复的总次数。在这种情况下基于观察或经验来计算概率。

  $$P(E) = \text{事件 } E \text{ 发生次数/总的实验次数}$$

  例如，我们想计算一个研究生选择医学作为他们专业的可能性。比如说，挑选了 200 名学生参与实验，其中 55 人选择了医学专业，那么有：

  $$P(\text{选择医学专业}) = 55/200 = 0.275$$

- 主观方法（subjective method）：这种概率方法使用一些公平的、经过计算的或基于经验的假设。它通常描述一个人对事件发生的可能性的感知。这意味着要考虑到个人对事件的信心，因此可能会有偏见。例如，物理教授不愿意上这门课的概率是 40%。

事件类型

事件之间可以是互斥的、相互独立的或者是相关的。

互斥事件

互斥（mutually exclusive）事件是指那些不能同时发生的事件。简单来说，两个事件同时发生的概率为 0。以掷骰子为例，点数为 1 与点数为 5 是互斥事件。下面的维恩图揭示了什么是互斥事件。

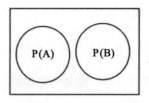

对于互斥的事件 A 与事件 B，其加法规则如下：

$$P(A \text{ or } B) = P(A) + P(B)$$

对于互斥的事件 A 与事件 B，其乘法规则如下：

$$P(A \text{ and } B) = P(A) \times P(B)$$

相互独立事件

如果某事件的出现对另一个事件的出现没有影响，那么这两个事件被称为相互独立的事件。例如事件 A 为星期日下雨，事件 B 为汽车轮胎漏气。这两个事件是完全不相干的，因此每个事件发生的概率不受另一事件的影响。独立事件是互斥的，但是互斥事件未必是相互独立的。

相互独立事件之间的乘法规则如下：

$$P(A \text{ and } B) = P(A) \times P(B)$$

相关事件

相关事件指的是某事件的出现会影响另外一个事件的出现。例如，某个学生选择英语作为第一专业时，很有可能会选择政治学作为第二专业。下面的维恩图揭示了什么是相关事件：

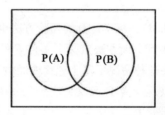

相关事件 A 与 B 的加法规则如下：

$$P(A \text{ or } B) = P(A) + P(B) - P(A \text{ and } B)$$

相关事件 A 与 B 的乘法规则如下：

$$P(A \text{ and } B) = P(A) \times P(B)$$

3. 概率的类型

在本节中，将带领读者了解各种类型的概率，如下所列：

- 先验与后验概率（prior and posterior probability）：先验概率指的是确定事件 E 发生的概率无须任何先前的经验或关于问题情境的假设。

  现在来看个例子。如果你的朋友乘飞机旅行，他可能会让你预测邻座的性别是男性还是女性，如果没有任何额外信息，根据基本的概率公式可以计算得到邻座乘客性别为男或女的概率均为 50%。如果提供更多信息，这个概率值可能会发生变化，这时得到的概率称为后验概率。

- 条件概率（conditional probability）：条件概率定义为某事件已经发生了的前提下，另

一事件发生的概率。$P(B|A)$ 可以解释为当事件 A 已经发生的前提下，事件 B 发生的概率。

举个例子，如果我们想计算一个人在过马路时被车撞的概率。假设 H 是一个离散型随机变量，用于描述一个人被车撞的概率，如果被车撞则变量值为 1，否则为 0。

再假设 L 为另外一个离散型随机变量，用于描述给定时刻交通灯颜色为红、黄、蓝的概率（{$red(R)$，$yellow(Y)$，$green(G)$}）。

假设：

$P(L = red) = 0.7$，

$P(L = yellow) = 0.1$，

$P(L = green) = 0.2$。

$P(H = 1|L = R) = 0.99$，

$P(H = 1|L = Y) = 0.9$，并且

$P(H = 1|L = G) = 0.2$。

使用条件概率公式，可得到下面的结果：

$$P(H = 1 \text{ and } L = R) = P(L = R) \times P(H = 1 \mid L = R) = 0.693;$$
$$P(H = 1 \text{ and } L = Y) = 0.1 \times 0.9 = 0.09$$

类似地，如果红灯时过马路被撞概率为 0.99，那么此时不被撞的概率就等于 0.01。于是，$P(H = 0|L = R) = 0.01$。基于这些，也可以计算 $H = 0$ 和 $R = 1$ 时的条件概率。

- 联合概率（joint probability）：联合概率指的是两个或更多事件同时发生的概率。以两个变量为例，联合概率的表示形式为 $f(x, y|\theta)$，这里的函数 f 是当分布参数 θ 给定时，x 和 y 同时发生的概率。对于离散型随机变量，可以使用联合概率质量函数（joint probability mass function）来计算：

$$P(X \text{ and } Y) = P(X).P(Y \mid X) = P(Y).P(X \mid Y)$$

前面已经介绍过条件概率了，不难根据联合概率的性质得出下面这个等式：

$$\sum_x \sum_y P(X = x \text{ and } Y = y) = 1$$

- 边缘概率（marginal probability）：边缘概率表示形式为 $f(x|\theta)$，这里的 f 为随机变量 x 相对所有 y 值的概率密度，此时分布参数 θ 是已知的。随机分布的边缘概率通过累加随机变量 x 和 y 的所有联合概率而来，只是这里的 x 的值是固定的。对于连续分布，通过对变量 y 积分来计算边缘概率。对于离散型随机变量，边缘概率质量函数可记作 $P(X = x)$。如下所示：

$$P(X = x) = \sum_y P(X = x, Y = y) = \sum_y P(X = x \mid Y = y)P(Y = y)$$

从上面的等式来看，$P(X = x, Y = y)$ 是 X，Y 的联合概率，$P(X = x|Y = y)$ 是 Y 确定时 X 的条件概率。随机变量 Y 被边缘化（marginalized out）。这些离散型二元边缘概率和联合概率通常用列联表来表示（参考下面的表格）。下节中，将会演示如何通过计算列联表来解决问题。

举个例子，假设投掷两个骰子，记录每次点数（X1，X2）。令随机变量 $Y = X1 + X2$，$Z = X1 - X2$，分别表示点数之和与点数之差。那么二元随机变量（Y，Z）的概率密度函数是怎样的？随机变量 Y，Z 的概率密度函数是怎样的？Y 与 Z 是否相互独立？

假设 $X1$ 与 $X2$ 是相互独立的，那么会有 36 种可能，如下表所示：

X1	X2	Y(X1+X2)	Z(X1-X2)
1	1	2	0
1	2	3	−1
1	3	4	−2
1	4	5	−3
1	5	6	−4
1	6	7	−5
2	1	3	1
2	2	4	0
2	3	5	−1
2	4	6	−2
2	5	7	−3
2	6	8	−4
3	1	4	2
3	2	5	1
3	3	6	0
3	4	7	−1
3	5	8	−2
3	6	9	−3
4	1	5	3
4	2	6	2
4	3	7	1
4	4	8	0
4	5	9	−1
4	6	10	−2
5	1	6	4
5	2	7	3
5	3	8	2
5	4	9	1
5	5	10	0
5	6	11	−1
6	1	7	5
6	2	8	4
6	3	9	3
6	4	10	2
6	5	11	1
6	6	12	0

不妨来构造联合概率、边缘概率、条件概率表。在这里，用行表示 Z，列表示 Y。Y 取值范围为 2～12，Z 的取值范围为 −5～5。通过简单的计数就可以计算条件概率。举个例子，令 $Z=-1$，不难发现此时 Y 可能的取值为 3，5，7，9，11，然后在表格中记录这五项的概率（如条件概率值 $P(Z=1|Y=3)$），此时每项的概率值为 1/36。依照相同的方法，可以计算表格中每一项的值。

		2	3	4	5	6	7	8	9	10	11	12	Marginal Z
Z	−5	0	0	0	0	0	1/36	0	0	0	0	0	1/36
	−4					1/36		1/36					1/18
	−3				1/36		1/36		1/36				1/12
	−2			1/36		1/36		1/36		1/36			1/9
	−1		1/36		1/36		1/36		1/36		1/36		5/36
	0	1/36		1/36		1/36		1/36		1/36		1/36	1/6
	1		1/36		1/36		1/36		1/36		1/36		5/36
	2			1/36		1/36		1/36		1/36			1/9
	3				1/36		1/36		1/36				1/12
	4					1/36		1/36					1/18
	5						1/36						1/36
		1/36	1/18	1/12	1/9	5/36	1/6	5/36	1/9	1/12	1/18	1/36	

因此，表中最下面的一行是 Y 的边缘概率，而最右列是 Z 的边缘概率。整个表格的其他部分是联合概率。很显然，Y 跟 Z 是相关的。

4. 分布模型

概率分布既可以是离散概率分布也可以是连续概率分布，依赖于它们的随机变量的类型，变量类型既可以是离散的，也可以是连续的。

离 散 型	连 续 型
伯努利分布	正态分布
二项分布	T分布
负二项分布	Gamma分布
几何分布	卡方分布
泊松分布	指数分布
	韦布尔分布
	F分布

我们将介绍几个前面提到过的概率分布模型。

在本节中，主要强调的是对数据的指定属性进行建模和描述。为了理解这一技能的重要性，先看几个例子：

- 银行希望查看在一段时间内 ATM 机内每笔交易的现金金额，以确定交易的限额。
- 零售商想要了解每批货中他所收到的破碎玩具的数量。
- 制造商想要了解探针的直径在不同的制造周期之间是如何变化的。
- 制药公司想要了解数百万患者的血压是如何受到新药物的影响的。

在上述案例中，我们需要对观察到的大量行为进行精确的定量描述。本节致力于阐述这方面的内容。从直觉上来看，需要考虑的是对哪些指标进行度量，借此获得对数据的理解。

- 一个给定变量的所有变量值包括哪些？
- 一个给定变量值出现的概率是多少？哪些变量值出现概率最高？
- 均值、中位数、方差分别是多少？
- 给定一个值，有多少个观测记录落在这个值之内，又有多少个观测记录落在该值之外？
- 是否能给出一个区间，90% 的变量值都落在该区间内？

事实上，如果我们能回答这些问题，甚至进一步能开发出一种技术来描述这些统计量，那么我们或多或少会被认为掌握了统计分析的制胜法宝。

这里需要考虑两个重要事实。首先，特征的分布要满足一个随机变量的所有性质（知道特征的某个特征值并不能帮助我们了解下一个特征值）。然后，如果知道随机变量的概率质量函数或分布函数，那么可以计算求解前面提到所有问题。读者此时应该能深刻理解数学的重要性了。一般来说，需要遵循系统化的处理流程来描述一个变量（读者可能会对后面的数据分析感兴趣）：

1）首先应理解随机变量。

2）计算概率质量函数或分布函数。

3）然后计算所有重要的参数或统计量（如均值、方差等）。

4）最后根据实验数据检验近似效果如何。

下表列举了某汽车租赁公司在一个50天周期中的货车租赁记录。表中第一列中的随机变量 X 代表某天汽车出租的数量，第二列代表该周期中有多少天出租了指定数量的汽车，第三列代表了随机变量 X 的概率质量函数。第三列是根据第2列中的频数计算得到。

Possible demand X	Number of days	Probability [P(X)]
3	3	0.06
4	7	0.14
5	12	0.24
6	14	0.28
7	10	0.2
8	4	0.08

随机变量 X 的数学期望为 5.66，即平均每天出租 5.66 辆货车，详情参考下表：

Possible demand X	Probability [P(X)]	Weighted Value [XP(X)]
3	0.06	0.18
4	0.14	0.56
5	0.24	1.2
6	0.28	1.68
7	0.2	1.4
8	0.08	0.64
	1	E(X) = 5.66

类似地，可以计算方差，如下表：

Possible demand X	Probability [P(X)]	Weighted Value [XP(X)]	Squared demand (X2)	Weighted Square [X2P(X)]
3	0.06	0.18	9	0.54
4	0.14	0.56	16	2.24
5	0.24	1.2	25	6
6	0.28	1.68	36	10.08
7	0.2	1.4	49	9.8
8	0.08	0.64	64	5.12
	1	E(X) = 5.66		E(X2) = 33.78

标准差等于方差的平方根，这里等于 1.32（辆货车），后面将系统地介绍各种分布模型。

5. 伯努利分布

伯努利分布大概是人们能想到的最简单的分布模型。很多时候，数据属性只能用离散型变量来记录，如掷硬币、掷骰子、记录性别等。确切来说，尽管某些案例中属性并不是离散值，但还是能将它们转换为离散类型。例如，当观察个人的净资产时，可以根据他们拥有的确切财富（连续类型）将他们重新划分为富人或穷人（离散类型）。假设属性值等于特定值的概率为 p（相应地，不等于特定值的概率为 $1-p$）。如果收集足够多的样本，数据集会是什么样子呢？可以用一种简单的方式来表示：positive（属性值等于特定值）和 negative（属性值不等于特定值）。可以用数值 1 来表示 positive，数值 0 来表示 negative。

于是有：

$$均值 = 概率加权均值 = 1 * p + 0 * (1 - p) = p$$

6. 二项分布

二项分布是伯努利分布的一种扩展。现在来看一个特殊的例子。假设你在民政局工作，能获取全州所有家庭的人口统计数据。如何计算一个家庭有且仅有两个男孩的概率？不难理解，一个家庭如果有两个小孩，那么有四种可能的方式：MM、MF、FM 及 FF（M、F 分别代表男性和女性）。我们可以把拥有一个男孩看作一个事件，那么两个孩子都为男孩的概率为 0.25（1/4），只有一个男孩的概率为 0.5（0.25 + 0.25），而两个女孩的概率为 0.25（1/4）。

进一步探究这个问题，如果考察 100 个家庭，其中 20 个家庭正好拥有两个男孩的概率为多大？稍后会解答这个问题。现在对最开始的问题稍作扩展，一个家庭有且仅有 3 个男孩的概率有多大？3 个小孩有 8 种可能：FFF、FFM、FMF、FMM、MFM、MMF、MFF 及 MMM。三个男孩的概率为 1/8，两个男孩的概率为 3/8，一个男孩的概率为 3/8，全为女孩的概率为 1/8。值得注意的是，事件概率之和为 1。

泊松分布

现在将二项式定理扩展到 n 为无穷大，同时抛出一个问题让读者来思索。前面采用的范例（如抛硬币等）有一个非常有趣的性质。即便增加实验的次数，实验中事件发生的概率仍然保持不变。然而，在某些案例中，随着实验次数的增加，事件对应的概率会降低。因此，为了确保在任意实验中只能观察到一个成功或者失败的观测记录，要么尽量将时间窗口缩小到零，要么将观测样本数扩充到无穷大。在这种条件受限的案例中，在 n 条观测记录中出现 r 条成功记录，其概率可以用下面这些公式来计算：

$$\lim_{n \to \infty} c_r^n \left(\frac{\lambda}{n} \right)^r \left(1 - \frac{\lambda}{n} \right)^{n-r}$$

$$\lim_{n \to \infty} \frac{n!}{r!(n-r)!} \frac{\lambda^r}{n^r} \left(1 - \frac{\lambda}{n} \right)^{n-r}$$

随机变量 X 的泊松分布参考下面的公式。泊松分布用来对给定时间窗口内出现指定条数成功记录的概率建模：

$$P(X = r) = \frac{\lambda^r e^{-\lambda}}{r!}$$

这里的 r 指的是第 r 次实验，$\lambda = a$ 指的是给定时间窗口或区域内成功记录条数的平均值。

指数分布

现在再看一个泊松分布的例子，同时思考一个新问题。检查人员观测 t 小时才看到第一辆汽车的概率是多少？在这个案例中，可能与前面的问题不相关，但是当我们研究一个组件的失效时，了解在何时较高概率观测不到组件失效是很有意义的。因此，可以说观测汽车出现（及第一次观测到组件失效）是典型的泊松过程。不妨定义一个随机变量 L，它代表的是观测者直到时刻 t 才观测到第一辆汽车的概率。由泊松分布导出，观测者一小时内观测不到第一辆车的概率的计算方法如下：

$$P(X = 0) = \frac{e^{-\lambda} \lambda^0}{0!} = e^{-\lambda}$$

观测者在第二个时内仍未观测到汽车的概率是相同的，前 t 个小时未观察到汽车的概率为 $e^{-\lambda t}$（$e^{-\lambda}*e^{-\lambda}*\cdots$相乘）。读者不难得出，前 t 小时内观测到汽车概率为 $1-e^{-\lambda t}$。这就是指数分布。

下面列举了指数分布的常见应用：

- 计算泊松过程中第一次失效的时间
- 种子脱离母体后的扩散距离
- 有机体的寿命预测，忽略老化过程（由于事故、感染等原因而衰竭）

正态分布

正态分布是一个被广泛使用的连续型随机变量的分布模型。它也常被称为钟形曲线，因为它的概率密度图的形状像一个钟。大多数现实生活中的数据，例如体重、身高，以及其他数据（特别是数据集较大时）可以用正态分布很好地近似表示。

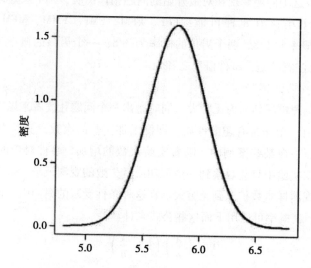

以身高为例，一旦知道身高，总体中身高为特定值的人数可以借助下面的公式计算出来：

$$f(x) = \frac{1}{\sigma\sqrt{2\pi}}e^{-(x-\mu)^2/2\sigma^2}$$

这里的 σ 是标准差，μ 是均值。描述正态分布只需要两个参数（均值与标准差）。

每个正态分布曲线遵守下面这些法则：

- 曲线下约68%的面积落在均值的一个标准差范围内
- 曲线下约95%的面积落在均值的两个标准差范围内
- 曲线下约99.7%的面积落在均值的三个标准差范围内

这些点统称为经验法则或者68-95-99.7法则。

分布模型之间的关系

读者或多或少知道所有分布都收敛于正态分布，此外读者也应该了解每种分布模型的适用场景，下图揭示了各种分布模型之间的关系：

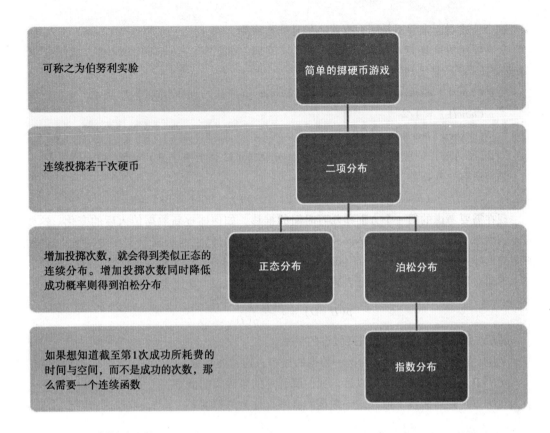

9.1.2　贝叶斯定理

在正式学习贝叶斯定理之前，不妨回顾一下，在本章开始的地方已经指出了，贝叶斯定理是贝叶斯学习的基石。

现在来看一个例子。假设有两碗坚果，其中一碗中有 30 枚腰果和 10 枚开心果，另外一碗中腰果和开心果各 20 枚。假设此时闭上眼睛随机挑选一个碗，再从中挑选出一枚坚果，结果为腰果。那么，此时第一个碗被选中的概率是多少？这是一种条件概率。

在这里，$p(bowl1 \mid cashew)$（或者说，当坚果为腰果时碗 1 被选中的概率），并不是显而易见的。

如果是另外一个问题，如 $p(cashew \mid bowl1)$（或者说当碗 1 被选中，坚果为腰果的概率）就简单了，此时 $p(cashew \mid bowl1) = 3/4$。

很显然 $p(bowl\,1 \mid cashew)$ 与 $p(cashew \mid bowl1)$ 不是一回事。但是可以利用其中一个值计算出另外一个值，这就是贝叶斯定理要解决的问题。

第一步是定义贝叶斯定理的交换律，如下所示：

$$p(A \text{ and } B) = p(B \text{ and } A)$$

另外，$p(A \text{ and } B)$ 等于 $p(A)$ 乘以 $p(B \mid A)$，如下所示：

$$p(A \text{ and } B) = p(A)p(B \mid A), \text{类似的还有 } p(B \text{ and } A) = p(B)p(A \mid B)$$

因为 $p(A)p(B \mid A) = p(B)p(A \mid B)$，所以有：

$$p(A \mid B) = \frac{p(A)p(B \mid A)}{p(B)}$$

这就是贝叶斯定理！

这个公式看起来并不是那么直观，但是非常有用。

现在应用贝叶斯定理来解决前面的坚果问题，即计算 $p(bowl1 \mid cashew)$，此时要求 $p(cashew \mid bowl1)$ 是已知的：

$p(bowl1 \mid cashew) = (p(bowl1) \, p(cashew \mid bowl1))/p(cashew)$

$p(bowl1) = 1/2$

$p(cashew \mid bowl1) = 3/4$

$p(cashew) = $ 腰果总数 / 坚果总数($bowl1$、$bowl2$ 中所有坚果) $= 50/80 = 5/8$

结合所有这些条件，计算的结果：

$$p(bowl1 \mid cashew) = ((1/2)(3/4))/(5/8) = 3/5 = 0.6$$

现在需要考虑的另一个方面是随着时间的推移，如何捕捉新数据传入后的变化。这样，假设的概率（probability of a hypothesis）就可以在给定时间点的数据上下文中度量。这就是所谓的贝叶斯定理的历时性解释（diachronic interpretation）。

下面对贝叶斯定理重新进行表述，这里的 H 代表假设，D 代表特定数据：

$$p(H \mid D) = \frac{p(H)p(D \mid H)}{p(D)}$$

$p(H)$ 是在得到新数据之前某假设的概率。

$p(D)$ 是在任何假设下得到这一数据的概率，通常为常量。

$p(H \mid D)$ 是在看到新数据以后，我们要计算的该假设的概率。

$p(D \mid H)$ 是该假设下得到这一数据的概率，称为似然度。

这里的 $p(H)$ 称为先验概率（prior probability），$p(H \mid D)$ 称为后验概率（posterior probability），$p(D \mid H)$ 称为似然度（likelihood），而 $p(D)$ 为证据（evidence）。

$$p(H \mid D) = \frac{\overset{\text{先验概率}}{p(H)} \, \overset{\text{似热度}}{p(D \mid H)}}{\underset{\text{证据}}{p(D)}}$$
$$\underset{\text{后验概率}}{}$$

9.1.3 朴素贝叶斯分类器

在本节中，将探讨朴素贝叶斯分类器以及它们是如何用于解决分类问题的。朴素贝叶斯分类器基于贝叶斯定理及特征之间相互独立的朴素假设，这意味着知道一个特征的特征值，对其他特征的取值没有影响。特征相互独立的假设也是朴素贝叶斯算法名称的来由。

朴素贝叶斯算法易于实现，并不涉及任何迭代式处理过程，能高效处理大数据集。尽管朴素贝叶斯算法非常简单，但是它的表现超过了不少分类算法。

需要计算类别（class）已知时特定假设的概率。

该概率可表示为 $P(x_1, x_2, \cdots, x_n \mid y)$。很显然，有多个可由 $x_1, x_2, \cdots, x_n$ 表示的证据。

我们从 $x_1, x_2, \cdots, x_n$ 条件独立的假设开始，此时 y 是确定的。有另一种定义该概率的简单方法：根据多个证据来预测结果，而不是单一证据。简单起见，对这些证据进行解耦：

$$P(Outcome \mid Multiple\ Evidence) = [P(Evidence1 \mid Outcome) \times P(Evidence2 \mid outcome) \times \cdots \times$$
$$P(EvidenceN \mid outcome)] \times P(Outcome)/P(Multiple\ Evidence)$$

上面的等式可写成下面这种形式：

$P(Outcome \mid Evidence) = P(Likelihood\ of\ Evidence) \times Prior\ probability\ of\ outcome/P(Evidence)$

为了应用朴素贝叶斯算法预测输出结果，前面提到的公式需要针对每个结果运行一次。由于需要为每一种可能的结果执行一次该公式，对于分类问题而言，输出结果为类别（类别对应的概率）。下面利用著名的水果分类问题来帮助读者理解朴素贝叶斯算法。

假设已有一种水果的任意三种特征，如何预测它是何种水果？这里可以对问题做一些简化，假设这三种特征是 long、sweet、yellow（均为布尔型）。有三种水果，分别是香蕉、桔子，及其他一种水果。训练集中有 1000 个样本，下面是可以获取到的信息：

Type	Long	Not long	Sweet	Not sweet	Yellow	Not yellow	Total
Banana	400	100	350	150	450	50	500
Orange	0	300	150	150	300	0	300
Others	100	100	150	50	50	150	200
Total	500	500	650	350	800	200	1000

可从上表中计算先验概率，各类水果对应的先验概率分别是：

$$p(Banana) = 0.5(500/1000)$$
$$p(Orange) = 0.3$$
$$p(Others) = 0.2$$

证据对应的概率：

$$p(Long) = 0.5$$
$$p(Sweet) = 0.65$$
$$p(Yellow) = 0.8$$

似然度对应的概率：

$$p(Long \mid Banana) = 0.8$$
$$p(Long \mid Orange) = 0 \quad P(Yellow/Other\ Fruit) = 50/200 = 0.25$$
$$p(Not\ Yellow \mid Other\ Fruit) = 0.75$$

现在，已知水果的特征，需要根据它的特征值进行分类。首先，计算当前水果属于各种类别的概率，查找概率最高的类别，然后预测水果属于该类别。

$p(Banana \mid Long, Sweet\ and\ Yellow) = p(Long \mid Banana) \times p(Sweet \mid Banana) \times p$
$(Yellow \mid Banana) \times p(banana)/p(Long) \times p(Sweet) \times p(Yellow)$

$p(Banana \mid Long, Sweet\ and\ Yellow) = 0.8 \times 0.7 \times 0.9 \times 0.5/p(evidence)$

$p(Banana \mid Long, Sweet\ and\ Yellow) = 0.252/p(evidence)$

$p(Orange \mid Long, Sweet\ and\ Yellow) = 0$

$p(Other\ Fruit \mid Long, Sweet\ and\ Yellow) = p(Long \mid Other\ fruit) \times p(Sweet \mid Other\ fruit) \times p$
$(Yellow \mid Other\ fruit) \times p(Other\ Fruit)$

$= (100/200 \times 150/200 \times 50/150 \times 200/1000)/p(evidence)$

$= 0.01875/p(evidence)$

因为 $0.252 \gg 0.01875$，因此特征为 Long, Sweet and Yellow 的水果应该被分类为香蕉。

朴素贝叶斯假设每个特征服从高斯分布，因此它也被称为高斯朴素贝叶斯分类器。

朴素贝叶斯特别适用于存在缺失数据的场景。在接下来的章节中，将会介绍不同类型的朴素贝叶斯分类器。

1. 多项式朴素贝叶斯分类器

如上一节中所讲，朴素贝叶斯做了特征相互独立的假设。在多项式朴素贝叶斯（multinomial Naïve Bayes）的案例中，$p(xi \mid y)$ 是一个多项式分布，简单来说，假设每一维特征都服从多项式分布。多项式朴素贝叶斯算法适用于文本分类，此时需要计算词计数（来估算分布参数）。下面是多项式朴素贝叶斯算法的伪代码：

```
TRAINMULTINOMIALNB(C, D)
 1   V ← EXTRACTVOCABULARY(D)
 2   N ← COUNTDOCS(D)
 3   for each c ∈ C
 4   do Nc ← COUNTDOCSINCLASS(D, c)
 5       prior[c] ← Nc/N
 6       textc ← CONCATENATETEXTOFALLDOCSINCLASS(D, c)
 7       for each t ∈ V
 8       do Tct ← COUNTTOKENSOFTERM(textc, t)
 9       for each t ∈ V
10       do condprob[t][c] ← (Tct+1)/(∑t'(Tct'+1))
11   return V, prior, condprob

APPLYMULTINOMIALNB(C, V, prior, condprob, d)
 1   W ← EXTRACTTOKENSFROMDOC(V, d)
 2   for each c ∈ C
 3   do score[c] ← log prior[c]
 4       for each t ∈ W
 5       do score[c] += log condprob[t][c]
 6   return arg max_{c∈C} score[c]
```

2. 伯努利朴素贝叶斯分类器

伯努利朴素贝叶斯（Bernoulli Naïve Bayes）使用了一个布尔型指示器，如果一个词出现在当前被处理的文档中，则该指示器的值为1，否则为0。该朴素贝叶斯变种关注的焦点是，词是否在被考察的特定文档中出现过。一个词未出现，其相关计数非常重要，因为会利用它来计算该单词出现的条件概率。伯努利朴素贝叶斯算法细节如下：

```
TRAINBERNOULLINB(C, D)
1   V ← EXTRACTVOCABULARY(D)
2   N ← COUNTDOCS(D)
3   for each c ∈ C
4   do Nc ← COUNTDOCSINCLASS(D, c)
5       prior[c] ← Nc/N
6       for each t ∈ V
7       do Nct ← COUNTDOCSINCLASSCONTAININGTERM(D, c, t)
8           condprob[t][c] ← (Nct+1)/(Nc+2)
9   return V, prior, condprob

APPLYBERNOULLINB(C, V, prior, condprob, d)
1   Vd ← EXTRACTTERMSFROMDOC(V, d)
2   for each c ∈ C
3   do score[c] ← log prior[c]
4       for each t ∈ V
5       do if t ∈ Vd
6           then score[c] += log condprob[t][c]
7           else score[c] += log(1 − condprob[t][c])
8   return arg max_{c∈C} score[c]
```

	多项式朴素贝叶斯	伯努利朴素贝叶斯
随机变量	词条生成模型，$X = t$，当且仅当 t 出现在给定位置	文档生成模型，$U_t = 1$，当且仅当 t 出现在文档中
文档表示	$d = \langle t_1, \cdots, t_k, \cdots, t_{nd} \rangle$, $t_k \in V$	$d = \langle e_1, \cdots, e_i, \cdots, e_M \rangle$, $e_i \in \{0,1\}$
参数估计	$\hat{P}(X = t \mid c)$	$\hat{P}(U_i = e \mid c)$
决策规则	$\hat{P}(c) \prod_{1 \leqslant k \leqslant n_d} \hat{P}(X = t_k \mid c)$	$\hat{P}(c) \prod_{t_i \in V} \hat{P}(U_i = e_i \mid c)$
词项多次出现	考虑	不考虑
文档长度	能处理大文档	最好处理短文档
特征数目	能处理较多特征	特征数较少时效果更佳
词项估计	$\hat{P}(X = the \mid c) \approx 0.05$	$\hat{P}(U_{the} = 1 \mid c) \approx 1.0$

9.2　实现朴素贝叶斯算法

本章相关的随书源码介绍了朴素贝叶斯分类器的实现，可参考源码路径 . . . /chapter 9/
. . . ，每个子文件夹对应具体平台或框架中的实现。

1. 使用 Mahout
参考文件夹：. . . /mahout/chapter9/naivebayesexample/

2. 使用 R
参考文件夹：. . . /r/chapter9/naivebayesexample/

3. 使用 Spark
参考文件夹：. . . /spark/chapter9/naivebayesexample/

4. 使用 Python（scikit-learn）
参考文件夹：. . . /python-scikit-learn/chapter9/naivebayesexample/

5. 使用 Julia
参考文件夹：. . . /julia/chapter9/naivebayesexample/

9.3　小结

本章介绍了贝叶斯机器学习方法，以及如何在 Mahout、R、Python、Julia、Spark 等框架
或语言中实现朴素贝叶斯分类器。除此之外也介绍了核心的统计学概念，从基本术语到各种
分布模型。最后也深度介绍了贝叶斯定理，以及一些致力于解决现实问题的示例。

下一章中将向读者介绍基于回归的学习技术，重点会介绍线性回归及逻辑回归模型。

第 10 章
基于回归的学习

回归分析允许人们使用简单的代数手段对变量关系进行数学建模。在本章中，我们将重点介绍另一种有监督学习技术：回归分析（基于回归的学习）。在上一章中，介绍了一些基础的统计学知识，它们在本章中仍将被用到。本章开始时，将会介绍多个变量是如何影响输出的，以及用于度量这种影响的统计判别技术。之后将通过实际案例向读者介绍如何理解相关性与回归分析，中间也会介绍像混杂（confounding）与效应修饰（effect modification）等高级概念。

通过本章，读者将会掌握回归分析相关的基础与高级概念，并通过使用 Apache Mahout、R、Julia、Apache Spark 以及 Python 这些工具结合真实案例来操练一元线性回归、多元线性回归、多项式回归及逻辑回归等模型。

在本章末尾，读者将会了解到各种回归模型的局限之处，学习如何利用线性回归（linear regression）或逻辑回归（logistic regression）拟合数据，以及对建模结果做统计推断，最后将了解如何度量与诊断模型的效果。

下图描绘了本书中涉及的各种模型，突出显示部分是本章将要深入探讨的：

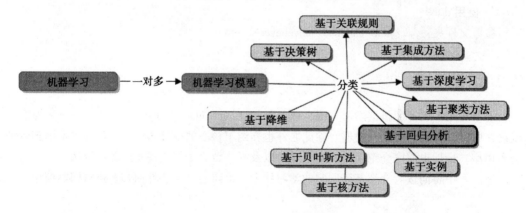

下面列举的是本章中涉及的话题：

- 介绍相关性与回归分析；回顾诸如协方差、相关系数等统计学概念，同时涵盖回归分析、ANOVA 等模型及诊断背景下数学期望、方差、协方差等统计量的性质。

- 读者将学习到简单线性回归和多元线性回归：线性相关性、线性模型、模型基本假设（正态性、齐方差性、线性、独立性）、最小二乘估计。最后，读者将学到模型诊断与选择。

- 广义线性模型（GLM）概述，列举了常见的广义线性模型，同时也介绍了混杂与效应修饰现象，当然，也会介绍模型的实现与调整。
- 逻辑回归简介，包括理解优势率和风险比（odds and risk ratios）概念，如何构建逻辑回归模型，以及模型评估等。
- 利用 Apache Mahout、R、Apache Spark、Julia、Python 等工具实践本章涉及的模型。

10.1　回归分析

在有监督学习类目下，被归类到统计机器学习模型的有：基于实例的学习、贝叶斯模型和回归分析。本章中，我们将聚焦回归分析和相关的回归模型。众所周知，回归分析是最重要的一种统计学习模型。前面提到过，回归分析是一种统计学方法，用于对两个或多个变量的相关性建模，检验相关性的有效性，及相关性强度。

传统上，研究人员、分析师和交易者一直在使用回归分析建立交易策略，以了解投资组合中包含的风险。回归方法用于解决分类和预测问题。

本书前面章节中已经涉及了一些关键的统计学概念，在本章中会继续介绍一些回归分析相关的统计概念。这些概念包括变异性的度量、线性关系、协方差、回归系数、标准差等。

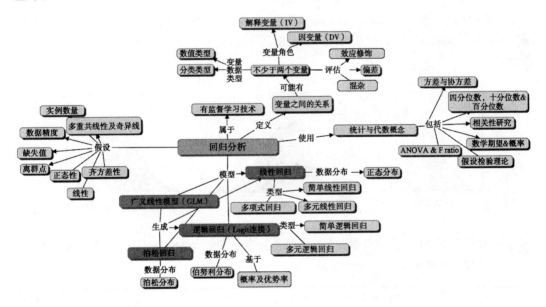

10.1.1　重温统计学

在前面一章，学习过贝叶斯方法，那时就已经介绍了一些核心的统计量，如均值、中位数、众数和标准差。现在，基于这些统计量，引申出更多的统计量，如方差、协方差、相关系数以及随机变量的一阶矩和二阶矩。

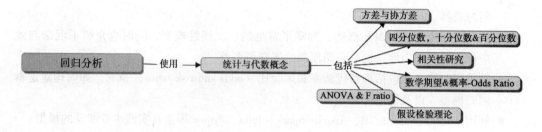

方差（variance）：方差是标准差的平方。读者请回忆标准差的概念，是样本中每个测量值与均值偏差多少的平均值。因此标准差也被称为均值的标准偏差。理论上也可以构造出众数或中位数的标准差。

极差（range）：该统计量指的是数据集中数值散布的跨度。极差通常用最小值、最大值来共同表示。

四分位数（quartile）、十分位数（decile）、百分位数（percentile）是类似中位数的统计量。中位数好理解，它是样本值排序后按 50% 比例等分，分割点对应的数值，以此类推，四分位数、十分位数、百分位数分别对应按 1/4、1/10、1/100 比例等分，分割点对应的数值。

第一四分位数（记作 Q1）：又称为下四分位数，即 25th 百分位数。

第三四分位数（记作 Q3）：又称为上四分位数，即 75th 百分位数。

四分位距：第三四分位数 − 第一四分位数

对称和偏态数据（symmetric and skewed data）：下图是对称分布（symmetric）、正偏态分布（positively skewed）、负偏态分布（negatively skewed）等情况对应的中位数、均值和众数。

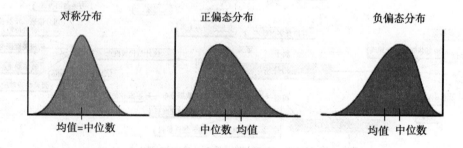

对称分布的均值与中位数相等。正偏态分布中，中位数比均值大。而负偏态分布中，均值比中位数大。

离群点是离数据簇中心比较远的数据点。它会显著影响均值之类的统计量。下面的例子能帮助我们很好地理解这一点。例如，我们想了解一个由五人组成的人群的资产分布情况。假设五人资产分别为 1M，1.2M，0.9M，1.1M 及 12M（单位为百万美元）。

$$1 + 1.2 + 0.9 + 1.1 + 12 = 16.2$$

$$16.2/5 = 3.24$$

最后一个观察值对测量有很大影响，会导致统计推断失效。我们现在来看看中位数如何受离群点的影响。我们按升序排列资产：0.9M，1.0M，1.1M，1.2M，12M。中位数为 1.1M。读者不难看出，离群点对均值的影响远远大于对中位数的影响。

因此，在选用适当的统计量之前，应该仔细地检查数据。

均值表示变量的平均值，而中位数表示平均变量（average variable）的值。

协方差（covariance）：当有两个或多个感兴趣的变量时（例如多个公司的股票，不同材料的物理属性等），了解它们之间是否有任何关系变得很重要。确切地说，想要理解的是，如果其中一个变量变化了，另一个变量会如何变化。

在统计学里，有两个术语可以用于描述这种行为。

第一个术语是协方差。如果有个一个数据集，有 n 个数据实例，每个数据实例有两个特征 x 和 y，下面的等式描述了协方差的计算公式：

$$\rho_{xy} = \frac{\sum_{1}^{n}(x_i - \bar{x})(y_i - \bar{y})}{n}$$

然而协方差并不便于使用，因为它的值可能会变得很大。最好是能将它标准化到 $-1 \sim 1$ 这个区间，这样便于使用者理解变量之间是如何相关的。标准化需要使用到两个变量的标准差（sx 和 sy）。

协方差标准化以后的值称为变量 x，y 的相关系数（correlation coefficient）。

$$\mathrm{Cor}(x, y) = \rho_{xy} / \sigma_x \sigma_y$$

相关系数度量了变量 x，y 之间线性相关性的强度，其值介于 $-1 \sim 1$ 之间。下图以一种可视化的方式演示了相关系数对线性相关的影响。

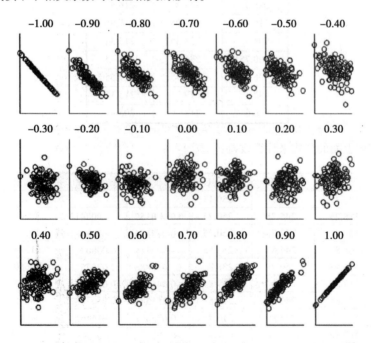

在一头扎入各种回归模型细节之前，不妨先了解一下实现一个回归模型及分析结果的步骤。

均值与方差分别是随机变量概率分布函数的一阶、二阶矩。它们的计算方式如下：

$$均值 = \mu = \int_a^b xP(x)\,\mathrm{d}x$$

$$方差 = \sigma^2 = \int_a^b x^2 P(x)\, dx$$

当计算了一个给定随机变量的概率分布以后，可以利用简单的积分操作来计算该变量的均值方差。

现在用一个真实的例子来计算这些统计量。

下面表格中的数据是三个公司的 14 天的股票价格（公司 A、公司 B、公司 C）。首先，用下面的公式计算收益：

$$收益 = (今日价格 - 昨日价格) / 昨日价格$$

利用收益（returns）数据，可以计算均值、中位数，以及两者之间的相关系数。请不要使用内置的库（build-in library）来计算。即便是使用 Excel，也只用最基本的公式。

公司A	公司B	公司C
498.3	243.7	250.15
515.25	245.75	250.25
506.4	242.7	250.25
504.8	244.65	253.55
536.95	250.95	236.8
512.55	227.4	219.1
525.65	240.3	206.5
538.95	243.8	216.45
510.45	235.25	217.9
503	238.35	215.3
500.75	231.4	218.15
496.45	228.15	217.55
492.3	219.7	215.15
496.6	218	205.4

首先，使用上面的公式来计算收益：

公司A	公司B	公司C	A（收益）	B（收益）	C（收益）
498.3	243.7	250.15			
515.25	245.75	250.25	0.034 0157	0.008412	0.0004
506.4	242.7	250.25	−0.017176	−0.012411	0
504.8	244.65	253.55	−0.00316	0.0080346	0.013187
536.95	250.95	236.8	0.0636886	0.0257511	−0.06606
512.55	227.4	219.1	−0.045442	−0.0938434	−0.07475
525.65	240.3	206.5	0.0255585	0.0567282	−0.05751
538.95	243.8	216.45	0.025302	0.0145651	0.048184
510.45	235.25	217.9	−0.052881	−0.0350697	0.006699
503	238.35	215.3	−0.014595	0.0131775	−0.01193
500.75	231.4	218.15	−0.004473	−0.0291588	0.013237
496.45	228.15	217.55	−0.008587	−0.0140449	−0.00275
492.3	219.7	215.15	−0.008359	−0.037037	−0.01103
496.6	218	205.4	0.0087345	−0.0077378	−0.04532

计算均值，结果如下表：

	A（收益）	B（收益）	C（收益）
	0.034 0157	0.008412	0.0004
	−0.017176	−0.012411	0
	−0.00316	0.0080346	0.013187
	0.0636886	0.0257511	−0.06606
	−0.045442	−0.0938434	−0.07475
	0.0255585	0.0567282	−0.05751
	0.025302	0.0145651	0.048184
	−0.052881	−0.0350697	0.006699
	−0.014595	0.0131775	−0.01193
	−0.004473	−0.0291588	0.013237
	−0.008587	−0.0140449	−0.00275
	−0.008359	−0.037037	−0.01103
	0.0087345	−0.0077378	−0.04532
求和	0.0026265	−0.1026342	−0.18764
均值	0.000202	−0.0078949	−0.01443

为了查找中位数，首先对数据进行升序排序，然后标记出最中间的那个数如下图所示。

	A（收益）	B（收益）	C（收益）
	−0.05288	−0.09384	−0.07475
	−0.04544	−0.03704	−0.06606
	−0.01718	−0.03507	−0.05751
	−0.01459	−0.02916	−0.04532
	−0.00859	−0.01404	−0.01193
	−0.00836	−0.01241	−0.01103
中位数	−0.00447	−0.00774	−0.00275
	−0.00316	0.008035	0
	0.008735	0.008412	0.0004
	0.025302	0.013177	0.006699
	0.025558	0.014565	0.013187
	0.034016	0.025751	0.013237
	0.063689	0.056728	0.048184

最后，使用前面介绍过的公式来计算协方差与相关系数。

A（收益）	B（收益）	C（收益）	Cov (A, B)	Cov (B, C)
−0.0528806	−0.093843	−0.07475	0.004562	0.005184
−0.0454419	−0.103097	0.00133	0.001505	
−0.0171761	−0.03507	−0.05751	0.000472	0.001171
−0.014595	−0.029159	−0.04532	0.000315	0.000657
−0.0085871	−0.014045	−0.01193	5.41E-05	−1.50E-05
−0.0083594	−0.012411	−0.01103	3.87E-05	−1.50E-05
A（收益）	B（收益）	C（收益）	Cov (A, B)	Cov (B, C)
−0.0044732	−0.007738	−0.00275	−7.30E-07	−1.84E-06
−0.0031596	0.0080346	0	−5.40E-05	0.00023
0.0087345	0.008412	0.0004	0.000139	0.000242
0.025302	0.0131775	0.006699	0.000529	0.000445
0.0255585	0.0145651	0.013187	0.00057	0.00062
0.0340157	0.0257511	0.013237	0.001138	0.000931
0.0636886	0.0567282	0.048184	0.004103	0.004047
		协方差	0.001015	0.001154
		相关系数	0.939734	0.942151

1. 数学期望、方差和协方差的性质

迄今为止，已经学习了多个章节了，不妨综合对这些章节的理解并总结。

变量的分布指的是变量取某个具体值的概率。数学期望指的是总体的均值（随机变量按概率加权的平均值）。

可定义基于均值的方差和标准差。

最后，如果要考察两个不同的变量，则可定义协方差与相关系数。现在来看看两个群组的期望与方差是如何计算的。下面是数学期望的一些重要的性质，它们在下一节中的线性回归中非常有用，因为会利用它们来分析两个变量之间的关系。

$$E(x + y) = E(x) + E(y)$$
$$E(x + a) = E(x) + E(a) = a + E(x)$$
$$E(kx) = kE(x)$$

这里有一个很有趣的规则：

$$E\left(\sum_{i=1}^{n} a_i x_i\right) = \sum_{i=1}^{n} a_i E(x_i)$$

本质上来讲，这个规则描述了如下事实：如果有一个给定各项投资比例（权重）的投资组合，那么总体收益期望等于各项投资期望的加权和。这是投资组合分析中的一个关键概念。如果一个投资组合中，公司 A、公司 B、公司 C 的权重分别为 30%、50%、20%，那么总体投资收益期望为：

$$E(投资组合) = 0.3E(公司\ A) + 0.5\ E(公司\ B) + 0.2\ E(公司\ C)$$

（1）方差的性质

X，Y 为随机变量，则有：

$$Var(X + Y) = Var(X) + Var(Y) + 2Cov(X,Y)$$
$$V(x + a) = V(x)（随机变量加上一个常数并不会影响方差）$$
$$V(ax) = a^2 V(x)$$

该性质并不那么明显，所以需要证明一下：

若 $Y = aX$，则有 $E(Y) = aE(X)$（从前面的结论可以推出）。

又有 $Y - E(Y) = a(X - E(X))$，上式两边取平方，求数学期望：

$$E(Y - E(Y))^2 = a^2 E(X - E(x))^2$$

在这里，等式的左边是随机变量 Y 的方差，等式右边是随机变量 X 的方差：

$$Var(Y) = a^2 Var(X)$$

从上面的公式可以推导出方差的另外一个有趣的性质：

$$Var(-y) = Var(y)$$

现在，我们来看看投资组合整体方差与具体投资项方差的关系：

$$v\sum a_i X_i = \sum a_i^2 v(x_i) + 2\sum\sum a_i a_j cov(x_i, x_j)$$

因此，如果你拥有一个三只股票组成的投资组合项目，总体方差（或标准差，即方差的平方根）与子项目方差的关系如上式。标准差通常被称为是组合投资的风险。理想情况下，风险越低越好。从前面的公式可知，这可以通过两种方式实现：

1）选择方差非常低的项目。

2）选择协方差为较大负值的那些项目组合。

以上方法是获得投资成功的最重要保证。

（2）协方差的性质

下面是协方差的一些性质：

$\text{cov}(X, Y) = E[XY] - E[X]E[Y]$

$\text{cov}(x, a) = 0$

$\text{cov}(x, x) = \text{var}(x)$

$\text{cov}(y, x) = \text{cov}(x, y)$

$\text{cov}(ax, by) = ab\text{cov}(x, y)$

$\text{cov}(X + a, Y + b) = \text{cov}(X, Y)$

$\text{cov}(aX + bY, cW + dV) = ac\text{cov}(X, W) + ad\text{cov}(X, V) + bc\text{cov}(Y, W) + bd\text{cov}(Y, V)$

$\text{Cor}(X, Y) = E[XY]/\sigma X \sigma Y$

下面通过一个真实的例子演示协方差的性质。

范例

假设读者有两个最好的朋友，分别是 Ana 与 Daniel，他们计划在股票市场上进行投资。而你是他们朋友圈里最有投资经验的朋友，因此他们会向你咨询投资建议。Daniel 能承受 10% 的风险，而 Ana 想尽量降低风险。显然，作为建议者，你必须同时为两人寻求最大收益。Daniel 与 Ana 同时想投资以下三个项目：黄金债券、一个顶级 IT 公司、一家顶级银行。这三家的平均收益及方差如下表：

	Gold	IT	Bank
Returns	15	25	17
SD	15	15	10

SD-标准差

三个项目之间的相关性如下表：

	Gold	IT	Bank
Gold	1	−1	−0.5
IT	−1	1	0.5
Bank	−0.5	0.5	1

现在，我们不妨系统性地推导一下投资建议策略。

首先，为这三个投资子项目创建一组可能的权重（一般来说是浮点数类型）。大概有 66 个可能的组合方式。这意味着你的朋友需要从其中挑选一个作为投资方案。现在通过下面的公式计算一下每种可能的组合投资方案（一组确定的权重）的收益：

$$组合投资收益 = W_g \times R_g + W_i \times R_i + W_b \times R_b$$

这里的 W_g，W_i，W_b 为权重，R_g，R_i，R_b 为子项目收益。

显然，投资组合的收益期望等于投资子项目的收益期望的加权和。

下面是五种可能的组合投资方案：

投资组合 1	0	1	0	25
投资组合 2	0	0.9	0.1	24.2
投资组合 3	0	0.8	0.2	23.4
投资组合 4	0	0.7	0.3	22.6
投资组合 5	0	0.6	0.4	21.8

下面我们来计算其他相关指标。

每种组合投资方案对应的风险，可以用下面的公式来计算：

$$风险 = \mathrm{Sqrt}((W_g * sd_g)^2 + (Wi * sd_i)^2 + (Wb * sd_b)^2 + (2 * W_g * sd_g * Wi * sd_i * r_{gi}) +$$
$$(2 * Wi * sd_i * W_b * sd_b * r_{ib}) + (2 * W_b * sd_b * W_g * sd_g * r_{bg}))$$

这里的 sd_g，sd_i，sd_b 为风险，r_{ij} 为项目 i 与项目 j 之间的相关系数。

这正是前面小节中提到的组合投资的方差公式。

wg	wi	wb	SD
0	1	0	15
0	0.9	0.1	14.03
0	0.8	0.2	13.11
0	0.7	0.3	12.28
0	0.6	0.4	11.53

接下来继续计算其他指标。

现在，剩下要做的事情就是同时为 Ana 和 Daniel 推荐一个平衡的投资组合方案，考虑到你已经知道他们的风险偏好。因为 Ana 倾向于零风险，因此可以向她推荐一个收益率 17.2%，风险系数为 0.87% 的投资组合方案。从上表中可以看到，权重列表为 0.7、0.2、0.1（对应黄金债券、IT、银行）的投资组合方案可以达成该目标。而 Daniel 能承受 10% 的风险，我们可以看到，风险为 10% 的投资组合方案，收益也是最高的。

此时对应的方案，权重分别为 0.2、0.7、0.1。

2. 方差分析与 F 统计量

在二元或多元分布中，需要一个较好的统计量来帮助理解方差在总体或群组内部及总体或群组之间的分布。该过程实际上是将数据分成若干个子集进行进一步计算。此时读者不难发现在这种情况下了解方差在多个群组间是如何分布的是非常有帮助的。此类分析被称为 ANOVA（Analysis of Variance），即方差分析。方差分析涉及的计算非常简单。

下面是三组样本，它们有各自的均值和分布，如下图所示：

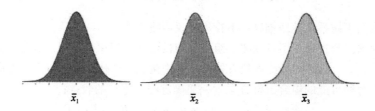

下面是几组样本对应的数据：

$$样本1 = \{3, 2, 1\}$$
$$样本2 = \{5, 3, 4\}$$
$$样本3 = \{5, 6, 7\}$$
$$样本1的均值 = 2$$
$$样本2的均值 = 4$$
$$样本3的均值 = 6$$

$$所有样本的总体均值 = (3 + 2 + 1 + 5 + 3 + 4 + 5 + 6 + 7)/9 = 4$$

　　这里的总均值（如果群组覆盖了总体，那么总均值就是总体均值）等于各群组均值的平均数。

　　有可能这三个均值都来自同一个总体吗？如果某个均值与其他均值差别非常大，是否它们来自不同的总体呢？还是它们相距一样远？

　　前面的例子都是关于总均值相对距离度量的。

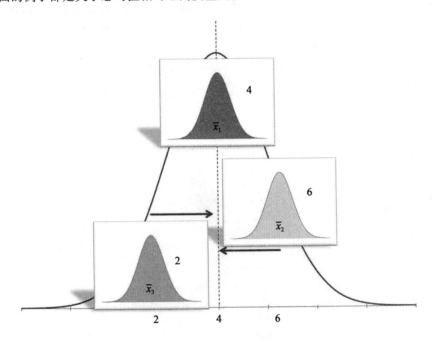

　　下面我们来计算一下样本集相对于总体均值的离差平方和：

$$(3 - 4)^2 + (2 - 4)^2 + \cdots = 30$$

我们可以在前面计算的这个量之上除以自由度（$n * m - 1$）得到方差统计量。

- n 为每组样本中的元素个数。
- m 指的是有多少组样本。

　　此时我们试图建立的性质是不会变化的。因此，继续使用离差平方和而不是方差。接下来计算两个统计量：组内离差平方和与组间离差平方和。

- 组内离差平方和（the sum of squares of the group）：先考虑第一个群组（3，2，1），该群组的均值为2。组内变异（variation，不称它为方差，但毫无疑问是方差的一个度量）的值等于 $(3 - 2)^2 + \cdots = 2$。类似地，群组2、群组3的组内变异值均为2。因此所有群组的组内变异值的总和为6。每个群组的自由度为 $n - 1$。所有群组的总的自由度为 $(n - 1) * m$，在本例中，总的自由度为6。
- 组间离差平方和（the sum of squares between the groups）：该统计量按如下方式计算，群组均值与总体均值之间的距离乘以组内元素数。在群组1中，群组均值为2，总体均值为4，因此群组到总体均值的变异等于 $(4 - 2)^2 \times 3 = 12$，群组2的变异为0，群组3的变异为12。因此组间变异为24，在这个案例中自由度为 $m - 1 = 2$。

　　读者可观察下表：

	变异	自由度
总变异	30	$8(mn-1)$
组内	6	$6(m(n-1)$
组间	24	$2(m-1)$

可以看到总变异为30，其中组内变异为6，组间变异为24。因此数据样本被分成若干个群组是有道理的。不妨在这里做些统计推断。假设前面例子中的样本是从三个辅导学校获取的学生的排名。这里我们想知道的是，送学生去辅导学校对学生最后的成绩是否有影响。

下面来探讨这个假设。

零假设（null hypothesis）：上辅导学校对学生成绩没有影响。

备择假设（alternative hypothesis）：上辅导学校对学生成绩有影响。

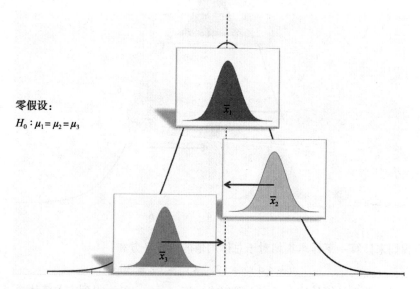

零假设：

$H_0 : \mu_1 = \mu_2 = \mu_3$

读者不难看到，这里探究的并不是关于数值是否相等，而是关于检验样本是否取自同一个总体。相关的统计量被称为样本均值间的变异。

简单来说，ANOVA是一种变异比例，表达式如下：

$$ANOVA = 组间方差 / 组内方差 = 总体均值间距离 / 内部离差$$

因此，总方差 = 组间方差 + 组内方差。

将总体方差分割为两部分的过程可称为 partitioning：

- 如果组间方差 > 组内方差。则意味着变异比例 >1。此时可以推断这几组样本不属于同一个总体。
- 如果组间方差与组内方差相似。则意味着变异比例约等于1。此时可以推断这几组样本从属的总体之间有重叠。
- 如果组间方差 < 组内方差。则意味着这些样本与总体均值很接近，意味着样本接近总体均值或分布融合在一起。

所以，正如在处理多个变量时可以看到的那样，可能会有许多影响结果的因素。每一个变量都需要对变量之间关系的独立影响进行评估。在下一节中，将介绍两个概念：混杂（confounding）和效应修饰（effect modification），这两个概念将解释不同类型的影响因素对结果的影响。

10.1.2　混杂

下面通过一个例子来开始理解混杂。不妨假设我们在做一个课题研究，研究内容是确定心脏病发病风险是否跟吸烟有关。当对包含吸烟者和非吸烟者以及在一段时间内被检测到患有心脏病的样本数据进行研究时，获得了一个相关度量——风险率（risk ratio），其值等于2.0。该数值可解释为抽烟者患心脏病的风险是不抽烟者的两倍。当仔细观察数据时，假设我们发现吸烟者与非吸烟者年龄分布不同，吸烟者的年龄比非吸烟者年龄大很多。如果我们不得不关联这个信息，患心脏病的结果是与老龄相关、吸烟相关，还是两者兼而有之？

量化评估吸烟对心脏病发病影响的一个好办法是通过一群人做实验，这群人被称为样本。在一段时间内，让这群人吸烟同时记录心脏病的发病情况。使用同一组人，并在他们不吸烟时，进行相同的评估。这将有助于衡量反事实的结果。同一组人既代表吸烟者又代表不吸烟者，实际上这是不可能的，因此需要假设吸烟者与非吸烟者之间是可以互换的。非吸烟者可"扮演"吸烟者，如果他们曾经吸过烟，反之亦然。换句话说，吸烟者和非吸烟者在任何方面都是可以比较的。而在本案例中，数据样本是不可比较的。这种情况称为混杂，与之对应的属性（本案例中，该属性为 age）称为混杂因子（confounder）。如果以一个例子来解释这个问题，所有非吸烟者都比较年轻，非吸烟者会低估老年吸烟者在没有吸烟情况下的发病率。

前面介绍的情况可以用下图来表示：

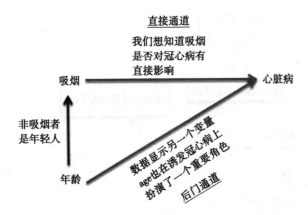

可以观察到有一个后门通道（通过 age 特性）。因此，混杂可以被一个更简单的术语定义，也就是存在后门通道，统计实验或机器学习研究者不可不察。

　　混杂是这么一种情况：变量对输出的影响或关联关系会被其他变量扭曲。

10.1.3　效应修饰

效应修饰是不同群体的暴露因素有不同取值时的状况。当关联估计的度量，如优势比、比率比和风险比值，非常接近于该关联的特定分组估计值的加权平均值时，可以观察到这一点。

效应修饰因子是指这样的变量：差异化（这可能意味着积极或消极）地修改事件结果

的观察效应。

我们来看一个例子。乳腺癌可发生于男性和女性，这个比率同时发生在男人和女人身上，但女性发病率是男性的 800 倍，性别因素是一个明显的区分变量。

如果效应修饰因子未能正确识别，可能导致不正确的粗略估计，进而导致错过了解风险因素与结果之间关系的机会。

需要遵循以下步骤来研究分析数据的效应修饰：

1）收集有关潜在效应修饰因子的信息。

2）研究效应修饰因子的效果，测量差异，并保持匹配的值。

3）用潜在效应修饰因子对数据进行分层，并计算风险因素对结果效应的估计。确定是否存在效应修饰。如果是，可以提出/使用上述估计。

回顾起来，混杂因子掩盖一个真正的效应：效应修饰因子意味着对不同分组有不同的效应。

10.2 回归方法

之前已经提到过了，回归模型允许用户对两个或多个变量关系进行建模，尤其是当需要根据若干个解释变量对连续类型的因变量进行预测时。解释变量可以是连续类型的，也可以是二分的。在因变量是二分变量的情况下，可以应用逻辑回归。在二元因变量之间的分割相等的情况下，线性回归和逻辑回归是等价的。

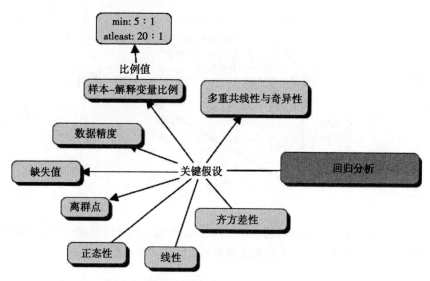

回归相关假设（主要针对线性回归模型族）

- 样本量大小：为了使用回归模型，理想情况下，样本 – 解释变量（IV）比例应该为 20∶1（即模型中每个解释变量需要 20 个样本），至少要达到 5∶1（即模型中每个解释变量需要 5 个样本）。

- 数据精度：回归分析假定数据的基本有效性，因此在执行回归分析之前需要验证数据的有效性。举个例子，比如说某个变量的取值必须在 1～5 之间，那么任意在此区间外的值都应该被修正。

- 离群点：前面提到过，离群点就是那些拥有极端值的数据实例，它们看起来不像是来自当前总体。回归分析假定离群点应被处理。

- 缺失值：所谓确实值就是某个变量的值是空缺的，缺失值的检测与处理非常重要。如果某个变量在样本集多条记录中的值缺失，建议移除该变量，除非有多个类似的变量。一旦执行回归拟合流程，包含缺失值的记录会被降格为候选数据。在删除变量时为了避免丢失数据的风险，需要应用缺失值处理技术。

- 正态分布：进行回归分析之前，需要检查数据是否满足正态分布。绘制直方图是一种很常见的正态性检验方法。下图就是一个正态分布总体的直方图的例子。

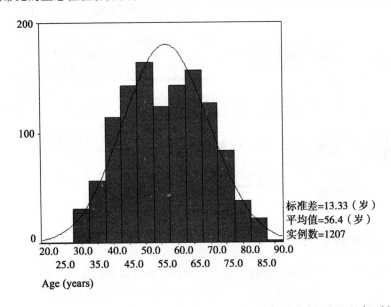

- 线性行为：简单来说，线性行为就是解释变量和因变量之间可以观察到的直线关系。解释变量与因变量之间的任意非线性关系都会被忽略。二维散点图可以用来测试是否存在线性关系。

- 齐方差性：齐方差性指的是解释变量不同取值对应的因变量的残差是同分布（方差）的。下面的散点图很好地解释了齐方差，读者可观察散点图的中心点，因变量的值聚集在中心点附近：

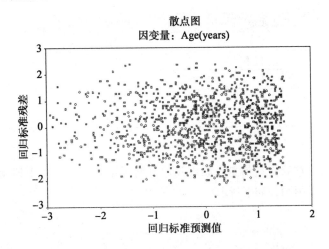

散点图
因变量：Age(years)

类似线性行为假设，违反齐方差假设并不会使回归分析失效，但是会弱化模型的效果。

- 多重共线性与奇异性：多重共线性指的是多个解释变量之间存在相关性。而奇异性指的是解释变量之间是完全相关的，即一个解释变量是其他一个或多个解释变量的组合。可以通过解释变量之间的相关性轻松判断是否存在多重共线性或奇异性现象。

本章后续小节中，将深入探讨每一种具体的回归方法，如下图所示：

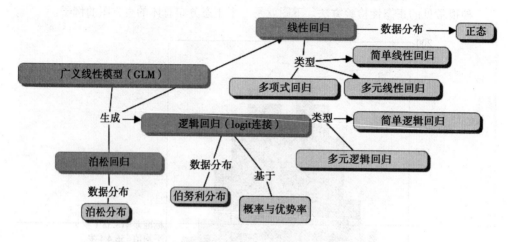

10.2.1　简单线性回归

简单线性回归中，我们只需要处理两个变量：解释变量和因变量。简单线性回归本质上是比较两个模型。第一个模型中并没有用到解释变量，而是利用最佳拟合因变量的一条直线；第二个模型利用的是最佳拟合的回归直线，这里用到了解释变量。下面让我们来看看因变量最佳拟合直线，以及它与最佳回归拟合直线的区别。

下面，我们借助一个实际的例子来理解两者的差别。假设有一个房地产销售中介，每笔交易他都可以获取一笔佣金。显然，佣金的数额依赖交易额的大小。交易额越高，佣金也就越高。因此，在这案例中，佣金是因变量，交易额是解释变量。为了预测下一笔交易的佣金，不妨先参考最近的 6 笔交易：

交易数	佣金（＄）
1	5000
2	17000
3	11000
4	8000
5	14000
6	5000

假设我们没有完整的交易信息。如果我们打算利用上表中数据来预测下一笔佣金的大小，首先，利用数据画图，如下所示：

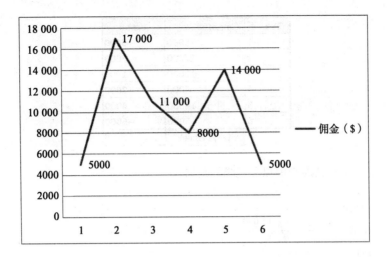

预测下一笔佣金的一种方法是计算已有数据中佣金的均值，这看起来是个好办法。

交易数	佣金（$）
1	5000
2	17000
3	11000
4	8000
5	14000
6	5000
均值	10000

我们在上图中绘出这一点，这将成为最佳拟合。在上图中绘出平均值：

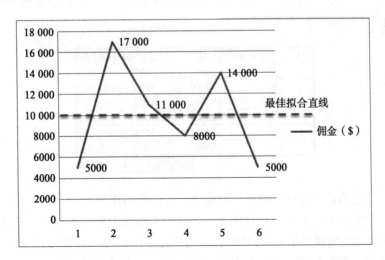

计算折线上每个端点（即佣金对应的点）与因变量拟合直线（平均值）的距离，如下图所示。该距离测量称为误差（error）或残差（residual）。读者不难发现，所有点的误差总和始终为零，这是对拟合优度的度量。

Trns #	Commision ($)	error
1	5000	**−5000**
2	17000	**7000**
3	11000	**1000**
4	8000	**−2000**
5	14000	**4000**
6	5000	**−5000**
	Total Error	**0**

下面在图上绘出点到因变量拟合直线的距离。

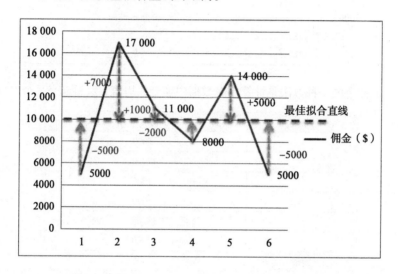

前面的几章中已经了解过 SSE（残差平方和）了。残差（error）之所以要取平方，是为了让数值符号变成正，同时也强调了较大的偏移量（残差）。下表是根据样本数据计算的 SSE。

Trns #	Commision ($)	error	error ^ 2
1	5000	**−5000**	25000000
2	17000	**7000**	49000000
3	11000	**1000**	1000000
4	8000	**−2000**	4000000
5	14000	**4000**	16000000
6	5000	**−5000**	25000000
		SSE	**120000000**

简单线性回归的总体目标是构建一个模型，使得最小化 SSE，并且有最好的泛化能力（对新数据的预测能力）。然而，到目前为止，我们只使用了基于因变量的最佳拟合直线。现在尝试利用样本的解释变量来求解最佳拟合直线。实际上，此时所指的是回归直线，它与前面的因变量拟合直线不同。我们期望使用了解释变量以后能显著减少 SSE。换句话说，这个新的回归直线能更好地拟合给定样本数据。

如果这两种拟合直线没有差别，这说明被选用的解释变量对输出没有任何影响。总的来说，简单线性回归的目标是基于样本数据寻找最佳拟合直线，最佳拟合的度量标准是 SSE 的最小化。

现在，在分析中增加解释变量——房产交易额，如下表所示：

交易（$）	佣金（$）
34 000	5000
108 000	17 000
64 000	11 000
88 000	8000
99 000	14 000
51 000	5000

首先，根据因变量和解释变量绘制散点图。

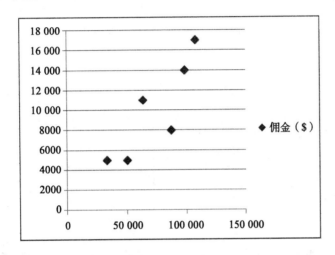

在这种情况下可以有很多线/方程，如下图所示。有时候数据明显呈线性形状，此时线性回归可以较好地处理，而有时候点在平面上随意散布，这暗示数据中并没有蕴含线性关系，此时用户应该选择停止对回归直线的探究。我们可以尝试计算相关系数，如下所示：

$$r = 0.866$$

此时的相关系数意味着两个变量的线性相关关系非常强，因此样本集可以用线性回归模型来处理：

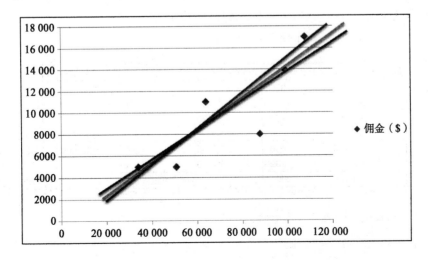

下面来计算 x 轴与 y 轴的均值，参见下表：

	交易（$）	佣金（$）
	34 000	5000
	108 000	17 000
	64 000	11 000
	88 000	8000
	99 000	14 000
	51 000	5000
均值	74 000	10 000

这些均值将会被绘制到散点图上，作为散点图的中心点，如下图所示：

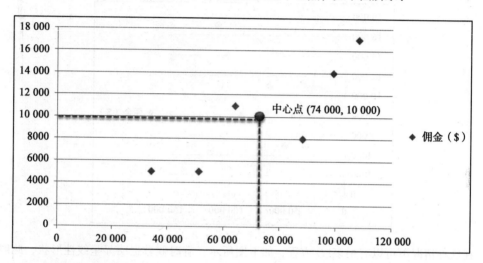

与数据最佳拟合直线（回归直线）将会穿过这个中心点，中心点坐标即为 x, y 变量的均值。回归直线参数计算方式如下：

$$\hat{y}_i = b_0 + b_1 x_i$$

$$b_1 = \frac{\sum (x_i - \bar{x})(y_i - \bar{y})}{\sum (x_i - \bar{x})^2}$$

$\bar{x}$：解释变量的均值；x_i：每个样本的解释变量的值。

$\bar{y}$：因变量的均值；y_i：每个样本的因变量的值。

	Transaction ($)	Commision ($)	Txn Deviation	Comm Deviation	Dev Product	Square Txn Dev
	34000	5000	−40000	−5000	200000000	1600000000
	108000	17000	34000	7000	238000000	1156000000
	64000	11000	−10000	1000	−10000000	100000000
	88000	8000	14000	−2000	−28000000	196000000
	99000	14000	25000	4000	100000000	625000000
	51000	5000	−23000	−5000	115000000	529000000
Mean	74000	10000		Sum	615000000	4206000000

最后计算出来的回归直线方程参数是这样的：

$$\hat{y}_i = b_0 + b_1 x_i \qquad \underset{\text{截距}}{b_0 = -0.8188} \qquad \underset{\text{斜率}}{b_1 = 0.1462}$$

$$\hat{y}_i = -0.8188 + 0.1462x$$

或

$$\hat{y}_i = 0.1462x - 0.8188$$

在前面的散点图中补绘上回归直线，如下图所示：

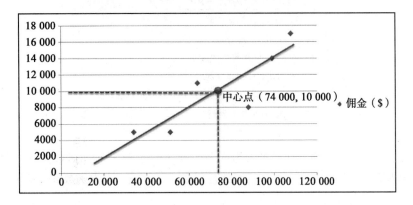

10.2.2　多元线性回归

多元回归是简单线性回归的扩展，但有一个重要差异：可以有两个或多个解释变量用于预测或解释因变量中的方差。更多的解释变量并不一定能产生更好的效果。多元线性回归可能会产生两个问题，其中之一是过拟合。前面的章节中已经介绍过过拟合了。过多的解释变量会显著地增加方差，但是对改进模型拟合没有什么帮助，因此导致了过拟合。此外，多个解释变量会导致更复杂的变量间关系。一方面，解释变量可能跟因变量有相关关系，另一方面，解释变量之间也可能有相关关系。如果解释变量之间有相关关系，会导致多重共线性。理想情况下是因变量与解释变量相关，但是解释变量之间不相关。

因为可能存在过拟合及多重共线性等情况，所以在进行多元回归分析之前，需要做一些预备工作。这些预备工作包括：计算相关系数，绘制散点图，执行特定解释变量的简单线性回归分析。

可以这么表述，假设有一个因变量，四个解释变量，此时就存在多重共线性的风险。四个解释变量与一个因变量可能有四种关系，而四个解释变量之间可能有六种关系。因此变量之间有 10 种可能的关系，如下图所示。DV 代表因变量，而 IV 代表解释变量。

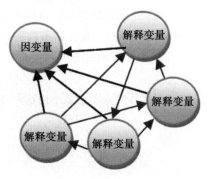

某些解释变量对因变量有更好的预测效果,而某些解释变量则对预测因变量没有任何贡献。因此需要决定采用哪些解释变量。

在多元线性回归中,每个解释变量有对应的系数,系数代表了当其余解释变量假定为常数时,该解释变量随因变量变化而变化。

下面是多元线性回归的方程式。

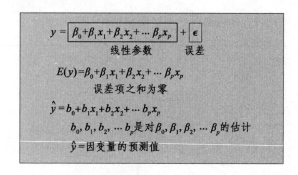

假设我们想要将一个独立变量拟合为许多变量(x、y 和 x^2)的函数。可按照一个简单的方法来计算所有变量的系数。该方法对线性函数、平方或三次方函数都是适用的。

下面将以循序渐进的方式来介绍该方法:

1) 数据实例的相同变量的值组成一个单独的列。

2) 将所有的列(每个列对应一个解释变量)组成一个矩阵。

3) 在该矩阵第一列前添加一列,该列所有变量值均赋为 1。

4) 将该矩阵命名为 X。

5) 创建一个只有一列的矩阵,该列变量值对应的是样本实例对应的因变量的值。

6) 使用下面的公式计算回归系数(最小二乘法的矩阵形式):

$$B = (X^{\mathrm{T}}X)^{-1}X^{\mathrm{T}}Y$$

通过这个矩阵操作,最终得到的向量为回归方程的系数向量。

对于多元线性回归,在执行回归分析之前,需要做大量的准备工作。有必要对候选解释变量做必要的分析。一些基本的散点图可用于分析任意变量之间的相关关系,当然也包括解释变量与因变量的关系。散点图、相关性分析、单因子或多因子回归等技术都将会被用到。如果有用到任何定性变量或分类变量,将需要使用哑变量(dummy variable)来构建回归模型。

10.2.3　多项式回归

线性回归模型($y = X\beta + \varepsilon$)是一个通用的模型,可以用来拟合任意的线性关系,求出线性模型参数 β。多项式回归适用于那些经过分析,样本数据中蕴含曲线关系的场景。多项式模型也用于近似表示未知的且可能非常复杂的非线性关系。多项式模型实际上是未知函数的泰勒级数展开式。

如果两个变量是线性相关的,那么其散点图会是下面这种样子:

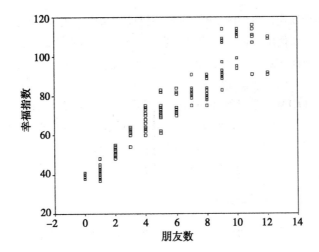

从上面的二维平面的散点图来看，朋友数与幸福指数这两个变量之间存在明显的线性关系。该图说明了这个现象：朋友越多，生活越幸福。如果这两个变量是曲线关系，此时又能说明什么问题呢？这说明幸福指数在某个区间会随朋友数量的增加而增加，之后反而会下降。下图揭示了这种非线性关系：

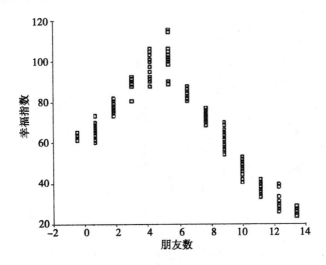

如果数据中蕴含的关系是非线性的，可以对 IV 或 DV 做些变换，使得变换之后的关系是线性的。然而，这种变换未必总是奏效的，因为数据和行为中可能存在真正的非线性关系。此时也许需要在回归分析中引入解释变量的平方项。此时的回归模型被称为多项式回归或二次回归。最小二乘法也可以用于拟合多项式回归模型，手段还是一样的，通过最小化方差来估计回归系数。

10.2.4　广义线性模型

现在我们来看看，为什么有时线性回归模型会失效。

简单线性回归是用数值型解释变量预测因变量。多元线性回归是简单线性回归的扩展，可使用多个解释变量。而非线性回归或多项式回归的解释变量与因变量都是数值型的，只是变量关系为曲线。

敏锐的读者不难发现，典型的线性回归有很明显的缺陷。例如，二元类型解释变量不满足正态分布。因此需要使用其他类型的回归模型。另外，因变量的预测值可能不在 0 ~ 1 范围内，而这与概率的概念是相违背的。概率通常是非线性的，某些极端值出现的概率要么很高要么很低。

广义线性模型（GLM）是对线性回归的一种推广，它能胜任解释变量残差分布不满足正态分布的场景。GLM 通过连接函数（link function）让线性模型与解释变量发生关联，GLM 支持将每个度量值的变化程度表示为其预测值的函数。

简单来说，GLM 可以推广为线性回归、逻辑回归、泊松回归等模型。

10.2.5 逻辑回归（logit 连接）

逻辑回归是线性回归的一种扩展，此时因变量可以为分类变量，因此逻辑回归可以用于分类。

举个例子，如果 Y 代表一个特定的顾客是否会购买一个产品（1 代表购买，0 代表不购买），因此我们需要一个只有两种变量值（0 和 1）的分类变量。逻辑回归可用于解决分类问题，可基于样本数据来训练模型。当未知类型的新样本抵达时，可以基于其解释变量的值，通过逻辑回归模型来预测其类型。

下面是一些现实中的例子：

- 将顾客分类为回头客（类别 1）或非回头客（类别 0）。
- 预测一笔贷款是否会被批准，已知用户的信用评分。

逻辑回归的一个重要用途就是用来比较预测值之间的相似性。

在深入探讨逻辑回归之前，不妨回顾一下之前章节提到过的概率和几率（odds）等概念。

简单来说，概率 = 感兴趣的事件个数/所有事件个数。

以抛硬币为例，$P($正面$) = 1/2 = 0.5$。掷骰子为例，$P($1 点或 2 点$) = 2/6 = 1/3 = 0.33$。以玩扑克牌为例，$P($方块$) = 13/52 = 1/4 = 0.25$。

几率 $= P($某事件发生$)/P($某事件不发生$) = p/(1 - p)$。

例如，当玩抛硬币游戏时，$odds($正面$) = 0.5/(1 - 0.5) = 1$。掷骰子游戏中，$odds($1 点或 2 点$) = 0.333/0.666 = 1/2 = 0.5$。扑克牌游戏中，$odds($方块$) = 0.25/0.75 = 1/3 = 0.333$。

优势比（odds ratio）是两个几率的比值。

则 $P($正面$) = 1/2 = 0.5$，$odds($正面$) = 0.5/0.5 = 1 = 1 : 1$。

假设抛硬币游戏中的硬币质地不均匀：

$P($正面$) = 0.7, odds($正面$) = 0.7/0.3 = 2.333$。

优势比 $= odds1/odds0 = 2.333/1 = 2.333$。

这意味着当硬币质地不均匀时，掷硬币游戏的胜率为质地均匀硬币的 2.333 倍。

下面是逻辑回归的一些总结：

- 模型：事件发生的概率依赖解释变量的值，解释变量可以是数值型也可以是类别类型。
- 概率估计：估计事件发生或未发生的概率。
- 预测：预测一组解释变量对二元响应变量（binary response variable）的影响。
- 分类：基于概率估计将观测值分为特定类别。

逻辑回归中的优势比

逻辑回归模型中，变量的优势比指的是该变量每增加一个单位时对该变量几率（odds）的影响程度，而同时扣除其他变量的影响（即假定其他变量为常量）。

下面我们通过一个案例来理解这个概念—研究体重是否受睡眠呼吸暂停（sleep apnea）影响。不妨假设体重变量的优势比为 1.07。这意味着体重每增加一磅，患睡眠呼吸暂停的几率会增加 1.07 倍。表面上看，优势比为 1.07 并不显著。但是如果体重增加 10 磅，发病几率则会增加到 1.98 倍，此时发病几率几乎增加了一倍。将概率和几率区分对待有着非常重要的意义。举个例子，如果体重增加 20 磅，患病几率会增加 4 倍，然而一个人体总增加 20 磅的概率是非常低的。

在逻辑回归建模过程中，有两个重要的步骤：

1）计算事件属于某一类别的概率。例如，随机变量 Y 取值为 0 或 1，则事件属于类别 1 的概率为 $P(Y=1)$。

2）将计算出来的概率值映射到类别，确保每个值只映射到一个类别中去。将需要使用概率的分界点来确保每个事件都能进入其中一个分类。对于二分类的情况，可将 $P(Y=1) > 0.5$ 映射到类别 1，将 $P(Y=1) < 0.5$ 映射到类型 0。

模型

假设 y_i 服从正态分布，y_i 的取值为 0 或 1。这里的 i 取值范围为 0，1，2，$\cdots$，n。

这里的 y_i 取值范围为 $\{0, 1\}$，$P(y_i=1)=p$，$P(y_i=0)=1-p$。

对于 $P(y_i=1)$，$Y=a+bx$。

另外，$p_i = a + bx_i$。

请记住，这里的 p_i 的并没有介于（0，1）之间，因此需要使用下面这个非线性函数来进行转换：

$$p_i = \frac{1}{1 + e^{-(a+bx_i)}} （该函数被称为逻辑斯谛响应函数）$$

显然，随着变量 x 在 $-\infty$ 与 ∞ 之间变化时，p 的值在 0~1 之间变化。换句话说，表达式 $a + bx_i$ 可以用下面的式子来表示：

$$\log \frac{p_i}{1 - p_i} = a + bx_i$$

$$\frac{p_i}{1 - p_i} = e^{\hat{a} + \hat{b}x_i}$$

$$\hat{p_i} = \frac{e^{\hat{a} + \hat{b}x_i}}{1 + e^{\hat{a} + \hat{b}x_i}}$$

下面的曲线展示了逻辑斯谛响应函数的变化方式：

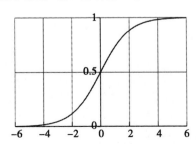

10.2.6 泊松回归

泊松回归（poisson regression），在广义线性模型的范畴里来说，是专门分析响应变量为计数变量的回归模型。样本中的解释变量满足泊松分布，连接函数是响应变量的对数，响应变量可以通过一些未知参数的线性组合来建模。

10.3 实现线性回归和逻辑回归

本章相关的随书源码介绍了线性回归、GLM 的实现，可参考源码路径 . . ./chapter10/. . .，每个子文件夹对应一种具体的回归技术。

1. 使用 Mahout

参考文件夹：. . ./mahout/chapter10/linearregressionexample/

参考文件夹：. . ./mahout/chapter10/logisticregressionexample/

2. 使用 R

参考文件夹：. . ./r/chapter10/linearregressionexample/

参考文件夹：. . ./r/chapter10/logisticregressionexample/

3. 使用 Spark

参考文件夹：. . ./spark/chapter10/linearregressionexample/

参考文件夹：. . ./spark/chapter10/logisticregressionexample/

4. 使用 Python（scikit-learn）

参考文件夹：. . ./python-scikit-learn/chapter10/linearregressionexample/

参考文件夹：. . ./python-scikit-learn/chapter10/logisticregressionexample/

5. 使用 Julia

参考文件夹：. . ./julia/chapter10/linearregressionexample/

参考文件夹：. . ./julia/chapter10/logisticregressionexample/

10.4 小结

在本章中，读者学习了基于回归分析的机器学习方法，特别介绍了如何在 Mahout、R、Python、Julia、Spark 等框架中实现线性回归和逻辑回归。另外，也介绍了与此相关的统计学概念，如方差、协方差、ANOVA 等。在范例中，深入介绍了各种回归模型以帮助读者理解如何使用回归模型解决现实问题。下一章中讲介绍深度学习相关技术。

第 11 章
深 度 学 习

目前为止，我们介绍了不少有监督学习、半监督学习、无监督学习，以及强化学习技术和算法。本章我们将介绍神经网络及其与深度学习实践的关系。传统的机器学习方式是编程告诉计算机做什么，而神经网络是将观测数据作为主要输入源，从中学习规律和发现解决之道。神经网络效果的好坏取决于模型是如何训练的（亦取决于观测数据的质量）。深度学习是关于上述神经网络的学习方法。

随着技术的进步，这些技术已飞跃到一个新的高度，显示出惊人的效果，并用于解决计算机视觉、语音识别和自然语言处理（Natural Language Processing，NLP）中的部分重点和难点课题。Facebook、Google 等众多巨头大量采用了深度学习技术。

本章的主要目的是巩固对神经网络和深度学习相关技术知识的掌握。本章以一个复杂的模式识别问题为例，介绍了一个经典神经网络的训练过程，读者可以借鉴这个例子解决难度类似的问题。下图列出了本书涉及的全部机器学习方法，突出显示部分为本章核心主题——深度学习。

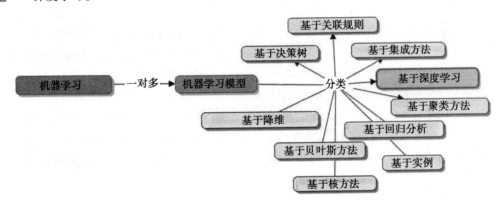

本章将深入探讨以下主题：

- 快速回顾机器学习的目标和类型，以及深度学习的产生背景及其解决特定领域问题的各种细节。
- 神经网络概述：
  - 人类大脑结构对神经网络的重要启发。
  - 神经网络结构的类型和部分基本神经元模型。
  - 一个简单的机器学习示例（手写数字识别）。

　　　○ 简要回顾感知器（perceptron）、第一代神经网络，及其擅长和不擅长的领域。
- 线性输出神经元和逻辑输出神经元（linear and logistic output neuron）概述。讨论反向传播（back propagation）算法，并应用反向传播算法的导数法则解决实际问题。
- 认知科学、SOFTMAX 输出函数，以及多输出处理场景等概念。
- 使用卷积神经网络（Convolution Neural Network，CNN）解决目标检测和数字识别问题。
- 循环神经网络（Recurrent Neural Network，RNN）和梯度下降法。
- 主成分分析和自动编码器等信号处理算法；自动编码器类型，包括深度自动编码器和浅层自动编码器。
- 基于 Apache Mahout、R、Julia、Python（scikit-learn）和 Apache Spark 的深度学习实战。

11.1　背景知识

　　首先复习一下机器学习的预备知识，以便加深对机器学习算法目标和背景的认识。我们知道，机器学习是使用观测数据建立模型来训练机器，而非为当前数据直接编写描述该模型的具体代码来解决特定分类问题和预测问题的。前面提到的术语"模型"在文中只具有"系统"的含义。

　　通过数据生成系统程序，看起来和手写代码大为不同。即使数据发生变化，程序仍能基于新数据重新训练，调整模型。因此拥有处理大规模数据的能力才是正道，而非让一个熟练的程序员编写代码覆盖所有条件分支，因为这样仍不可避免地犯下严重错误。

　　我们以机器学习系统——垃圾邮件分类器为例。这个系统的主要功能是确定哪些是垃圾邮件，哪些不是。这个例子中，垃圾邮件分类器没有以硬编码方式来处理各类邮件，而是从数据中学习规律。正因为如此，这类模型的精度取决于观测数据的好坏。换句话说，从原始数据中提取的特征只有涵盖了模型的所有数据状态，模型才会足够精准。特征提取器构造出来以后，可以提取给定数据样本的标准特征供分类器或预测器使用。

　　其他例子还有模式识别方面如语音识别、对象识别、人脸检测等方面的应用。

　　深度学习是一种机器学习算法，它尽可能学习到输入数据的主要特征，并减少为每类数据（如图像、语音等）构造特征提取器的工作量。对于人脸检测问题，深度学习算法会记录或学习如鼻子长度、两眼间距、眼球颜色等特征。深度学习解决分类或预测问题使用的数据和传统的浅层学习算法（shallow learning algorithm）截然不同。

11.1.1　人类大脑结构

　　大脑是人体最神奇的器官之一。有了大脑，我们人类才有了智能。大脑收集我们触觉、嗅觉、视觉、视野、听觉的感官经验，构建了人类的感知体系。大脑收集这些经验，会保存为记忆和情绪。说到底，人类因为有了大脑，才有智能；没有大脑，可能只是世界上的原始生物。

　　新生儿的大脑能解决那些复杂而强大的机器都解决不了的问题。实际上，婴儿生下来的头些天，已经开始学会辨认父母的外表和声音，父母不在一边时会流露出翘首顾盼的表情。

过了一阵，婴儿开始将声音与物体关联起来，甚至能辨认周围的物体。那么，他们是怎么做到的呢？婴儿遇到狗时，怎么辨认出它是一条狗？还有，他们能将狗叫声和狗联系起来，并模仿狗叫吗？

答案很简单。婴儿每次见到狗，父母都会告诉他这是狗，从而得以不断完善大脑模型。即使他们误导孩子，婴儿的大脑模型照样收录这些信息。这样他就记得，狗有长长的耳朵，长长的鼻子，四条腿，长长的尾巴，黑色、白色、棕色，颜色各异，能发出吠叫。狗的这些特点通过视觉和听觉传达到婴儿的大脑。因此所积累的观测数据方便今后识别任何新看到的东西。

比如说，婴儿第一次看见狼，会注意到相似特征把狼辨认成狗。但如果父母一开始就告诉了确切的差异比如声音的差异，婴儿会当作一种新经验记下来，下次听到即可派上用场。类似的经验掌握得越多，婴儿的大脑模型进化得越准确；整个过程是潜意识的。

这些年我们一直努力不懈，试图造出像人类一样具有智能的机器。我们讨论动作举止像人的机器人，它们和人类一样能高效地完成某些特定工作，如驾驶汽车、打扫房屋等。怎样才能把机器变成机器人？我们可能得构建某些超复杂的计算系统来实现人脑不加思索就解决的问题。这种构建人工智能系统的领域称为深度学习。

下面列出部分深度学习的正式定义：

维基百科将深度学习定义为一组机器学习算法族，通过多个非线性变换组成的模型架构，将数据中的高级抽象概念表示为模型。

http://deeplearning.net/网站将深度学习定义为机器学习研究的全新领域，旨在推动机器学习迈向其最初目标——人工智能。

深度学习已历经数年发展；近年来的研究热点见下表一览：

研 究 领 域	年 份
神经网络	1960
多层感知器（Multilayer Perceptron）	1985
受限玻尔兹曼机（Restricted Boltzmann Machine，RBM）	1986
支持向量机（Support Vector Machine）	1995
Hinton 提出深度信念网络（DBN），重新点燃了人们对深度学习和受限玻尔兹曼机（RBM）的兴趣，越来越多的人在 MNIST 中使用这些技术	2005
深度循环神经网络（Deep Recurrent Neural Network）	2009
卷积 DBN（Convolutional DBN）	2010
最大池化 CDBN（Max-Pooling CDBN）	2011

深度学习领域众多学者中，涌现出 Geoffery Hinto、Yann LeCun、Honglak Lee、Andrew Y. Ng 和 Yoshua Bengio 等领军人物。

下面概念图概括了深度学习的各个领域和本章涉及的主题：

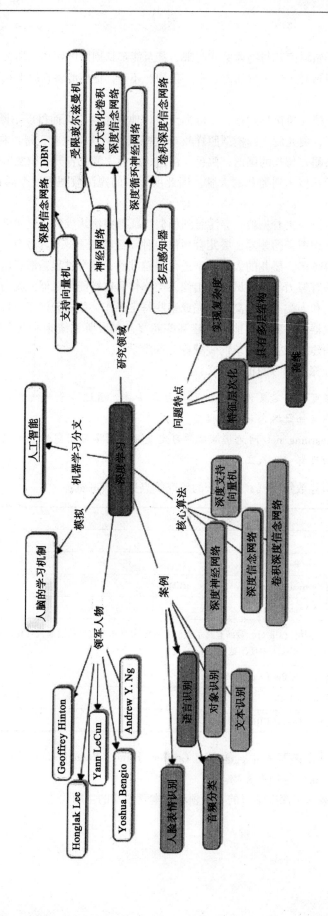

现在考虑一个简单问题，其要求是对下面的手写数字进行识别：

这个问题对于人类的大脑简直是小儿科，我们马上能认出上面的数字是 287 635。人类大脑之所以能毫不费力地辨认数字，是因为认知系统帮我们屏蔽了这个过程背后的复杂机制。我们大脑的视觉皮层，经过日复一日的进化能够感知各种形象，每部分皮层包含超过 1.4 亿个神经元，皮层之间存在数十亿个连接。一句话，我们的大脑不仅是一个历经数百万年进化的超级计算机，而且能完美地适应这个大千世界。

如果计算机程序要攻克数字识别问题，那么识别和区分数字的一系列规则是什么？

神经网络这一领域学术界已研究多年，以解决多层学习问题著称。其总体思路是输入大量手写数字样本，从中学习出识别规则，训练样本的样例如下图所示。换言之，这些规则可以从所给的训练样本自动推导出来。因此训练样本量越大，预测越准确。如果交给我们一个需求，要求区分数字 1 和 7，数字 6 和 0，则需要学习一些细微差异。数字 0 的起始点距离太近，乃至可以忽略不计。

这些机器学习算法的不同之处本质在于它们是模仿人脑设计的。我们应该思考一下问题的难点究竟在哪。

总之，深度学习是机器学习的分支，涉及样本获取和模型训练等技术，模型能进行模式评估，发生错误时能迭代改善自身。因此，模型只要经过一定时间迭代，总能求出问题的可能最优解。

模型用数学语言来描述可定义为函数 $f(x,\theta)$。

此处 x 是一组输入向量，θ 是模型对 x 进行预测和分类的参数向量。对于 θ，我们必须获取尽可能完整的训练样本以提高模型的精度。

举个例子，比如说想预测餐厅的顾客是否会再次光临，其结果取决于两个因素：一是账单花销（x_1），二是他/她的年龄（x_2）。我们收集特定时间段的数据加以分析，得到输出值

可能为 +1（顾客再次光临）或者 -1（顾客没有再次光临）。可以用任何形式——如线性关系或任何其他复杂形式绘制数据，绘制结果如下图所示：

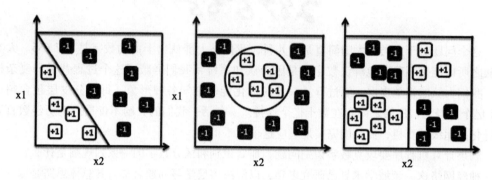

线性关系看上去直接明了，复杂形式则使动态模型更加复杂。参数 θ 可以取得最优值吗？我们可能要用到最优化方法，接下来的几个章节将一一介绍这些算法，如感知器和梯度下降法等。如果我们想通过编程来实现这些算法，首先得了解大脑识别数字的原理，即使我们有所了解，程序本身仍可能非常复杂。

11.1.2　神经网络

神经计算一直是研究的热点，旨在理解神经元的并行计算机制（灵活连接的概念），模仿人脑解决各种实际问题。我们先来看看人脑的基本核心单元——神经元：

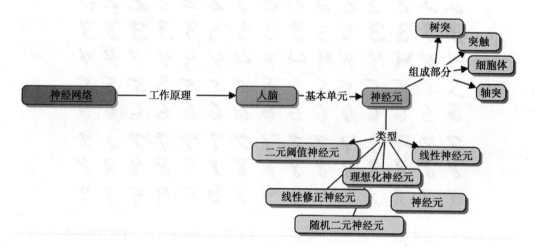

1. 神经元

大脑是由神经元（neuron）与神经元连接组成。神经元是大脑的最小组成单元，大脑一个小米粒大小的部分至少包含 10 000 个神经元。每个神经元与其他神经元之间平均存在 6000 个左右连接。神经元的一般结构如下图所示。

人所经历的种种感觉，无论是思想还是情感，都源自大脑中数以百万计的细胞神经元。神经元彼此之间通过信息传递进行通信，使人类产生感觉，触发行为，形成感知。生物神经元的构造和局部形态见下图：

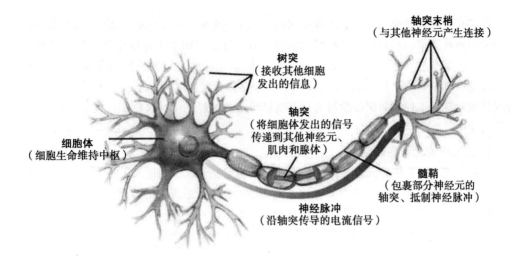

神经元有一个中心细胞体（central cell body）；作为普通细胞，通常包含轴突（axon）和树突（dendritic tree），轴突向其他神经元发送信息，树突从其他神经元接收信息。轴突和树突的接触部位称为突触（synapse）。突触具有一个很有意思的器官构造。它含有触发信息传输的递质粒子（transmitter molecule），这些粒子带正电或负电。

神经元的输入信息汇聚在一起，一旦超过某个阈值，将产生电位尖峰传递到下一个神经元。

2. 突触

下图给出了突触的模型，信息从轴突传递到树突。突触的作用不仅是传递信息，实际上它也能根据信号传输控制信息，学习历史活动记录。

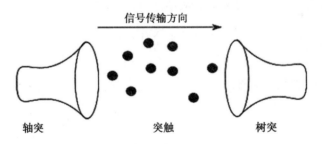

作为机器学习领域的仿生对象，神经元的输入连接强度取决于其使用频率，进而影响神经元输出。这就是人类潜意识学习新概念的机制。

还有一些外部因素如药物或人体化学物质可能影响学习过程。

现在我们总结一下大脑内部的学习特点：

- 神经元与其他神经元通信，有时也与受体通信。皮层神经元使用尖峰电位通信。
- 神经元之间的连接强度可以改变。连接强度可能出现正值或负值，产生方式是通过建立或删除神经元连接，或者通过某个神经元作用于其他神经元来增加连接强度。造成这一长期影响的过程，称为长时程增强（long-term potentiation，LTP）。
- 具有权重因子的神经元大约有10^{11}个，因而大脑比工作站计算效率更高。
- 最后一点，大脑是模块化的；大脑皮层不同的部位完成不同的功能。有些皮层部位的工作需要吸纳更多血液，确保运转正常。

我们在把神经元模型化为人工神经网络（Artificial Neural Network，ANN）之前，先了解神经元的各种类型，特别是人工神经元和感知器，其作用相当于深度学习中的生物神经元。我们在上一节举过一些例子，发现这种简化方法非常有效。ANN 也称为前馈神经网络、多层感知器（Multi-Layer Perceptron，MLP），近来又称为深度学习网络。机器学习的一个重要特点是依赖特征工程，而深度学习可从多层已学习的神经元中获取特征，属于依赖特征工程最低的应用。

3. 人工神经元和感知器

如前所述，人工神经元显然是受生物神经元的启发。这里列出人工神经元的几个特点：

- 有一组输入单元接收来自其他神经元的输出，激活系统中的神经元
- 有一个信号变换的输出发射器或其他神经元的激活函数
- 最后，有一个核心处理单元将从输入激活转换成输出激活

把神经元理想化处理是一个建模的过程。简单来说是一个简化过程。经过简化，可以运用数学工具进行相关的模拟。对于这类模型，我们可以方便地加入复杂因素，增加确定条件下模型的鲁棒性。简化过程中要注意确保起重要作用的因素不被剔除。

（1）线性神经元

线性神经元（linear neuron）是最简单的神经元结构，可表示如下：

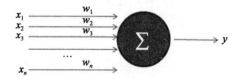

输出 y 定义为输入 x_i 与其权重 w_i 的乘积之和。用数学公式表示如下：

$$y = b + \sum_{i=1}^{n} (w_i x_i)$$

此处 b 为偏置项。

上述方程的函数曲线见下图：

（2）修正线性神经元线性阈值神经元

从前面章节的介绍可知，修正线性神经元/线性阈值神经元（rectified linear neuron/linear threshold neuron）和其他线性神经元性质差不多，略微不同的是输出参数小于（<）零（0）时置为零，而输出值大于（>）零（0）时，仍保持为输入参数的线性加权和：

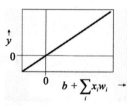

$$z = b + \sum_{i} x_i w_i$$

$$y = \begin{cases} z, & 若 z > 0 \\ 0, & 其他 \end{cases}$$

（3）二元阈值神经元

McCulloch 和 Pitts 于 1943 年提出了二元阈值神经元（binary threshold neuron）。这类神经元和线性神经元一样，会先计算输入并加权求和。如果该值超过给定阈值，则产生固定大小的活动峰值。峰值称为命题真值。另一个重点是输出。任何给定时间点的输出都是二值（0 或 1）。

这里给出了演示这种行为的公式：

$$z = \sum_{i=1}^{n}(w_i x_i)$$

如果 $z \geq \theta$，$y=1$，否则 $y=0$，这里的 $\theta = -b$（bias）。或者有：

$$z = b + \sum_{i=1}^{n}(w_i x_i)$$

如果 $z \geq 0$，$y=1$，否则 $y=0$。

上述方程的函数曲线见下图：

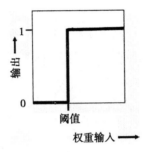

（4）sigmoid 神经元

大多数人工神经元采用 sigmoid 神经元（sigmoid neuron）。sigmoid 神经元能产生平滑、实值的输出，因此可作为所有输入的有界函数。sigmoid 神经元和我们目前了解的神经元类型不同，采用的是逻辑斯谛函数。

逻辑斯谛函数求导方便，简化了机器学习过程。导数值可用来计算权重。以下是 sigmoid 神经元输出函数的方程：

$$z = b + \sum_{i=1}^{n}(w_i x_i)$$

$$y = \frac{1}{1 + e^{-z}}$$

图形表示如下：

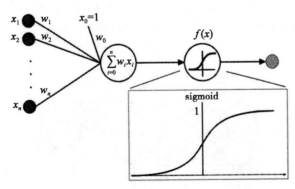

（5）随机二值神经元

随机二值神经元（stochastic binary neuron）的方程和逻辑斯谛函数一样，有个重要的不同在于要估计输出的概率，从而确定短时间窗口内产生峰值的概率。方程定义为：

$$z = b + \sum_{i=1}^{n} (w_i x_i)$$

$$p(s = 1) = \frac{1}{1 + e^{-z}}$$

方程的图形表示如下：

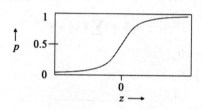

综上所述，我们可以看到，每个神经元都会对一组输入参数加权求和，再经过非线性激活函数加以计算。修正线性函数通常用于解决回归问题，逻辑斯谛函数通常用于解决分类问题。神经元的通用结构总结如下：

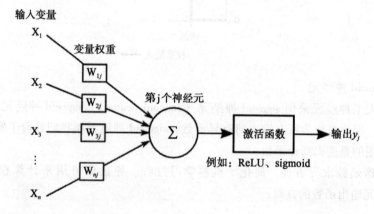

接下来这些输入会经过若干层神经元进行处理。我们接下来研究后续会发生什么以及是如何发生的。输入层接收输入参数，作为隐藏层神经元的输入。隐藏层可以有多层，前一层的输出是后一层的输入。隐藏层各司其职。此外，隐藏层最后一层是输出层的输入。下面要介绍的是 ANN 的经典结构。下图的每个圆圈都代表一个神经元。贡献度分配路径（Credit Assignment Path，CAP）是指从输入到输出的路径。前馈网络的路径长度包括了输出层和隐藏层的总数。下图是具有单个隐藏层和层间连接的前馈神经网络：

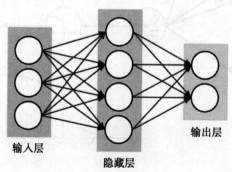

下图是两个隐藏层的例子：

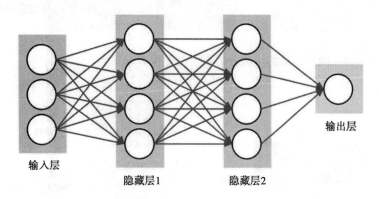

输入层　　隐藏层1　　隐藏层2　　输出层

4. 神经网络的容量

神经元和参数个数按如下方式计算：

- 对于单层网络的例子：

  神经元总数 $= 4 + 2 = 6$（输入层不计在内）；

  权重总数 $= (3 \times 4) + (4 \times 2) = 20$；

  偏置项总数 $= 4 + 2 = 6$，则可学习参数为 26 个。

- 对于两层网络的例子：

  神经元总数 $= 4 + 4 + 1 = 9$（输入层不计在内）；

  权重总数 $= (3 \times 4) + (4 \times 4) + (4 \times 1) = 12 + 16 + 4 = 32$；

  偏置项总数 $= 4 + 4 + 1 = 9$，可学习参数为 41 个。

那么，神经网络的最佳容量是多少？关键在于确定隐藏层的可能层数以及每层的节点数。确定了这些参数，也就确定了神经网络的容量。参数越大，神经网络支持的容量越大。

我们通过一个例子构造三种不同大小的隐藏层，生成如下分类：

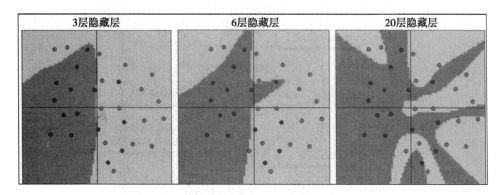

显然神经元越多，能表示的函数越复杂，这是优点，但是我们也要避免过拟合问题。因此，小规模的网络适用于数据简单的场合。随着数据复杂度的增加，神经网络要求更大的计算规模。解决模型复杂度和过拟合问题之间始终存在权衡取舍。深度学习克服了这个难题，因为它将复杂的模型应用于相对复杂的问题，又采用其他方法抑制了过拟合。

示例

下面是一个运用多层感知器算法进行人脸识别的例子：

多层感知器输入图片，最终生成分类器定义并保存起来。

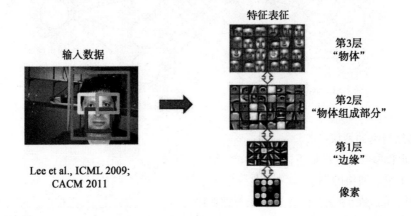

对于给定照片，神经网络的各层分别学习照片的不同部分，最后保存输出像素。

权重和误差度量的部分注意事项说明如下：

- 学习神经元权重的数据源是训练样本。
- 回归问题和分类问题的误差度量或损失函数不同。分类问题使用逻辑斯谛函数；回归问题使用最小二乘法。
- 这些方法使用梯度下降算法等凸优化技术更新权重，控制误差。

5. 神经网络类型

本节我们将介绍部分经典的神经网络类型。以下概念图列出了神经网络的几种主要类型：

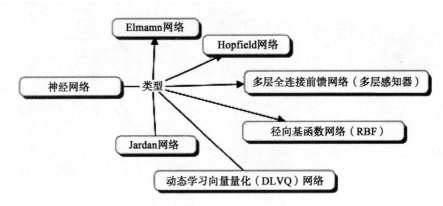

（1）多层全连接前馈网络或多层感知器

如神经网络的引言部分所述，MLP 是一个多层网络，前一层的输出是后一层的输入。多层感知器如下图所示：

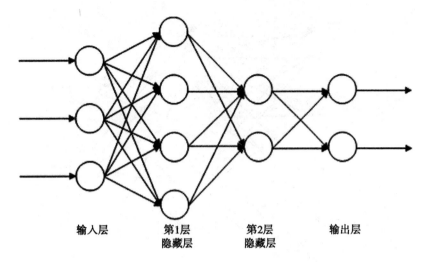

输入层　　　第1层　　　第2层　　　输出层
　　　　　　隐藏层　　　隐藏层

（2）Jordan 网络

Jordan 网络（Jordan network）属于局部循环网络。Jordan 网络在前馈神经网络的输入层内部增加了状态层神经元（context neuron）。状态层神经元是根据输入层神经元的直接反馈继续加强构造出来的。Jordon 网络的状态层神经元和输入层神经元个数总是一致。下图显示了两者输入层的不同之处：

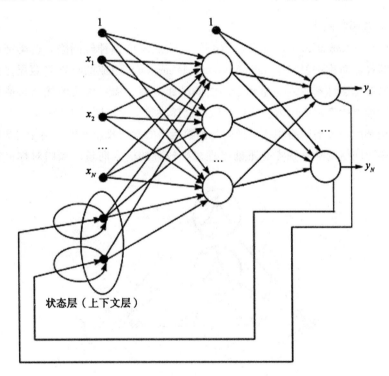

状态层（上下文层）

（3）Elman 神经网络

Elman 网络（Elman network）和 Jordon 网络一样，属于局部循环前馈网络。Elman 网络也有状态层神经元，此处的根本区别在于其状态层神经元从输出层而非隐藏层接收反馈信息。状态层神经元和输入层神经元的个数之间没有直接相关性；相反，状态层神经元与隐藏层神经元的个数相同。这样一来模型变得更加灵活可控，比如隐藏层神经元个数可以逐一确定：

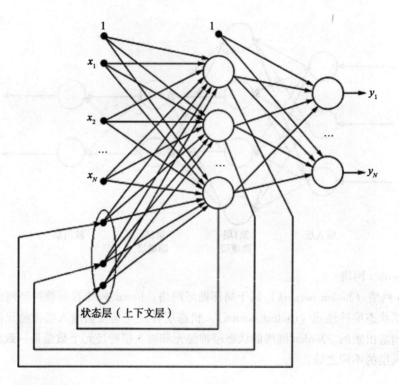

状态层（上下文层）

（4）径向基函数网络

径向基函数（Radial Bias Function，RBF）网络属于前馈神经网络。这类网络是由特殊的神经元，即径向对称神经元（radially symmetric neuron）组成的特殊隐藏层。这类神经元使用高斯径向基函数计算输入向量和中心之间的距离值。加入该层的优点是使系统能省去人工调参步骤即可确定网络层数。线性函数的选择决定了输出层是否最优。因此，和其他类型网络，甚至和反向传播网络相比，径向基函数网络的学习收敛速度也会相对更快。

径向基函数网络的唯一缺点是不能处理规模较大的输入向量。径向对称神经元组成的隐藏层如下图所示。

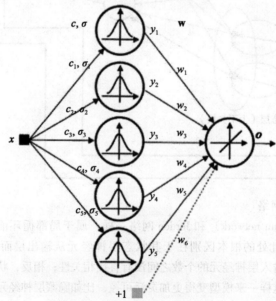

（5）Hopfield 网络

Hopfield 网络（Hopfield Network）涉及网络能量（energy of network）的概念。网络能量是指 Hopfield 网络局部最优极小值，它定义了函数的稳定状态。Hopfield 网络的目标是使系统达到稳定状态。当前一层的输出等于上一层的输出时，即达到稳定状态。下图显示了 Hopfield 网络是如何更新和管理输入和输出状态的：

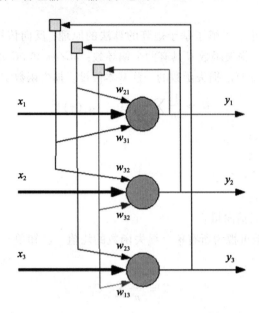

（6）动态学习向量量化网络

动态学习向量量化（Dynamic Learning Vector Quantization，DLVQ）网络模型是神经网络的另一种变体，开始只有少量隐藏层，随后会动态生成这类隐藏层。同一类别具有相似的模式，这一点很重要；这也使之最适合解决模式识别、数字识别等分类问题。

6. 梯度下降法

本节我们将介绍一种最流行的最优化算法，可以优化神经网络，最小化损失函数和误差，提高神经网络的准确性，这就是梯度下降（gradient descent）法。下图对比了实际值和预测值，预测值中包含部分预测错误的情况。

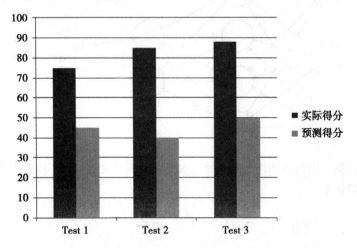

11.1.3 反向传播算法

梯度下降法解决了神经网络训练的难题，提高了神经网络学习权重和偏置的效率。此外，要计算损失函数的梯度，我们要用到反向传播算法。反向传播算法于20世纪70年代首次提出，到了80年代在工程应用领域大放异彩。实践证明，神经网络选择反向传播算法之后学习速度要快得多。

我们从本章前面的小节了解了基于矩阵的算法的原理；反向传播算法使用了类似的记法。给定权 w 和偏置 b，损失函数 C 具有两个偏导数：$\partial C / \partial w$ 和 $\partial C / \partial b$。

这里先给出反向传播算法损失函数的一些基本假设。损失函数定义如下：

$$C = \frac{1}{2n} \sum_x \| y(x) - a^L(x) \|^2$$

其中，n = 训练样本个数；

x = 单个训练集的总和；

$y = y(x)$ 是输出期望；

L = 神经网络总层数；

$a^L = a^L(x)$ 为输出激活向量。

假设1：总损失函数可视为所有单个损失函数的均值。已知单个训练集 x，损失函数可表示如下。

$$C = \frac{1}{n} \sum_x C_x$$

其中单个训练集的损失函数如下：

$$C_x = \frac{1}{2} \| y - a^L \|^2$$

基于这个假设，只要我们能计算出单个训练集 x 的偏导数 $\partial_x C / \partial w$ 和 $\partial_x C / \partial b$，求出所有训练集偏导数的均值即为总偏导数函数 $\partial C / \partial w$ 和 $\partial C / \partial b$ 的偏导数。

假设2：这个假设和损失函数 C 有关，C 可以看作关于神经网络输出的函数，如下所示。

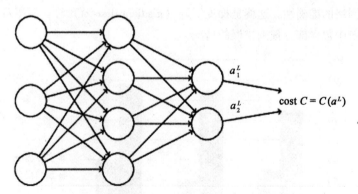

展开损失函数，则各训练样本集 x 的二次损失函数可表示如下。从上面看损失函数也可以当作输出激活函数。

$$C = \frac{1}{2} \| y - a^L \|^2 = \frac{1}{2} \sum_j (y_j - a_j^L)^2$$

反向传播是指权重和偏差对总损失函数的影响。

首先，我们计算第 l 层第 j 个神经元的误差 δ_j^l，然后利用该值计算该误差 δ_j^l 的偏导：

$$\frac{\partial C}{\partial w_{jk}^l}$$

及

$$\frac{\partial C}{\partial b_j^l}$$

第 l 层第 j 个神经元的误差函数 δ_j^l 可定义为：

$$\delta_j^l \equiv \frac{\partial C}{\partial z_j^l}$$

因此，第 L 层的误差 δ_L 同上计算。反过来这也有助于计算损失函数的梯度。

反向传播算法依次使用以下公式，如下所示。

公式 1：计算第 L 层第 j 个神经元的误差 δ_L。

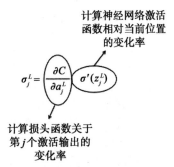

公式 2：通过下一层的误差 δ^{L+1}，计算层 L 误差 δ^L。

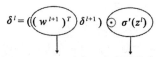

 哈达玛积是一种矩阵连乘技术，计算结果也是一个矩阵，矩阵每个元素的的值等于相乘的两个矩阵对应位置的元素乘积，如下式所示：

$$\begin{bmatrix} 1 \\ 2 \end{bmatrix} \odot \begin{bmatrix} 3 \\ 4 \end{bmatrix} = \begin{bmatrix} 1 \times 3 \\ 2 \times 4 \end{bmatrix} = \begin{bmatrix} 3 \\ 8 \end{bmatrix}$$

符号 $\odot$ 用于表示此方法。

公式 3：该式衡量对损失函数的影响，并给出偏差的变化。

$$\frac{\partial C}{\partial b_j^l} = \delta_j^l$$

那么，根据公式 1 和公式 2 可得：

$$\frac{\partial C}{\partial b} = \delta$$

这是因为误差值与偏导数变化率相同。

公式4：该式用于计算损失函数关于权重的变化率。

$$\frac{\partial C}{\partial w_{jk}^l} = a_k^{l-1} \delta_j^l$$

算法的每个阶段会有某些学习过程会影响网络的总体输出。

下面总结解释了反向传播算法：

1）输入层 x，当 $x=1$ 时 将激活置为 a^1。

2）对于其他每层 $l=2，3，4，\cdots，L$，计算激活为：

$$z^l = \omega^l a^{l-1} + b^l \quad 和 \quad a^l = \sigma(z^l)$$

3）使用公式1和公式2计算误差 δ_L。

4）当 $l=L-1，L-2，\cdots，2，1$，使用公式3反向传播误差。

5）最后，使用公式4计算损失函数的梯度。

如果我们留心反向传播算法步骤，会发现误差向量 δ^l 是从输出层开始反向计算。这是因为损失函数是神经网络的输出函数。要取得前面的权重对损失函数的影响，需要向后逐层应用链式法则。

11.1.4 Softmax 回归算法

Softmax 回归也被称为多分类逻辑回归。由于本书回归算法相关章节已介绍过，本节不再赘述逻辑回归的概念。不过，我们还是深入了解一下在深度学习实际应用中是如何在手写数字识别问题中运用这项技术的。

Softmax 回归是逻辑回归的推广，可以处理多个分类。我们知道，逻辑回归的输出结果是两类 $\{0，1\}$。Softmax 回归擅长处理形如 $y(i) \leftarrow \{1,\cdots,n\}$ 的问题而不只是二分类问题，此处 n 表示类别的个数。MNIST 手写数字识别问题中 n 的值为10，表示10个不同类别。因此对于 MNIST 手写数字识别问题，我们会定义 $K=10$ 个不同的类别。

由于 Softmax 回归算法能够处理多个分类，因此在基于神经网络解决问题的领域得到积极采用。

11.2 深度学习类型

深度学习问题的特征学习类型总结如下：

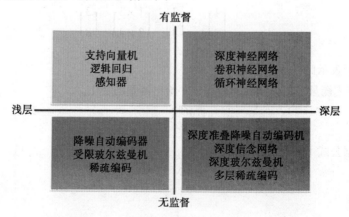

下面列出了一些开发神经网络程序的框架：

- Python 库 Theano
- 基于 Lua 的 Torch
- Deeplearning4J。一个基于 Java 的开源框架，依赖 Spark、Hadoop
- Caffe。一个基于 C++ 的框架

11.2.1　卷积神经网络

卷积神经网络（CNN Convolutional Neural Network）又称为卷积网络（ConvNet），是标准神经网络的一种变体。

我们先回顾一下标准神经网络的功能结构。标准神经网络的各隐藏层神经元与邻层神经元相连，一组输入向量要依次经过多个隐藏层加工变换。最后一层输出结果。该层称为输出层。

由于神经网络的输入层是二维图像，无法映射为单维向量结构，复杂程度随之增加。CNN 稍加变化，把输入层假设成具有深度（D）、高度（H）、宽度（W）的三维向量。这种假设改变了神经网络的组织和运行方式。下图是标准三层神经网络与 CNN 的对比。

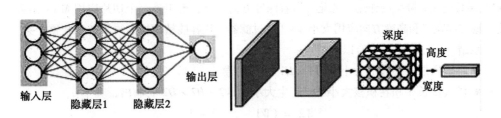

从上图可见，卷积神经网络将神经元排列成三维向量；经过每层神经元激活函数加工变换，产生三维输出向量。

卷积网络架构由一些固定的单元层次组成，它们各有用途。最核心的几层如下：

- 卷积层（convolutional layer，CONV）
- 池化层（pooling layer，POOL）
- 全连接层（full-connected layer，FC）

某些情况下，激活函数单独成层（如 RELU）；可能存在用作全连接层转换的独立的归一化层。

1. 卷积层

卷积层（CONV）是卷积网络的核心。该层将神经元表示为三维向量，其输出同样为三维向量。以下是大小为 $32 \times 32 \times 3$ 的输入向量示例。如图所示，每个神经元对应输入层的特定区域。深度方向可以排列多个神经元，下面的示例中是 5 个神经元。

网络卷积函数表示神经元函数的作用如下图所示：

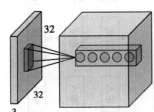

也就是说，神经元的核心功能没有变，依然用于计算权重和输入之积，体现非线性性质。唯一的区别是增加了局部连接的限制。

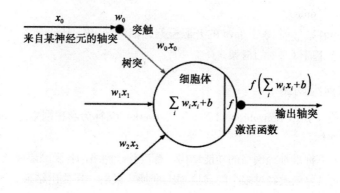

2. 池化层

神经网络可以存在多个卷积层，卷积层之间也可以增加池化层（POOL）。池化层的作用是对输入卷降维，从而减少过拟合的几率。降维可以减少参数的数量和神经网络的计算量。MAX 函数能起到降维的作用。池化层沿着深度方向，对三维矩阵每个切片应用 MAX 函数。池化层通常在宽度和高度方向应用大小 2×2 的过滤器。这样能精简掉大约75%的权重个数。

总结一下，池化层具有以下特点：

- 将输入层始终看成大小为 $W1 \times H1 \times D1$ 的卷
- 代入步长 S 和卷积核大小 F，产生大小为 $W2 \times H2 \times D2$ 的输出，其中：

$$W2 = (W1 - F)/S + 1$$
$$H2 = (H1 - F)/S + 1$$
$$D2 = D1$$

3. 全连接层（FC）

全连接层与标准神经网络或传统神经网络十分相似，其作用是与上一层权重单元建立全连接。连接的权重可以利用矩阵乘法技巧进行计算。具体介绍请参阅本章前面的章节。

11.2.2 循环神经网络

循环神经网络（Recurrent Neural Network，RNN）是一种能够高效记忆信息的特殊神经网络。由于其隐藏状态是分布式存储，因而保存更多历史数据。RNN 同样使用非线性函数更新隐藏状态。RNN 隐藏状态的连接方式如下图所示：

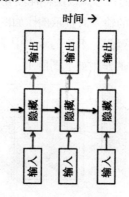

现实的大多数情况是输入和输出并非彼此独立。比如，如果我们想预测下一个词，必须知道前面说了什么。顾名思义，"循环"一词是指"循环"神经网络周而复始地执行相同的计算，后一阶段的输入是前一阶段的输出。RNN 并非总是执行完整的迭代轮次，一般只回溯几次。下图解释了 RNN 的工作原理，并显示了 RNN 展开迭代的过程：

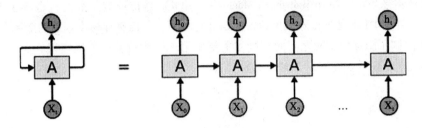

上例的要求是预测下一个单词，如果输入层有五个单词，RNN 则展开五层。

11.2.3　受限玻尔兹曼机

为了克服 RNN 模型训练遇到的困难，人们提出了受限玻尔兹曼机。受限循环模型（restricted recurrent model）的产生，简化了问题背景，解决了模型训练的难题，其中也利用了机器学习算法。Hopfield 神经网络正是解决上述问题的一个特殊受限模型。

首先问世的是玻尔兹曼机（Boltzmann machine）。这类模型是 Hopfield 神经网络随机化的特例。对于玻尔兹曼机，神经元分为两类：一类产生可见状态，另一类产生隐藏状态。有点像隐马尔可夫模型。RBM 也是玻尔兹曼机的特例，主要区别在于同一层神经元之间没有连接。因此给定一组神经元的状态，另一组神经元的状态不受影响。下图给出了典型的 RBM 结构和前面的模型定义：

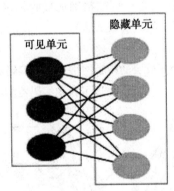

这一定义的更深层解释是，神经元的部分可见状态可观测，隐藏状态不可见或不能直接观测。根据已知的可见状态，即可推测出隐藏状态的概率，这就是模型训练的过程。

RBM 限制层内连接，反过来也简化了推导和学习。RBM 通常只迭代一次即可达到稳定状态，可见状态同时收敛。以下公式显示了可见状态已知的条件下，如何计算隐藏状态的概率：

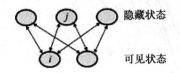

$$p(h_j = 1) = \frac{1}{1 + e^{-(b_j + \sum_{i\in vis} v_i w_{ij})}}$$

11.2.4 深度玻尔兹曼机

深度玻尔兹曼机（Deep Boltzmann Machine，DBM）是传统玻尔兹曼机舍弃了大量连接的特例，另外 DBM 不是串行随机更新，而是并行更新，从而确保模型训练的效率。

DBM 限制了隐藏层单元之间的连接，主要使用未标注数据来训练模型。而标注数据用于模型调优。下图给出了三层 DBM 的通用结构：

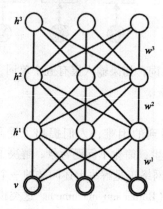

11.2.5 自动编码器

我们在了解自动编码器（autoencoder）之前，先了解自动关联器（Autoassociator，AA）。AA 的作用是尽可能精确地接收输入。

一个单独的自动关联器的作用是尽可能精确地接收输出作为输入的图像。自动关联器有两类：一类是生成式 AA，另一类是合成式 AA。上一节介绍的 RBM 可归为生成式 AA，而自动编码器可归为合成式 AA。

自动编码器是一种具有单个开放层的神经网络。自动编码器使用了反向传播和无监督学习算法，假设目标值等于输入值 $y = x$。下图描述了自动编码器学习函数 $h_{w,b}(x) \approx x$ 的过程：

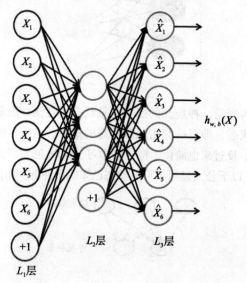

中间层是开放的，且如上图所示，关键在于神经元个数少于输入层神经元个数，从而产生最优输出。自动编码器的目标是学习恒等函数的逼近形式，使L_3层的值等于L_1层的值。

数据从输入层到输出层的传递过程中会被压缩。将某个像素大小比如100（10×10）像素的图像，输入到隐藏层包含50个神经元的模型时，要求网络尽可能压缩图像来保持像素画质完好无损。但是只有模型中存在隐含连接，且具有对输入起降维作用的特征相关性时，数据才有可能被压缩。

自动编码器另一种变体是去噪自动编码器（denoising autoencoder，DA）。去噪自动编码器变体的不同之处在于其具有修复和恢复受损输入影响的状态。

11.3　实现 ANN 和深度学习方法

本章相关的随书源码介绍了人工神经网络和其他深度学习算法的实现，可参考源码路径 .../chapter11/...，每个子文件夹对应具体平台或框架中的实现。

1. 使用 Mahout

参考文件夹：.../mahout/chapter11/annexample/

参考文件夹：.../mahout/chapter11/dlexample/

2. 使用 R

参考文件夹：.../r/chapter11/annexample/

参考文件夹：.../r/chapter11/dlexample/

3. 使用 Spark

参考文件夹：.../spark/chapter11/annexample/

参考文件夹：.../spark/chapter11/dlexample/

4. 使用 Python（scikit-learn）

参考文件夹：.../python-scikit-learn/chapter11/annexample/

参考文件夹：.../python-scikit-learn/chapter11/dlexample/

5. 使用 Julia

参考文件夹：.../julia/chapter11/annexample/

参考文件夹：.../julia/chapter11/dlexample/

11.4　小结

本章介绍了生物神经元的模型，人工神经元与其功能的关系。读者从中学习了神经网络的核心概念，以及全连接神经网络的工作原理。我们也研究了结合矩阵乘法使用的部分核心激活函数。

第 12 章
强化学习

我们在第 5 章中，通过多个算法深入了解了有监督学习方法和无监督学习方法。本章我们接着介绍另一种与有监督学习和无监督学习截然不同的机器学习方法，即强化学习（Reinforcement Learning，RL）。强化学习是一种智能体根据环境反馈进行学习的特殊的机器学习方法，具有迭代性、自适应性的特点。强化学习公认为是接近于人类的学习方式。强化学习的主要目的是决策判断，决策的核心框架是马尔可夫决策过程（Markov's Decision Process，MDP）。本章我们将介绍部分基础强化学习方法如时序差分（Temporal Difference，TD）、确定等值（certainty equivalence）、策略梯度（policy gradient）、动态规划（dynamic programming）等。本章要介绍的数据架构模式如下图所示：

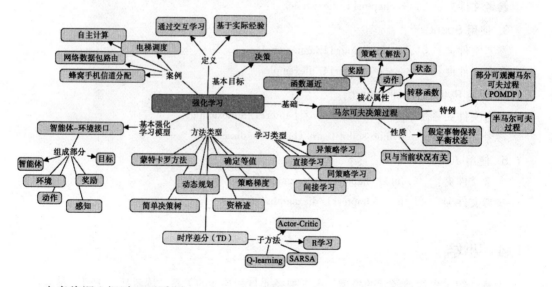

本章将深入探讨以下话题：

- 回顾有监督学习、半监督学习、无监督学习的概念，以及强化学习的背景知识。
- 理解马尔可夫决策过程是理解强化学习的关键。考虑到这一点，本章还将介绍以下内容：
  - 马尔可夫决策过程的定义、主要特点、状态、奖励、动作和转移函数（含折扣系数）。
  - 马尔可夫决策过程的基本过程及其在决策过程中的作用。

　　　　○ 策略函数、价值函数（值函数）（存在多个奖励时又称为效用函数），以及无穷奖励序列的价值分配策略。
　　　　○ 贝尔曼方程——价值迭代（值迭代）和策略迭代。
- 有关强化学习的部分，我们将介绍以下内容：
　　　○ 马尔可夫决策过程的规划算法和学习算法。
　　　○ 强化学习的连接规划算法和函数逼近算法。
　　　○ 部分强化学习方法和算法，如简单决策论、时序差分（TD）、动态规划（dynamic programming）、策略梯度（dynamic programming）、确定等值（dynamic programming），以及资格迹（eligibility trace）。
　　　○ 以 Q-learning、Sarsa 为代表的核心算法。
　　　○ 强化学习的应用。

12.1　强化学习

　　我们先回顾监督学习、半监督学习和无监督学习的概念，以加深对强化学习背景知识的理解。我们在第 1 章中介绍了有监督学习、半监督学习、无监督学习等基本概念。归纳学习是一个推理过程，这个过程从某个特定信息开始，将当前实验结果运用到下一组实验，迭代计算得到模型。

　　下图列出了机器学习的各个领域分支。这些分支是关于机器学习算法的一种划分方式：

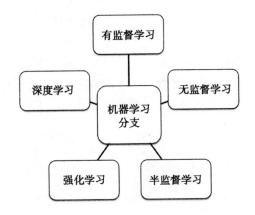

　　有监督学习是关于已知期望的学习，需要对给定的数据记录加以分析。这里输入数据集也称为标注数据集。有监督学习算法旨在建立输入输出特征的关系，并利用所建立的关系预测未知输入数据点的输出结果。前面章节所举的分类问题也属于有监督学习的例子。标注数据有助于建立可靠的模型，但是通常成本较高，规模有限。有监督学习的工作流程如下图所示：

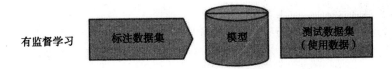

因此，这是一个函数逼近问题，我们的目标是根据已知 x，y 对，求得函数 f，将未知的 x 映射到恰当的 y：

$$y = f(x)$$

而对于部分机器学习问题，我们不关心任何具体目标；这类问题的学习即所谓的无监督分析或无监督学习。无监督学习旨在分析数据的内在结构，而非建立数据输入输出特征的映射关系，事实上无监督学习没有定义输出特征。因此这类学习算法适合处理未标注数据集。

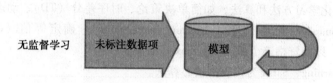

如果此处的目标是给定一组输入 x，求出函数定义 f，能简单刻画特征 x。这类算法称为聚类：

$$f(x)$$

半监督学习同时使用标注数据和未标注数据，从而可以学习到更为精准的模型。重点在于对未标注数据做出合理的假设，因为任何错误的假设都有可能导致模型失效。半监督学习受到人类学习方式的启发。

12.1.1 强化学习的背景知识

强化学习是一种侧重于根据结果获得最大回报的机器学习方法。例如，在培养孩子新习惯的时候，每当他们乖乖听话就略施小惠，这种做法很奏效。实际上他们学会了怎样去表现才能赢取奖励。这个过程正是强化学习，也称为信用评估学习（credit assessment learning）。

强化学习最重要的一点是，模型还要为获得定期奖励进行决策。因此强化学习不像有监督学习那样能立即看到结果，而可能要执行一连串步骤才能看到最终结果。理想情况下，强化学习能做出一系列能达到最大回报或最大效用的决策。

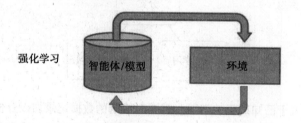

强化学习算法的目标是探索和利用数据，并做出有效的权衡取舍。例如，有人想从 A 点前往 B 点，可以选择包括空运、水路、陆路或步行在内等多种交通方式，其意义在于分析数据的同时，还要权衡取舍每种交通方式。另一个关键问题是回报发生延迟会产生什么后果？更进一步，回报延迟如何影响学习过程？比如对于棋类游戏，任何奖励判断发生延迟都可能改变或影响结果。

因此强化学习的表述形式与有监督学习非常像，区别在于输入不是 x，y 对，而是 x，z 对。我们的目标是根据已知的 x 和 z，求出函数 f 可以确定 y。下面的章节我们将进一步探讨 z 的含义。目标函数的公式定义如下：

$y = f(x)$，其中 z 已知。

强化学习的正式定义如下：

"强化学习是指一种不关注具体目标实现方式，通过奖惩反馈运行的程序智能体。"

Kaelbling, Littleman, &Moore, 96

总之，强化学习既不是一种神经网络类型，也不是取代神经网络的算法，而是一种独立的机器学习方法，强调学习反馈对于评估学习器效果的作用，此处学习器参数不便测量，具有非标准行为，如学骑自行车。

我们接下来了解标准强化学习或基础强化学习模型，理解各种动作要素。首先，我们要掌握一些基本术语。

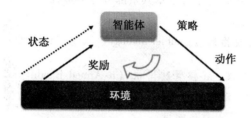

- 智能体（agent）：智能体是学习主体，也是决策主体，本书泛指智能程序。
- 环境（environment）：环境是一种实体，当智能体执行指定动作时会开辟一个新的场景。它会响应智能体执行的动作给予相应的奖励或反馈。简而言之，一切非智能体都是环境。
- 状态（state）：状态是动作进入实体的场景。
- 动作（action）：动作是由智能体执行并引起状态变化的步骤。
- 策略（policy）：策略定义为智能体如何在给定时间及时做出决策响应。它描述了状态到动作之间的映射，通常是简单的业务规则或函数。
- 奖励（reward）：奖励是促使动作达到目标所给予的短期收益。
- 价值（value）：强化学习的一个重要基础是价值函数（value function）。奖励函数（reward function）代表动作获得的短期收益或眼前利益，价值函数则关系长期回报。价值是指某一刻起开始累积的奖励期望。

1. 强化学习的例子

理解强化学习最简单的方式是了解它在实际生活和现实场景中的一些具体应用。本节我们会举例说明其原理。

- 国际象棋：国际象棋比赛中，棋手走棋，当前这一步走棋是根据对手若干步走棋而精心选择的动作。棋手下一步走棋取决于对手怎么下。
- 电梯调度：我们举一个楼层高、电梯多的大楼为例。核心优化目标是选择哪部电梯送到哪一层，这可归结为一个控制问题。输入是一排按下的通往其他楼层的按钮（电梯内外都有）、电梯所在的楼层，以及所经过的楼层。此例的奖励是电梯乘客的最短等待时间。系统会学习如何重新控制电梯；系统能通过模拟大楼环境的学习及过往记录估计动作的价值，学会电梯调度控制。
- 网络数据包路由：适用于制定动态网络路由策略的场景。Q-learning 算法（本章稍后介绍）用来判断数据包路由到哪个邻接节点。该例每个节点包含一个队列，一次分发一个数据包。

- 移动机器人的行为：移动机器人要考虑到达充电桩的历史速度，判断下一步动作是前往充电桩还是下个垃圾清理点。

2. 评价性反馈

强化学习有别于其他机器学习类型的一个重要特点是，训练信息用于评估特定动作产生的影响，而非盲目地告诉它要采取哪个动作。评价性反馈（evaluative feedback）会指出所采取动作的正确程度，而指导性反馈（instructive feedback）会指出哪个才是正确动作，而不关心这个动作是否已用过。虽然这两种机制并行不悖，但有些情况下会结合使用。本节我们将研究部分评价性反馈方法，为学习本章其余部分打下基础。

（1）n-摇臂赌博机问题

这个问题原本也叫赌徒推理（gambler analogy）问题，其正式定义如下：

> 根据维基百科的定义，n-摇臂赌博机（n-Armed Bandit problem）是这样一个问题，即由"赌徒"决定操作哪台机器、操作顺序和操作时长，赌徒不断操作机器并累积奖励，目的是取得最大整体回报。

我们考虑有大量候选动作的情况。每执行一个动作即产生一个奖励，我们的目标是确保挑选的动作序列能在一段时间内取得最大总回报。特定动作的选择称为一局。

举个解释 n-摇臂赌博机推理问题的例子，医生要从众多患者中挑选一位为其治病，其中选择动作的奖励是患者存活率（本例中为治愈）。这个问题的每个动作取决于已选择动作获得的奖励期望，即所谓的价值。如果所有动作的价值是已知透明的，解决 n-摇臂赌博机问题很容易，因为我们会选择价值最大的那些动作。然而只有一种可能，即我们只知道这些价值的估计值，不知道其真实值。

现在来了解一下利用和探索的区别。

如果保持价值估计值不变，选择具有最大价值的某个动作（该动作叫作贪婪动作），这种情况称为利用，即极尽利用了现有的知识。而其他任何选择非贪婪行为的情况会更倾向于探索，这有助于改善非贪婪动作的估计。利用有助于最大限度地提高奖励期望，但探索有助于提高长期总回报。探索的短期回报较少，但长期总回报可能多一些。所有动作既可以选择探索，也可以选择利用，只要能权衡运用这两项技术就可以达到良好的效果。

带着上面的理解，我们接下来了解部分算法，通过其计算出动作价值的最优估计并选择最合适的动作。

（2）动作—价值方法（action-value method）

假设动作 a 的价值为 $Q^*(a)$，则第 t 次动作的估计值为 $Q_t(a)I$，即选择该动作产生的奖励均值，用公式表示如下：

$$Q_t(a) = (r_1 + r_1 + \cdots + r_{ka})/ka$$

式中 r 表示奖励，ka 表示动作 a 的选中次数。这是一种动作价值估计方法，但不一定是最优方法。我们先这么用着，接下来看看选择动作的方法。

最简单的动作选择规则是选择动作期望价值最高的动作 a，多个动作同为最优时任选其一。那么已知执行次数 t，贪婪动作 a^* 的选择可表示如下：

$$Q_t(a^*) = \max_a Q_t(a)$$

根据定义，这种方法利用了当前动作是否为上佳选择的先验知识。另一种变通方法是，我们可以在大多数情况下选择贪心策略，但在某些情况下选择与价值估计无关的动作。由于选择的概率为 ε，这种方法称为 ε-greedy 方法。

（3）强化比较方法

我们已经知道，对于大多数的动作选择方法，奖励最高的动作比奖励较低的动作被选中的概率要高。问题的关键在于如何判断奖励的高低。我们需要一个参考值来确定奖励是高还是低。这个参考值称为参考奖励。参考奖励初始值可以置为此前获得的平均奖励。基于这种思想的学习方法称为比较强化方法（comparison reinforcement method）。这类方法都比动作—价值法效率高，也是本节将学习的 actor-critic 方法的基础。

3. 强化学习问题——以网格世界为例

我们借助一个著名的例子——网格世界（world grid）——来理解强化学习问题。如下面截图所示，这个特殊的网格世界是一张 3×4 的网格，作为世界复杂性的近似模拟：

1, 3	2, 3	3, 3	4, 3
1, 2	2, 2	3, 2	4, 2
1, 1	2, 1	3, 1	4, 1

这个例子把世界看成一个游戏，游戏开始位于初始状态即位置（1，1）。我们假设游戏可以采取四个动作：左移、右移、上移和下移。游戏的目标是让我们用这几个动作移动到（4，3）所在的目标位置。我们得绕开下图红框所示的位置（4，2）。

- 初始状态：位置（1，1）→ 世界游戏从这开始。
- 成功状态：位置（4，3）→ 世界游戏到这胜利结束。
- 失败状态：位置（4，2）→ 世界游戏到这失败告终。
- 世界游戏结束，我们得重来一遍。
- 墙：位置（2，2）所示的路障或墙。这个位置不能通行：

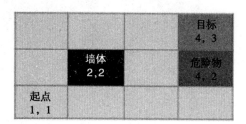

- 如果要从起点（1，1）到达目标（4，3），可按以下方向移动：

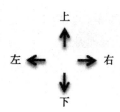

- 你沿着某个方向每走一步，会从一个位置移动到另一个位置（此处位置即状态）。比如你从位置（1，1）向上移动，将走到位置（1，2），依此类推。
- 不是随便哪个位置能走通全部方向。让我们考虑如下截图所给的例子。对于位置（3，2），只能上移、下移和右移。左移会撞到墙，因此走不通。也就是说，只有上移和下移才有意义，因为右移会进入危险区域，无法到达目标。

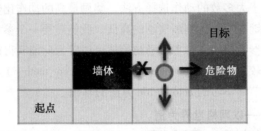

- 所网格边界的位置同样有方向限制。如位置（1，3）允许右移和下移，沿其他方向移动则无法改变位置。

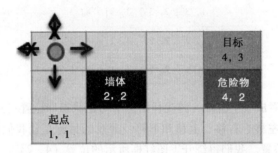

- 现在让我们考虑从起点（1，1）走到目标（4，3）的最短路径。有两条路线：
  - 路线1：右→右→上→上→右（总共5步）

  - 路线2：上→上→右→右→右（总共5步）

- 现实情况中不是所有动作都会按预期执行。因为存在影响性能的可靠性因素，或者说存在不确定性。如果我们给例子加上一条限定，每次执行一个动作从某个位置移动到另一个位置，正确移动的概率为 0.8。即按预期移动的概率是 80%。这种情况下如果想估计路线 1（右→右→上→上→右）成功的概率：动作按预期执行的概率 + 动作不按预期执行的概率 = $0.8 \times 0.8 \times 0.8 \times 0.8 \times 0.8$ + $0.1 \times 0.1 \times 0.1 \times 0.1 \times 0.8$ = $0.327\,68 + 0.000\,08 = 0.327\,76$

正如所料，不确定性因素确实改变了结果。下一节我们将讨论决策过程的框架，把握这些不确定性。

4. 马尔可夫决策过程

马尔可夫决策过程（Markov Decision Process，MDP）是一个基础性决策框架和决策过程，大多数适合强化学习的地方均有应用。马尔可夫性是马尔可夫决策过程的核心性质，它指出了起作用的因素是此刻或当前状态，平稳情况下的规则保持不变。可以尝试用 MDP 分析我们上一节所讨论的世界游戏，它具有以下特征：

- 状态（state）：上面例子的每个网格位置代表一种状态
- 模型（model）（转移函数（transition function））：转移函数包括三个属性：已知状态、动作和目标状态。它描述了已知当前状态 s 和动作 a，以及终止状态 s' 的概率：
$$T(s,a,s') \sim P(s'/s,a)$$
- 动作（action）：$A(s)$，上个例子中对于上→上→右→上→上的方案，有 $A(1,2)=$ 上
- 奖励（reward）：$R(s)$、$R(s,a)$、$R(s,a,s_1)$ 奖励是指进入某个状态所获取的效用
  $R(s)$：进入状态 s 获取的奖励
  $R(s,a)$：执行动作 a 进入状态 s 获取的奖励
  $R(s,a,s_1)$：状态 s 下执行动作 a，到达状态 s_1 获取的奖励
- 状态、动作、模型和奖励一道定义了 MDP 问题
- 策略：指的是问题的解，即什么状态下应该采取什么动作：
$$\pi(s) \to a$$

5. 基本强化学习模型：智能体—环境接口

我们已经了解到，强化学习问题是一种直接通过交互学习达到目标的方法。智能体是学习者或决策者，与环境发生交互，环境以外的一切事务负责产生奖励。智能体之外的一切事物称为环境。环境的完整要求被定义为任务——一个强化学习问题的简单实例。

下面的模型描述了智能体—环境接口（agent-environment interface）：

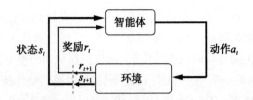

智能体和环境在离散时刻发生交互：$t = 0, 1, 2, \dots$
智能体在t时刻检测到状态：$s_t \in S$
在t时刻产生动作：$a_t \in A(s_t)$
由此取得回报：$r_{t+1} \in \mathcal{R}$
并进入下一个状态：s_{t+1}

这里的环境模型是指某种上下文，智能体对于给定动作，根据上下文的某些信息预测环境中将要发生的行为。环境模型能根据给定动作和当前状态预测出下一状态和奖励。如果是随机模型，下一状态可能产生多个奖励。另外模型可以基于概率分布或者基于抽样。概率分布模型能产生所有可能的概率；抽样模型则生成给定样本的概率。

因此强化学习的目标可以定义如下：

- 环境中每个已选取的动作会产生一个新场景，强化学习是关于动作选择的算法。可选择的动作有：
  - 定义动作到场景的映射策略
  - 选择获取最高回报的策略

强化学习步骤如下：

1）智能体检测到输入状态。

2）运用策略即决策函数确定采用什么动作。

3）执行动作并产生状态变化。

4）智能体执行完动作后，收到来自环境的明确奖励。

5）如果状态发生变化，奖励的细节将会被记录下来。

6. 延迟回报

强化学习与监督学习的一个区别是有无奖励。本节我们将探讨延迟回报（delayed reward）的含义。我们知道，每个导致特定状态发生变化的动作都会产生奖励。有些情况不能立即获得这种奖励。我们来看一个象棋游戏的例子。我们假设一局象棋游戏要走65步才算结束，并且只有走完这65步才能知道结果输赢。棘手的是这65步中到底是哪一步导致了输棋还是赢棋。因此只有等游戏结束或执行了一连串动作才知道奖励结果。我们设法采用技术手段判断哪些动作序列能产生已知的回报收益。该过程称为时间信用分配（temporal credit assignment）。

在获得最终奖励的过程中，每一步动作都会获得奖励，最终奖励要么为成功（+1），要么为失败（-1）。我们假设网格世界问题中路线1每走一步都能获得-0.4的奖励。成功或失败的累积奖励将决定长期回报。

7. 策略

最优策略是使长期回报期望最大化的策略或解，用公式表示如下：

$$\pi^* = \arg\max \pi \left(E \left[\sum_{t=0}^{\infty} r^t R(s_t) / \pi \right] \right)$$

我们用策略函数（π）度量某个特殊状态（s）的效用：

$$R(s) \neq U^\pi(s) = E \left[\sum_{t=0}^{\infty} r^t R(s_t) / \pi, s_0 = s \right]$$

进入某个状态（s）的奖励（直接收益）不等于该状态的效用（进入该状态的长期收益）。

因此我们可以用状态价值的效用来定义最优策略：

$$\pi^* = \arg\max \pi E \left[\sum_{s1} T(s, a, s1) U(s1) \right]$$

所以如果我们要定义状态（s）的效用，它等于进入那个状态的奖励，加上从那一点开始所取得奖励的折扣：

$$U(s) = R(s) + \gamma \arg\max \pi E \left[\sum_{s1} T(s, a, s1) U(s1) \right]$$

即贝尔曼方程（Bellman equation）。

V^* 为策略的价值函数，下面是贝尔曼最优方程（Bellman optimality equation），方程描述了一个客观事实，即最优策略的状态价值等于选择最佳动作取得的最大回报期望：

$$V^*(s) = \max_{a \in \mathcal{A}(s)} Q^{\pi^*}(s, a) = \max_a E_\pi \cdot \{ R_t \mid s_t = s, a_t = a \}$$

$$= \max_a E_\pi \cdot \left\{ \sum_{k=0}^{\infty} \gamma^k r_{t+k+1} \mid s_t = s, a_t = a \right\}$$

$$= \max_a E_\pi \cdot \left\{ r_{t+1} + \gamma \sum_{k=0}^{\infty} \gamma^k r_{t+k+2} \mid s_t = s, a_t = a \right\}$$

$$= \max_a E \{ r_{t+1} + \gamma V^*(s_{t+1}) \mid s_t = s, a_t = a \}$$

$$= \max_{a \in A(s)} \sum_{s'} P_{ss'}^a [\mathcal{R}_{ss'}^a + \gamma V^*(s')]$$

12.1.2　强化学习的主要特点

强化学习不是一类技术，而是一类问题，重点在于了解任务是什么，怎样去解决。

人们把强化学习当作一种具有奖惩赏罚措施的机器学习工具，这些措施更倾向于试错驱动。

强化学习采用评估性反馈。评估性反馈（evaluative feedback）用于度量所选择动作的有效程度，而非度量其效果最好还是最差。（注意，有监督学习是更具指导性的学习，可以判断动作的正确性，而不关心动作是否正在执行。）

强化学习的任务是强相关性的任务。关联任务（associative task）依赖某种场景，其动作与给定场景最切合且被选定执行。非关联任务（non-associative task）是指那些与特殊场景无关的任务，任务处于稳态时学习器能求出其最佳动作。

12.2　强化学习算法

本节我们将详细讨论求解强化学习问题的部分算法。重点讨论动态规划（Dynamic Programming，DP）、蒙特卡罗方法（Monte Carlo method）和时序差分（Temporal Difference，TD）学习。这些方法同样适用于延迟回报问题。

12.2.1 动态规划

动态规划（DP）是一组用于计算类马尔可夫决策过程环境模型的最优策略算法。动态规划模型计算开销大，并假设条件要求完备，因此这类模型用得不多。就理论知识而言，DP 是后续章节许多算法和方法的基础：

1）策略评估：策略可通过迭代计算其价值函数加以评估。计算策略的价值函数有助于求得更优策略。

2）策略改进：策略改进是指利用价值函数信息，计算已改进策略的过程。

3）价值迭代（value iteration）和策略迭代（policy iteration）：策略评估和策略改进一同产生了价值迭代和策略迭代。这是两个最流行的 DP 算法，根据 MDP 的全部理论知识，可以计算出最优策略和价值函数。

下面的算法描述了迭代策略的过程：

1.初始化

$V(s) \in \Re$ and $\pi(s) \in \mathcal{A}(s)$ arbitrarily for all $s \in \mathcal{S}$

2.策略评估

Repeat
$\quad \Delta \leftarrow 0$
$\quad$ For each $s \in \mathcal{S}$:
$\qquad v \leftarrow V(s)$
$\qquad V(s) \leftarrow \sum_{s'} \mathcal{P}_{ss'}^{\pi(s)} \left[\mathcal{R}_{ss'}^{\pi(s)} + \gamma V(s') \right]$
$\qquad \Delta \leftarrow \max(\Delta, |v - V(s)|)$
until $\Delta < \theta$ (a small positive number)

3.策略改进

policy-stable $\leftarrow$ *true*
For each $s \in \mathcal{S}$:
$\quad b \leftarrow \pi(s)$
$\quad \pi(s) \leftarrow \arg\max_a \sum_{s'} \mathcal{P}_{ss'}^a \left[\mathcal{R}_{ss'}^a + \gamma V(s') \right]$
$\quad$ If $b \neq \pi(s)$, then *policy-stable* $\leftarrow$ *false*
If *policy-stable*, then stop; else go to 2

价值迭代结合了扎实有效的策略改进和过程评估的优点。相关算法步骤如下：

Initialize V arbitrarily, e.g., $V(s) = 0$, for all $s \in \mathcal{S}^+$

Repeat
$\quad \Delta \leftarrow 0$
$\quad$ For each $s \in \mathcal{S}$:
$\qquad v \leftarrow V(s)$
$\qquad V(s) \leftarrow \max_a \sum_{s'} \mathcal{P}_{ss'}^a \left[\mathcal{R}_{ss'}^a + \gamma V(s') \right]$
$\qquad \Delta \leftarrow \max(\Delta, |v - V(s)|)$
until $\Delta < \theta$ (a small positive number)

Output a deterministic policy, π, such that
$\quad \pi(s) = \arg\max_a \sum_{s'} \mathcal{P}_{ss'}^a \left[\mathcal{R}_{ss'}^a + \gamma V(s') \right]$

广义策略迭代

广义策略迭代（Generalized Policy Iteration，GPI）是分类动态规划（DP）方法的一种实现。GPI 涉及两个过程的交互：一个为逼近策略，另一个为逼近价值。

第一种情况，该过程选择策略本身执行策略评估，确定策略相关的正确或精确的价值函数。另一个过程则选择价值函数作为输入来调整策略，从而改进策略，即得到最终总回报。如果留心观察，两个过程都改变了别的过程的工作基础，两者联立求得一个产生最优策略和价值函数的共同解。

12.2.2　蒙特卡罗方法

强化学习的蒙特卡罗方法把经验作为样本来学习策略和价值。相比动态规划方法，蒙特卡罗方法具有以下优点：

- 直接从环境交互中学习最佳行为，而不需要借助任何模型模拟模型动态。
- 这类方法可用于模拟数据或抽样模型；这一特性在实际应用中占据了主导地位。
- 通过蒙特卡罗方法，我们可以简单地把重点放在小样本状态集，研究感兴趣的部分，而不用一头扎入全部状态集。
- 蒙特卡罗方法对于任何不满足马可夫性的行为影响最小，因为后继状态更新不会价值的估计值。也就是说它们没法用自助法采样。

蒙特卡罗方法是基于广义策略迭代（GPI）方法进行设计的。它们给策略评估提供了一种新方法。每个状态不是各自计算价值，而是采用从这个状态之后所取得回报的均值作为该状态价值的较优近似。重点在于使用动作价值函数来改进策略，因为这样不用改变环境转移函数。蒙特卡罗方法结合了策略评估和策略改进方法，可以分步骤实现。究竟要探索多少次才能达到最优？这是蒙特卡罗方法要解决的一个关键问题。除了根据价值大小选择动作还不够，了解其对最终回报的贡献有多少也很重要。

在这种情况下可用到两种方法，即同策略（on-policy）和异策略（off-policy）方法。对于同策略方法，智能体负责使用探索算法求得最优策略；对于异策略方法，重点不在于智能体的探索算法，而是这个过程中学习出的一个与所遵循策略无关的确定性优化策略。一句话，异策略学习完全是基于行为学习行为的方法。

12.2.3　时序差分学习

时序差分（TD）学习是强化学习的独有技术之一。时序差分学习结合了蒙特卡罗方法和动态规划方法。强化学习讨论最多的技术话题是时序差分（TD），动态规划（DP）和蒙特卡罗方法之间的关系：

- 评估策略，包括给定策略 π，估计其价值函数 V_π。
- 选择最优策略。关于策略选择，所有 DP、TD 和蒙特卡罗方法均采用广义策略迭代（GPI）的变体形式。因此，三种方法的区别仅在于 GPI 的变体形式。

TD 方法根据自助采样法来推断估计值；它们依赖后继状态和相似估计。

我们看一下 TD 相比 DP 和蒙特卡罗方法的部分优点。这里不深究过多的复杂知识，只做简要介绍。TD 的主要优点如下：

- TD 方法不依赖环境模型、相继状态和奖励的概率分布。

- TD 方法可以简单优雅地以在线方式和增量方式运行。

Sarsa（同策略 TD）

我们接下来研究使用 TD 方法解决控制问题。我们将继续使用 GPI 技术，但与 TD 方法结合使用，以便进行评估和预测。此处除了要在探索和利用之间权衡取舍，我们还要斟酌选择同策略还是异策略学习方法。最后我们仍然坚持采用同策略方法：

1）学习出状态—价值函数相关的动作—价值函数。对于给定策略 π，我们定义 $Q^{\pi}(s,a)$：

2）学习出从一个状态—动作对迁移到另一种状态—动作对的价值。迭代计算过程如下：

$$Q(s_t, a_t) \leftarrow Q(s_t, a_t) + \alpha[r_{t+1} + \gamma Q(s_{t+1}, a_{t+1}) - Q(s_t, a_t)]$$

以上即 Sarsa 预测方法的定义，也是智能体采用同策略来确定策略的原因。

Sarsa 算法表述如下：

```
Initialize Q(s,a) arbitrarily
Repeat (for each episode):
    Initialize s
    Choose a from s using policy derived from Q (e.g., ε-greedy)
    Repeat (for each step of episode):
        Take action a, observe r, s'
        Choose a' from s' using policy derived from Q (e.g., ε-greedy)
        Q(s,a) ← Q(s,a) + α[r + γQ(s',a') − Q(s,a)]
        s ← s'; a ← a';
    until s is terminal
```

12. 2. 4　Q-learning（异策略 TD）

Q-learning 算法采用异策略学习方法，是 TD 的突破性策略之一。Q-learning（Watkins，1989）控制算法简单定义如下：

$$Q(s_t, a_t) \leftarrow Q(s_t, a_t) + \alpha[r_{t+1} + \gamma \max_a Q(s_{t+1}, a) - Q(s_t, a_t)]$$

我们可以使用已学习的动作—价值函数 Q 直接逼近最优动作—价值函数 Q^*，Q 与其采用的策略无关。这就是异策略方法。

看上去对策略还有些微影响，因为策略价值函数在使用和更新。此外，若所有动作—价值对的更新不再变化，则标志着迭代过程达到收敛。

基于当前的理解，Q-learning 算法可以描述如下：

```
Initialize Q(s,a) arbitrarily
Repeat (for each episode):
    Initialize s
    Repeat (for each step of episode):
        Choose a from s using policy derived from Q (e.g., ε-greedy)
        Take action a, observe r, s'
        Q(s,a) ← Q(s,a) + α[r + γ max_a' Q(s',a') − Q(s,a)]
        s ← s';
    until s is terminal
```

12.2.5 actor-critic 方法（同策略）

actor-critic 方法属于时序差分的机器学习方法，策略和价值各自使用独立的内存结构，以确保其独立性。这种方法的策略结构称为演员（actor），价值结构称为评论家（critic）。critic 一词的含义源于评论家对策略价值发表评论。由于评论家总是评论策略价值，它也被称为 TD 错误。actor-crtic 方法流程如下截图所示：

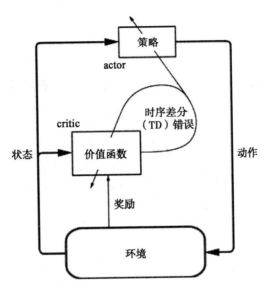

12.2.6 R-learning（异策略）

R-learning 是一种高级强化学习算法，适用于具有确定和有限返回值且无折扣率的情形。算法如下所示：

$$
\begin{aligned}
&\text{Initialize } \rho \text{ and } Q(s,a), \text{ for all } s,a, \text{ arbitrarily} \\
&\text{Repeat forever:} \\
&\quad s \leftarrow \text{current state} \\
&\quad \text{Choose action } a \text{ in } s \text{ using behavior policy (e.g., } \varepsilon\text{-greedy)} \\
&\quad \text{Take action } a, \text{ observe } r, s' \\
&\quad Q(s,a) \leftarrow Q(s,a) + \alpha \left[r - \rho + \max_{a'} Q(s',a') - Q(s,a) \right] \\
&\quad \text{If } Q(s,a) = \max_a Q(s,a), \text{ then:} \\
&\quad\quad \rho \leftarrow \rho + \beta \left[r - \rho + \max_{a'} Q(s',a') - \max_a Q(s,a) \right]
\end{aligned}
$$

12.3 实现强化学习方法

本章相关的随书源码介绍了强化学习算法的实现，可参考源码路径 .../chapter12/...，每个子文件夹对应具体平台或框架中的实现。

1. 使用 Mahout

参考文件夹：.../mahout/chapter12/rlexample/

2. 使用 R

参考文件夹：.../r/chapter12/rlexample/

3. 使用 Spark

参考文件夹：.../spark/chapter12/rlexample/

4. 使用 Python（scikit-learn）

参考文件夹：.../python-scikit-learn/chapter12/rlexample/

5. 使用 Julia

参考文件夹：.../julia/chapter12/rlexample/

12.4　小结

本章我们研究了一种新的机器学习算法——强化学习。我们理解了这种技术与传统的有监督学习和无监督学习的不同之处。强化学习的目标是决策，核心部分是 MDP。我们学习了 MDP 的基本原理，并通过一个示例加深理解。接下来介绍了部分强化学习基础算法，同策略和异策略算法，其中有部分是间接学习方法和直接学习方法。我们还介绍了动态规划（DP）方法、蒙特卡罗方法，以及部分时序差分（TD）核心方法，如 Q-learning、sarsa、R-learning 和 actor-critic 方法。最后，我们借助针对本书的标准技术栈，动手实现了部分算法。下一章我们将介绍集成学习方法。

第 13 章
集 成 学 习

本章是对自第 5 章以来所学全部机器学习方法的总结。本书之所以将这章作为所有学习方法的收尾，是因为集成学习解释了如何有效地组合这些方法，使学习器取得最优输出。集成方法是高效有力的算法，极大提升了有监督学习和无监督学习的准确率。这些算法模型在各自的业务领域表现出突出性能和良好效果。重点在于找到某种途径将这些不可调和的模型组成学习器委员会，人们对此进行了大量研究，也取得了一定进展。另外，不同的方法会产生大量数据，如何整合不同的知识概念以便做出智能决策尤为关键。推荐系统和基于流的文本挖掘系统中广泛采用了集成方法。

人们在有监督学习和无监督学习领域已做过不少独立研究。大家观察到的共同现象是，多模型混合可以增强弱模型，整体效果更优。本章的一个重要目的是详细系统地比较各种集成方法，它们能组合多个有监督学习和无监督学习算法并揭示融合模型结果的底层原理。

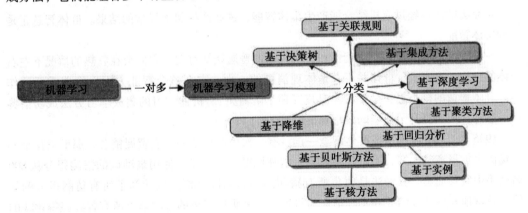

本章包括以下话题：
- 基于集成方法的机器学习概述——群体智慧及其基本特点。
- 主要集成方法的分类体系、实际案例，以及集成学习的应用。
- 集成方法类型和各种经典方法：
  - 有监督集成方法（supervised ensemble method）概述，详细介绍了装袋方法（bagging）、提升方法（boosting）、梯度提升方法（gradident boosting method）、随机决策树（random decision tree）和随机森林（random forest）等概念。
  - 无监督集成方法（unsupervised ensemble method）概述，介绍了包括聚类集成

（clustering ensemble）在内的生成方法、直接方法和间接方法。
- ○ 基于 Apache Mahout、R、Julia、Python（scikit-learn）和 Apache Spark 的实战练习。

13.1　集成学习方法

一般而言，集成通常是指以忽略个体、着眼整体的方式来看待一组事物。集成方法借鉴了分治算法的思想来改善效果。

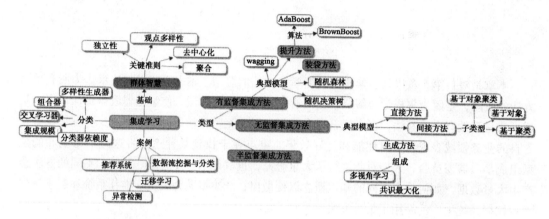

我们先引入群体智慧（wisdom of the crowd）这一著名概念来理解这种算法。

13.1.1　群体智慧

不完美的决策经过有机结合能产生集体智能，进而产生超乎寻常的结果。群体智慧正是这种集体智能。

一般说来，群体通常与非理性和影响人群的普遍认知有关，它们会在狂热的情况下左右群体的行为。事实上，群体并不总是体现消极的一面，它在整合智能方面发挥着重要的作用。群体智慧的核心思想是"三个臭皮匠顶个诸葛亮"。机器学习的集成学习方法成功借鉴这一思想，大大提升了模型的效率和准确性。

1906 年，Galton 创造了群体智慧一词。有一次他参加了一个农贸展销会，那里正在举办一场肉牛重量竞猜比赛，牛已经宰好了，内脏掏得一干二净。他用最准确的猜测得分从 800 名选手中脱颖而出。其做法是收集所有猜测结果并加以分析。他计算了所有猜测得分的均值，惊讶地发现计算结果和实际值极为接近。这种集体竞猜的方法超过所有曾经赢得比赛的选手，甚至跟养牛专业户相比也胜出一筹。选手要取得准确得分，关键在于消息灵通。选手独立给出的猜测得分不能受周围他人猜测得分的影响，另外还应有一个无差错机制来强化整个群体的猜测得分。总之，这个过程没那么简单。另一个值得注意的地方是，这些猜测得分普遍胜过任何专家个人的猜测得分。

下面是日常生活中的一些简单例子：
- Google 搜索结果通常将最受欢迎的网页排在顶部。
- 游戏"谁想成为亿万富豪"（Who wants to be a billionaire）以观众投票的方式回答参赛者答不上的问题。人们投票最多的答案往往就是那个正确答案。

群体智慧不能保证结果一定正确。借助集体智慧优化计算结果的基本因素如下：

- 聚合（aggregation）：有一个稳妥可靠的方式整合所有个体决策，形成集体决策或集体判断。做不到这一点，就无法企及集体观点或集体决策的核心目标。
- 独立性（independence）：群体需要制定一套规范约束所有个体决策。任何干扰都会影响决策，从而影响其准确性。
- 去中心化（decentralization）：个体决策来源不一，所知有限，却能集之大成。
- 观点多样性（diversity of opinion）：所有个体独立做出决策，这一点很重要，即便结果有异常仍然可以接受。

集成（ensemble）一词的本义是"群策群力"。构建集成分类器，先得通过训练数据产生一组分类器，然后聚合分类器的预测结果，再基于这些结果预测新记录的类标签。

算法过程如下图所示：

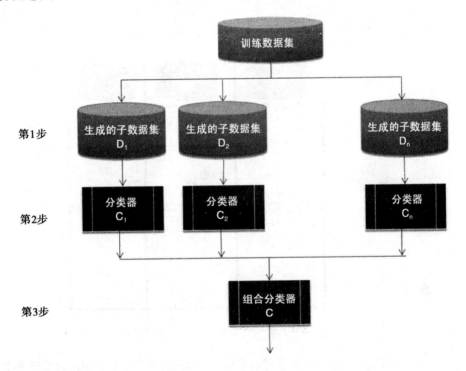

就算法架构而言，集成学习核心构建模块包括训练集、学习器（inducer）和集成生成器（ensemble generator）。学习器会针对每个样本训练数据集生成分类器定义。集成生成器创建多个分类器、一个组合器或聚合器，其中聚合器能集成多个组合器的决策结果。有了构建模块间的关系，我们可以按照以下特征对集成方法进行分类。下节将介绍这些方法：

- 组合器组合方式（usage of a combiner）：该属性定义了集成生成器和组合器之间的关系。
- 分类器依赖度（dependency between classifiers）：该属性定义了分类器的相互依赖程度。
- 生成多样性（generating diversity）：该属性定义了确保组合器多样性的机制。
- 集成规模（size of the ensemble）：该属性表示集合中分类器的个数。
- 交叉学习器（cross inducer）：该属性定义了分类器如何影响学习器。有些情况下，构造的分类器要与一组特定的学习器配合使用。

总之，生成模型集合先得建立专家系统，让专家贡献/票选答案。已知的优点是可以改善预测效果，产生唯一全局结构，只是过程的中间结果不便于分析。

接下来分析一下通过聚合/组合分类器的集成方式提升效果的原理。

考虑三个错误率为 0.35（ε）或准确率为 0.65 的分类器。每个分类器预测出错的概率为 35%。

基分类器：　C_1　　C_2　　C_3

测试用例：　x

真值表如下，错误率为 0.35（35%），准确率为 0.65（65%）：

	C_1	C_2	C_3
错误预测	+1	+1	+1
	+1	+1	−1
	+1	−1	+1
	−1	+1	+1
准确预测	+1	−1	−1
	−1	+1	−1
	−1	−1	+1
	−1	−1	−1

真值标签：−1

错误率为35%，准确率为65%

三个分类器加以组合，再通过组合器的多数表决程序计算集成分类器的分类错误率，从而预测测试用例的类标签。分类错误率可描述为如下公式：

$$\sum_{i=2}^{3}\binom{3}{i}\varepsilon^{i}(1-\varepsilon)^{3-i}=3\times 0.35^{2}\times 0.65+1\times 0.35^{3}\times 1=0.2817$$

也就是说，准确率为 71.83%。聚合以后的分类器错误率显著降低。如果我们现在把分类器扩大到 25 个，错误率的计算结果为 6%，即准确率达到 94%。

$$\sum_{i=13}^{25}\binom{25}{i}\varepsilon^{i}(1-\varepsilon)^{25-i}=0.06$$

由于集成学习方法能给出总体理解，因而是可行的。

我们在上一节介绍了群体智慧的适用条件。我们继续以上面 25 个基分类器为例，研究集成分类器的准确性如何随着基分类器错误率的变化而变化。

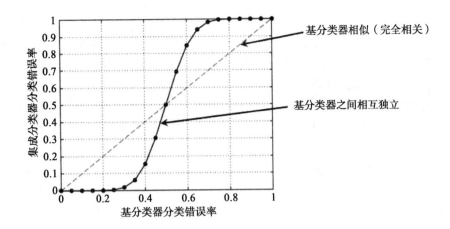

 集成分类器的效果开始恶化，当基分类器错误率大于 0.5 时，效果显著低于基分类器。

下一节我们将介绍一些集成方法的实际应用。

13.1.2　经典应用

本节将详细介绍一些集成学习方法的经典实际应用。

1. 推荐系统

推荐系统的目标是向可能对特定产品感兴趣的用户群体提供有效或有意义的推荐。例如决策过程相关的建议，如亚马逊上有什么图书值得一读，Netflix 上有什么电影值得一看，新闻站点上什么新闻值得去浏览。推荐系统设计中的主要输入有业务领域，即上下文相关信息和业务属性特征。用户对每个电影的打分（1~5）是一个重要输入特征，因为它记录了用户与系统的交互程度。此外，推荐系统还利用用户信息（例如人群画像和其他个人特征）建立物品和潜在用户之间的可能匹配关系。

以下截图是 Netflix 推荐系统的推荐结果样例：

2. 异常检测

异常检测（anomaly detection）或离群点检测（outlier detection）是集成学习方法最流行的应用成果之一。其功能是检测数据的异常特征或罕见特征。异常识别在敏捷决策和快速行动中发挥着重要作用。部分广为人知的例子有（例子甚多）：

- 信用卡欺诈检测
- 健康检查中的罕见病例检测
- 飞机发动机异常检测

这里我们展开介绍一下飞机发动机异常检测的例子。考虑如下特征，检查飞机发动机是否异常：

- 散热量（x_1）
- 振动强度（x_2）
- 已标注数据集 $= x_{(1)}$，$x_{(2)}$，$\cdots$，$x_{(m)}$

异常点和正常点见下图：

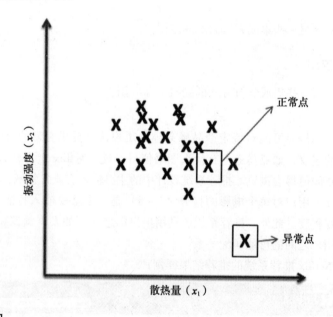

3. 迁移学习

所有传统机器学习算法均隐含了一个假设，即对每一个新的机器学习问题，要重新训练模型。这个假设说明了之前的学习模型不能被复用。有些机器学习问题相关领域的场景可以引入和复用以前的学习模型。常见的例子有：

- 法语知识有助于学生学习西班牙语
- 数学知识有助于学生学习物理学
- 驾驶汽车的知识有助于司机学习驾驶卡车

机器学习领域的迁移学习（transfer learning）是指甄别和运用过去工作中积累的知识，迁移到相关领域。重点在于发现不同领域的共性。迁移学习在强化学习、分类问题和回归问题中均有应用。迁移学习算法流程如下图所示：

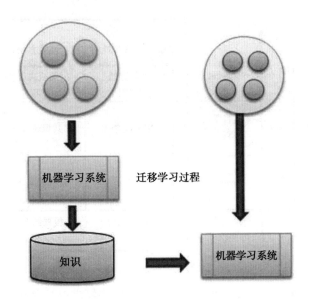

4. 数据流挖掘或分类

随着技术的进步和社交媒体的发展，围绕数据流的数据挖掘现已成为大多数应用的根本需求。

传统学习的最大不同在于，训练数据集和测试数据集一旦变成数据流，处理方式就得升级为分布式。由于预测概率会随时间不断变化，预测目标变得有点复杂，这也恰恰是集成学习方法的用武之地。下图显示了 $P(y)$ 是如何随时间发生变化并引起 $P(x)$ 和 $P(y \mid x)$ 变化的：

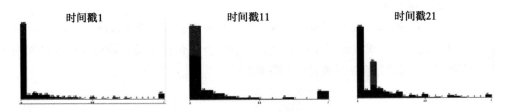

集成学习方法减少了单一模型引起的方差，概率分布经过不断调整，预测结果更加准确、鲁棒。

13.1.3 集成方法

通过前面的讨论，可见集成方法是能提高有监督学习、半监督学习和无监督学习准确性和鲁棒性的强有力算法。此外，我们知道各种数据源在持续不断地产生大量数据，决策过程越来越复杂多变。有效整合各类数据对于做出准确的智能决策是非常重要的。

有监督和无监督的集成方法原理大体一致，即结合多种基础模型，强化弱模型。接下来分别详细介绍有监督学习和无监督学习算法。

以下模型对比了有监督学习和无监督学习的众多类别和不同算法，它们在集成学习中加入了学习结合法和投票结合法：

有监督学习	支持向量机，逻辑回归……	提升方法，规则集成，贝叶斯模型平均方法……	装袋方法，随机森林，随机决策树……
半监督学习	半监督学习，联合推断	多视角学习	共识最大化
无监督学习	k-means，谱聚类……		聚类集成
	单一模型	学习结合法	投票结合法

资料来源：集成的威力：有监督方法和无监督方法的调和（http://it. engineering. illinois. edu/ews/）

此处不深究每个集成学习方法的具体细节，首先比较学习结合法（combining by learning）和投票结合法（combining by consensus）之间的异同：

	优　点	缺　点
学习结合法	● 使用标注数据作为反馈机制 ● 可以提升准确性	● 仅适用于标注数据 ● 可能导致过拟合
投票结合法	● 不依赖标签数据 ● 可以改善性能	● 缺少标注数据的有价值的反馈 ● 只适用于多数一致的情况

1. 有监督集成方法

有监督学习方法的输入必须是标注数据。学习结合法包括提升堆栈泛化（boosting stack generalization）和规则集成（rule ensemble）。投票结合法包括装袋、随机森林和随机决策树。学习结合法和投票结合法的流程如下图所示：

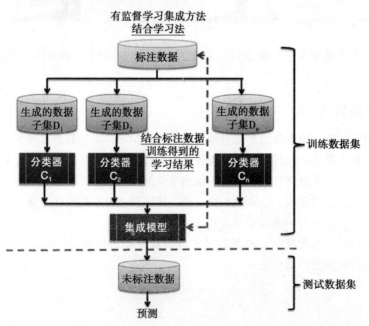

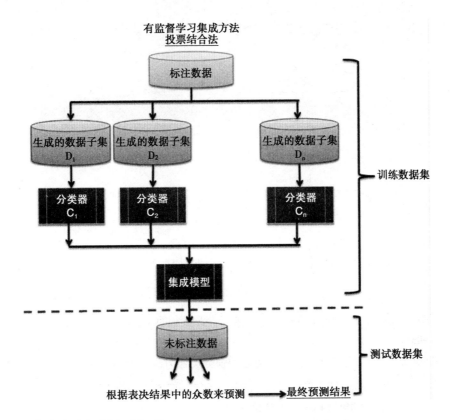

有监督集成方法问题表述如下：

- 输入数据集为 $D = \{x_1, x_2, \cdots, x_n\}$，对应标签为 $L = \{l_1, l_2, \cdots, l_n\}$。
- 用集成方法构造得一组分类器 $C = \{f_1, f_2, \cdots, f_k\}$。
- 最后，分类器组合 f^* 根据公式 $f^*(x) = \omega_1 f_1(x) + \omega_2 f_2(x) + \cdots + \omega_k f_k(x)$ 计算最小泛化误差。

（1）提升方法

提升方法将多个模型产生的全部输出进行加权平均，算法简单直接。这是一种弱学习器框架。提升方法通过强大的权重公式调整权重，得出精准的预测模型，从而改进这些方法的缺点，此外使用不同的窄调模型可以适用更广泛的输入类型。

提升方法成功地解决了二分类问题。20 世纪 90 年代 Freund 和 Scaphire 发明了著名的 AdaBoost 算法。这个框架的主要特点是：

- 组合了多个基分类器，性能比单个基分类器有所改善。
- 弱学习器按顺序训练。
- 基分类器的训练数据来自前一个分类器的结果。
- 每个分类器采取投票表决并影响结果输出。
- 框架使用在线算法策略。
- 每轮迭代会对那些开始减小权重的误差率大的分类器进行重新计算或重新分配权重。
- 增加误差率小的分类器权重，减小误差率大的分类器权重。
- 提升方法最初为解决分类问题设计，后来扩展到回归问题。

提升算法步骤如下：

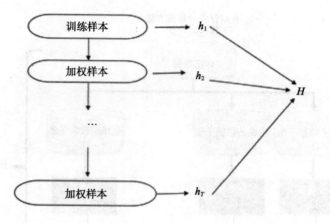

1）训练一组弱分类器 h_1，$\cdots$，h_T。

2）将 T 个弱分类器组合成加权多数表决的分类器 H：

$$H(x) = \text{sign}\Big(\sum_{t=1}^{T} \alpha_t h_t(x) \Big)$$

3）每轮迭代着重调整误分类的部分，重新计算其权重 $D_t(i)$。

（2）AdaBoost 算法

AdaBoost 是一种线性分类器，它所构造的强分类器 $H(x)$ 是弱函数 $h_t(x)$ 的线性组合。

Given $(x_1, y_1),\ldots, (x_m, y_m)$ where $x_i \varepsilon X$, $y_i \varepsilon \{-1, +1\}$
Initialise weights $D_1(i) = 1/m$
Iterate $t=1,\ldots,T$:
- ☐ Train weak learner using distribution Dt
- ☐ Get weak classifier: $h_t: X \to R$
- ☐ Choose $\alpha_t \varepsilon R$
- ☐ Update: $D_{t+1}(i) = \dfrac{D_t(i)\exp(-\alpha_t y_i h_t(x_i))}{Z_t}$
  - ■ where Z_t is a normalization factor (chosen so that $Dt+1$ will be a distribution), and α_t

  $$\alpha_t = \frac{1}{2}\ln\left(\frac{1-\varepsilon_t}{\varepsilon_t}\right) > 0$$
Output – the final classifier
$$H(x) = sign(\sum_{t=1}^{T}\alpha_t h_t(x))$$

提升框架的工作原理如下所示。

1）所有数据点标注为权重相同的两类：$+1$ 和 -1，权重均为 1。

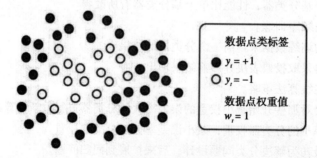

2）计算 $p(\text{error})$，对数据点进行分类，数据点如下所示：

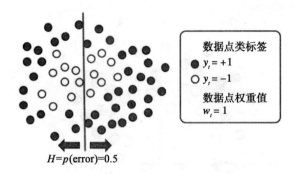

3）重新计算权重。

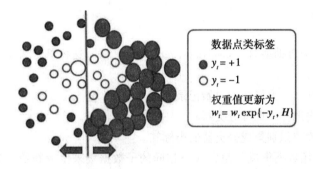

4）对于生成的新数据集用弱分类器重新分类。

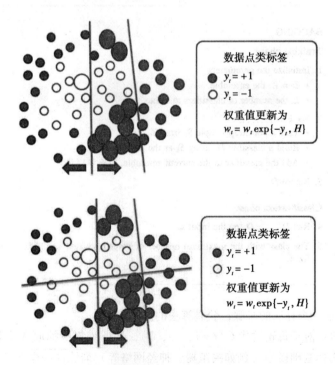

5）基于弱分类器迭代构造出强非线性分类器。

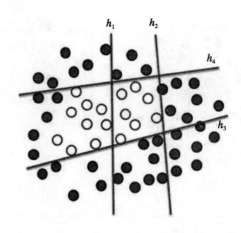

（3）装袋方法

装袋方法也称为自助融合（bootstrap aggregation）法。这种算法采用了投票结合法。算法分三个重要步骤：

1）构造自助样本，大概包括原始记录的63.2%。

2）基于每个自助样本训练分类器。

3）基于多数投票识别集成分类器的类标签。

该过程基于原始数据集反复组合大小相同的子数据集来生成新数据集，从而减少预测方差。模型的准确性随着方差的减小而不是数据集规模的增加而增加。装袋算法步骤如下：

BAGGING

Training phase

1. Initialize the parameters
   - $\mathcal{D} = \emptyset$, the ensemble.
   - L, the number of classifiers to train.

2. For $k = 1, \ldots, L$
   - Take a bootstrap sample S_k from **Z**.
   - Build a classifier D_k using S_k as the training set.
   - Add the classifier to the current ensemble, $\mathcal{D} = \mathcal{D} \cup D_k$.

3. Return $\mathcal{D}$.

Classification phase

4. Run $D_1, \ldots, D_L$ on the input **x**.

5. The class with the maximum number of votes is chosen as the label for **x**.

此处参考了前一个算法的步骤，装袋算法的流程如下：

1）训练阶段：对于每轮迭代 t（$t = 1, \cdots, T$），从训练集中抽取 N 个样本（这个过程称为自助），再选择基础模型（例如决策树、神经网络等）训练这些样本。

2）测试阶段：每个测试周期会将全部 T 个训练模型结果组合起来进行预测。分类问题采用投票法，回归问题采用平均法。

误差计算公式如下：

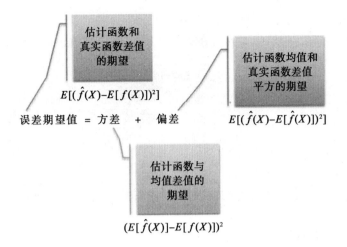

装袋方法适用于以下欠拟合和过拟合场景：

- 欠拟合：高偏差和低方差
- 过拟合：低偏差和高方差

下面是一个运用装袋算法的例子：

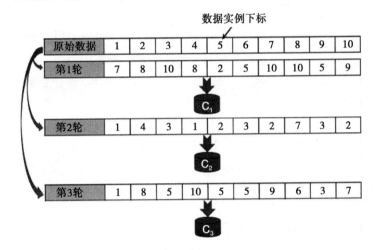

（4）wagging

wagging 是装袋方法的一种变体。每个模型训练过程都要用到全部数据集。此外权重是随机分配的。因此可以简单地把 wagging 看作具有泊松分布或指数分布并附加权重的装袋方法。wagging 算法步骤如下：

```
Require: I (an inducer), T (the number of iterations), S (the training
    set), d (weighting distribution).
Ensure: M_t; t = 1, ..., T
1: t ← 1
2: repeat
3:    S_t ← S with random weights drawn from d.
4:    Build classifier M_t using I on S_t
5:    t++
6: until t > T
```

（5）随机森林

随机森林是一种组合多个决策树的集成学习方法。随机森林集成过程如下图所示：

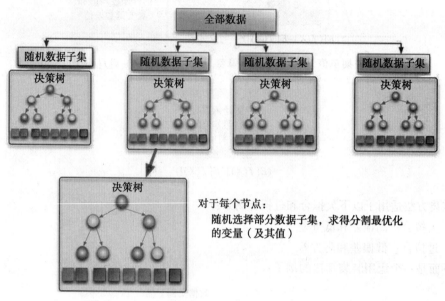

资料来源：https：//citizennet.com/blog/2012/11/10/random-forests-ensembles-and-performance-metrics/

对于具有 T-tree 的随机森林，决策树分类器的训练步骤如下：

- 和标准装袋算法一样，用随机置换的方式生成 N 个样本，每个数据子集占全部数据集的 62% ~ 66%。
- 对每个节点执行以下操作：
  - 选择 m 个预测变量，使得判别变量能做出最优划分（二分）
  - 下一个节点另选择 m 个变量，重复该过程
- m 可以有以下几个值：
  - 对于随机划分特征选择：取 $m = 1$
  - 对于 Breiman 的 bagger：取 $m =$ 预测变量总数
  - 对于随机森林，m 值小于预测变量数，可以取三个值：$1/2\sqrt{m}$、$\sqrt{m}$ 和 $2\sqrt{m}$

这样随机森林会通过所有决策树对待预测的输入数据进行训练，然后取加权平均或多数投票得出最终的预测结果。

 在第 5 章中，我们详细介绍了随机森林。

梯度提升机

梯度提升机（Gradient Boosting Machine，GBM）是一种应用较广的机器学习算法。这类算法用于解决分类问题和回归问题。GBM 基于决策树，采用提升算法，即按一定算法组合多个弱分类器构造出一个强分类器。

GBM 具有随机性和梯度提升性，因此能通过迭代消除残差。GBM 具有不同的损失函数，因而可以高度定制。我们通过前面章节的学习了解到，随机森林集成算法采用简单的平均策略，而 GBM 采用了集成构造（ensemble formation）的实用策略。这种策略会反复向集

合中添加新模型，每轮迭代训练出弱模型以判断下一轮采取什么步骤。

　　GBM 非常灵活，效果比其他所有集成学习方法表现更好。GBM 算法过程详见下表：

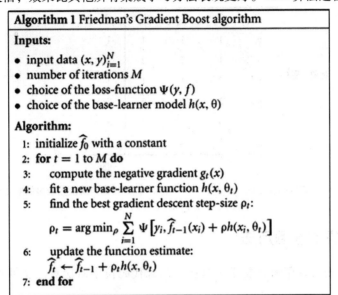

　　梯度提升回归树（Gradient Boosted Regression Tree，GBRT）和基于回归的 GBM 算法类似。

2. 无监督集成方法

　　基于共识的集成（consensus-based ensemble）属于无监督集成学习方法，聚类集成是其中一种。基于聚类的集成方法的工作流程如下图所示：

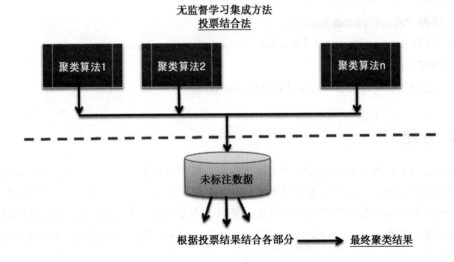

　　对于给定的非标注数据集 $D = \{x_1, x_2, \cdots, x_n\}$，聚类集成算法计算若干项聚类 $C = \{C_1, C_2, \cdots, C_k\}$，其中每一项是一类数据的划分。这样即生成了基于共识的统一聚类。整个流程如下图所示：

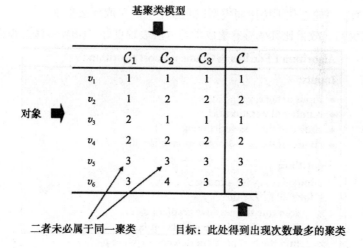

13.2 实现集成学习方法

集成学习方法（仅限有监督学习算法）的源代码位于对应算法文件夹下的 .../chapter13/...。

1. 使用 Mahout

参考文件夹：.../mahout/chapter13/ensembleexample/

2. 使用 R

参考文件夹：.../r/chapter13/ensembleexample/

3. 使用 Spark

参考文件夹：.../spark/chapter13/ensembleexample/

4. 使用 Python（scikit-learn）

参考文件夹：.../python（scikit-learn）/chapter13/ensembleexample/

5. 使用 Julia

参考文件夹：.../julia/chapter13/ensembleexample/

13.3 小结

本章介绍了机器学习的集成学习方法。我们介绍了群体智慧的概念、机器学习中运用群体智慧的原理和场景，以及改善学习器准确性和效果的方法。接下来通过一些实际应用中的具体案例了解了部分有监督集成学习算法。最后，本章提供了梯度提升算法的源代码示例，有 R 语言版、Python（scikit-learning）版、Julia 版和 Spark 版，也有基于 Mahout 库的推荐引擎。

至此，所有机器学习方法均已介绍完毕，最后一章将介绍一些高端和前沿的机器学习架构和算法策略。

## 第 14 章

下一代机器学习数据架构

最后一章我们换个主题，不再介绍机器学习算法方面的内容。本章帮助从业人员尽量拓宽机器学习算法架构方面的视野，重点介绍各大商业案例的平台/框架选型。除了 Hadoop、NoSQL 及其他相关架构之外，下一代架构模式必定是统一的平台架构，通盘考虑所有问题，如数据规模、来源、吞吐量、延迟、可扩展性、数据质量、可靠性、安全性、自助式服务和成本等关键点，从数据的收集、处理到可视化，覆盖机器学习的各个环节。

下图揭示了本章中将要介绍的各种数据架构范式：

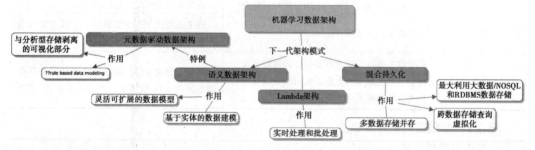

本章将深入探讨以下话题：

- 简要回顾传统数据架构的实现原理，分析其在当前大数据和数据分析领域炙手可热的原因。
- 简单介绍面向机器学习的下一代数据架构的要求，包括数据的提取、转换和装载（ETL），数据的存储、处理、报表分析、分发和结论呈现。
- 结合部分案例，介绍同时实现了批处理策略和实时处理策略的 Lambda 架构。
- 介绍混合持久化（polyglot persistence）和多态数据库（polymorphic databases），其统一了结构化、非结构化和半结构化数据存储在内的数据存储策略，集中管理跨数据存储的查询方式。举例说明 Greenplum 数据库如何同时满足这些要求，以及如何无缝集成 Hadoop。
- 介绍语义数据架构的本体演化、意义、用例和技术。

14.1 数据架构的演进

首先通过详细分析大数据场景下现代机器学习平台或数据分析平台的需求，来理解传统数据架构。

观点1：数据存储总是服务于某种目的

传统的数据架构根据其用途可明确划分为两大类，OLTP（联机事务处理）一般用于解决事务性需求，OLAP（联机分析处理）数据存储一般用于解决报表分析类需求。下表详细对比了二者的大体差异：

	OLTP 数据库	OLAP 数据库
定义	具有大量的小规模联机事务（插入、更新和删除操作）。其核心需求是快速查询处理，确保数据完整性、并发性，效率以每秒事务处理次数来衡量。通常具有高度范式化的特点	事务规模相对较小。复杂查询涉及数据切片、切块操作。数据一般按其实际时序聚合存储，存储方式大多为多维模式（通常为星型模式）
数据类型	操作型数据	经过集成/汇总/聚合的数据
来源	OLTP 数据库本身通常是实际数据源	OLAP 数据库汇总不同 OLTP 数据库的数据
主要用途	处理日常业务流程/任务	提供决策支持
CUD（增改删）	用户发起的短时高频插入和更新操作	通过长期运行的例行任务更新数据
查询	一般适用于少量数据的简单查询	通常包括多维结构数据的聚合、切片和切块的复杂查询
吞吐量	数据规模小，查询效率高，耗时一般很短	通常要批量处理海量数据，视数据量大小可能耗费数小时不等
存储容量	由于历史数据已归档，占用空间相对较小	海量数据要求更大的存储空间
模式设计	多数据表，严格范式化	通常反范式化为少量数据表，以星型和雪花型模式存储
数据备份与恢复	要对数据进行定期合理备份；运营数据对于运营业务至关重要。数据丢失可能造成重大财产损失，承担相关法律责任	不同于常规备份，某些场合可能只是简单地重新载入 OLTP 数据，当作恢复操作

观点2：数据架构即共享磁盘

共享磁盘数据架构（shared disk data architecture）是指用单个数据磁盘（数据节点）存储全部数据的架构，供集群的所有节点访问处理。任何节点都能在给定时间点及时完成全部数据操作，如果两个节点尝试同时持久化/写入记录，系统为确保数据一致性，会加上磁盘锁（disk-based lock）或者意向锁（intended lock），从而影响系统性能。此外，节点个数一增加，数据库级的锁竞争也随之增加。由于集群要处理各节点间的锁，因此这类架构是写入受限的。

数据库即使在数据读取时也要合理地执行分区，避免全表扫描。所有传统的 RDBMS 数据库都属于共享磁盘数据架构。

共享磁盘数据架构

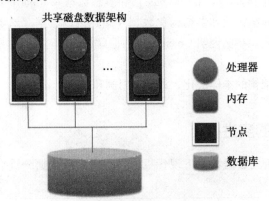

观点 3：传统 ETL 架构具有局限性

具体表现如下：

- 数据的加载和集成效率低、成本高。现有的大多数 ETL 逻辑是硬编码，与数据库紧耦合。紧耦合也造成现有代码逻辑不能复用。数据分析和报表使用各自的优化手段。分析优化过程耗时费力。

- 数据源往往缺失记录。数据在转换过程中丢失其原有的含义。数据创建后的更新、维护、分析成本通常很高昂。重建数据志（data lineage）要经过人工处理，耗时费力易出错。系统只通过电子数据表进行一般性跟踪，缺少强有力的数据转换审计机制和日志记录。

- 目标数据不便使用。优化方案适用于旧的分析需求，却难以满足新需求。要么用通用的规范视图代替专用视图，要么缺乏概念模型方便地使用目标数据。解决问题时很难确定可用数据源有哪些，怎么去访问和集成。

观点 4：一般只有结构化数据

大多数情况下，数据库根据 RDBMS 模型进行设计。如果导入数据本身未经过结构化，ETL 会创建相应的符合标准 OLTP 或 OLAP 存储的结构。

观点 5：性能和可扩展性

数据的存储或查询可能会针对不同基础架构稍做优化，一旦超过一定复杂程度则需要重新设计。

下一代数据架构的新视角和驱动因素

驱动因素 1：大数据处理

我们在第 2 章中定义了大数据和大数据集的概念。当前要收集和处理的数据通常具有以下特点：

- 来源：依信息的特性来划分，来源可能是实时数据流（例如交易记录），也可能是上次同步以后的批量数据。

- 内容：数据可以表示不同类型的信息。这些信息通常与其他数据有关联，要在它们之间建立连接。

下图展示的是需要支持的数据类型及数据源：

 归档文件
扫描文件、报表、病历记录、电子邮件等

 多媒体
图片、视频、语音等

 数据存储
RDBMS、NoSQL、Hadoop、文件系统等

 文档
XLS、PDF、CSV、HTML、JSON等

 社交媒体
Twitter、Facebook、Google+、LinkedIn等

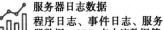 **服务器日志数据**
程序日志、事件日志、服务器数据，CDRs点击流数据等

 商业应用
CRM、ERP系统、HR、项目管理等

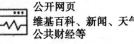 **公开网页**
维基百科、新闻、天气、公共财经等

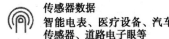 **传感器数据**
智能电表、医疗设备、汽车传感器、道路电子眼等

- 规模：待处理数据的特性决定了其规模可能千差万别。例如主数据（master data）或安全性定义数据（securities definition data）大小相对固定不变；相比二者，交易数据规模要大得多。

- 生命周期：主数据生命周期不变，少有更新（比如数据维度的缓慢变更）。而交易数据的生命周期很短，但为了便于被数据分析和数据审计等耗时较长的操作使用，它们又必须较长时间存在。

- 结构化：虽然大部分数据已经结构化，但是金融行业存在非结构化数据。金融系统将非结构化数据纳入进来成为其 IT 架构的一部分，其重要性日益凸显。

下图显示了各种数据源的复杂程度、处理速度、规模和多样性：

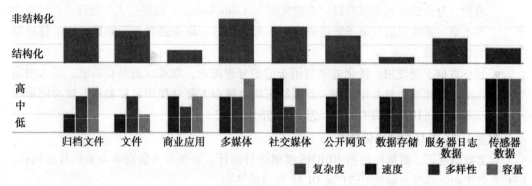

源自：SoftServe

驱动因素 2：数据平台相关的需求与日俱增

新一代数据平台需求急剧增加，统一化平台应运而生。数据架构的核心功能包括 ETL、存储、报表、分析、可视化和数据分发。如下图所示：

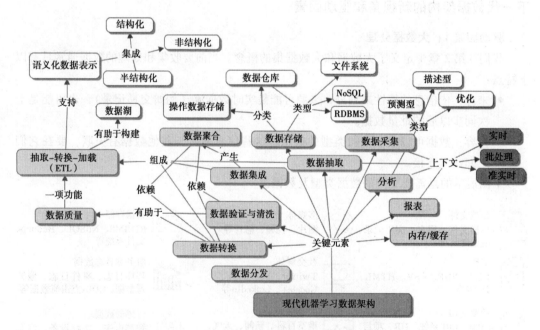

驱动因素 3：机器学习和分析平台现在有了全新的用途和定义

数据分析的演变过程及职责转变如下图所示：

- 过去只关心报表。数据经过聚合或预处理，加载到数据仓库，便于分析问题发生的原因。这类分析称为描述性分析（descriptive analytics），本质是回溯分析。

- 随着特定领域数据的出现，人们需要了解某些特定行为的产生原因。这类分析称为诊断性分析（diagnostic analytics），依然是基于历史数据，但是偏向于了解行为发生的根本原因。
- 当前需求发生变化，需要预测未来会发生什么。这类分析叫作预测性分析（predictive analytics），重点是基于历史行为预测事件。
- 随着实时数据的出现，人们现在关注的是如何通过主动干预，使特定事件发生。这已经超出了预测分析的要求，它还包括事件触发后的补救措施。最终目标是基于已发生的实时事件，干预事件使之发生。下图显示了数据分析的价值和复杂性的演变趋势：

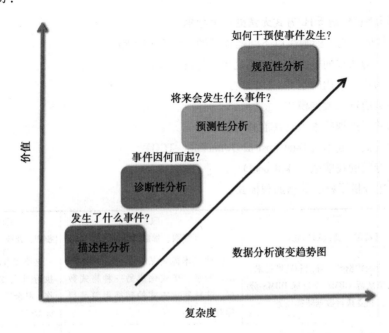

下表对比了传统数据分析（BI）方法和下一代数据分析：

领域	传统数据分析（BI）	下一代数据分析
范围	描述性分析 诊断性分析	预测性分析 数据科学
数据	规模有限/可控 经过预处理/验证的简单模型	海量数据规模 格式多样，种类丰富 未经预处理的原始数据 模型越来越复杂
结果	侧重数据回溯和根本原因分析	侧重预测/洞察及分析的准确性

驱动因素 4：系统除了时序性和批量性，还具有实时性和即时分析的特点

实时性是指数据量更小，处理速度更快。下一代分析系统有望处理实时、批量和准实时的处理请求（经系统调度变为小批量处理）。下图显示了保持数据规模、处理速度和多样性不变的情况下，实时数据和批量数据的特征特性曲线。

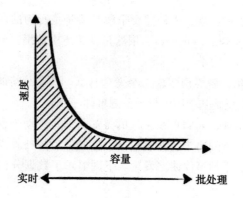

驱动因素 5：传统 ETL 方式无法处理大数据

我们的目标是制定能解决以下问题领域的 ETL 架构策略：

- 促进架构实现的标准化——满足单一标准的要求
- 支持构建可重用的组件
- 无须事前定义数据模式
- 借助并行处理技术提高性能和可扩展性
- 减少总拥有成本（Total Cost of Ownership，TCO）
- 建立专门的技能池（skill pool）

下表对比分析了核心数据加载模式：

	ETL （提取、转换和加载）	ELT （提取、加载和转换）	ETLT （提取、转换、加载和转换）
简介	一项传统数据导入导出和转换技术，ETL 引擎从源 DBMS 或目标 DBMS 分离出来，独立执行数据转换任务	这项技术能将某一处数据导入导出、转换、格式化成另一种格式数据。这种集成方式的转换引擎是目标 DBMS	这项技术的 ETL 引擎执行部分数据转换工作，其余部分推送到目标 DBMS
特点	ETL 引擎完成繁重的转换工作。 调用已集成的转换函数。 转换逻辑可通过用户图形界面（GUI）进行配置。 受 Informatica 公司支持	繁重的数据转换工作交由 DBMS 层处理。 转换逻辑更靠近数据层。 受 Informatica 公司支持	转换工作在 ETL 引擎和 DBMS 之间进行。 受 Informatica 公司支持
收益	系统配置基于用户图形界面（GUI），上手简单。 转换逻辑独立，除数据库以外可以复用。 对于细粒度的、面向函数的简单转换任务，只要不涉及数据库调用，效果良好。 可以在 SMP 或 MPP 硬件上运行	可利用 RDBMS 引擎硬件扩展性。 所有数据始终存放在 RDBMS 中。 数据的性质决定是否进行并行化处理，为了让磁盘 I/O 达到更快的数据吞吐，通常要进行引擎级优化。 只要硬件和 RDBMS 引擎能继续扩展，即可继续扩展。 基于 MPP RDBMS 平台做适当调优，可以达到 3 倍到 4 倍的吞吐率	可实现工作负载均衡，或与 RDBMS 分摊工作负载
风险	要求 ETL 一方具有更强的处理能力。成本更高。 包括复杂的转换过程，可能用到参考数据，以致拖慢进程	转换逻辑与数据库紧耦合。 如果数据规模较小、结构单一，则转换效果不佳	数据库仍存在部分转换逻辑

驱动因素 6：不存在"一个"万能的数据模型能应对各种高级或复杂的数据处理要求；需要支持多数据模型的平台

不同的数据库设计旨在解决不同的问题。用单个数据库引擎通吃所有需求，往往导致方案效果欠佳。我们知道 RDBMS 适合事务处理，OLAP 数据库适合报表处理，NoSQL 适合大容量数据处理和存储。有些解决方案统一了这些存储方式，并提供了一层抽象层查询数据。

14.2　机器学习的现代数据架构

从本节开始，我们将介绍部分新兴数据架构，实现这些架构所需的基础设施、所面对的挑战及相关技术栈，并详细介绍其应用场景。

14.2.1　语义数据架构

上一节新兴视角中列举的部分事例可总结为以下核心驱动因素，旨在构建语义数据模型驱动的数据湖，无缝集成更多的数据类型，为进一步分析做好准备。未来的数据分析是语义化的。其目标是构建一个大规模、灵活且可扩展、标准驱动的 ETL 架构框架，借助相关工具和其他架构资源进行建模，实现如下几点：

- 支持标准的通用数据架构。
- 整合本体驱动的数据架构和未来的数据湖（将这种架构策略与数据聚合参考架构（data aggregation reference architecture）结合使用，这一点很重要）。这样才能确保只用单一的数据策略保障数据质量和数据集成。
- 支持产品组快速集成到数据架构，并从公共数据仓库提取数据或往公共数据仓库中加载数据。
- 支持必要条件下的专项分析（ad-hoc analytics）。
- 减少新数据聚合、提取和转换操作的时间开销。
- 支持格式到格式（any format to any format）的模型（一种格式无关的方法，有时涉及数据范式化）。
- 符合新兴语义标准。增加灵活性。
- 实现公共 IT 管理，降低总拥有成本（TCO）。
- 为 Broadridge 主业务数据仓库启用统一云（可以是专属云）服务。
- 支持所有应用和产品能够"用公共语言对话"，建立 Broadridge 数据格式。
- 减少过多的授权、数据库、代码、栈等资源滥用，某些情况下应彻底杜绝这类行为。
- 数据语义：分析底层模式非常重要，这样才能挖掘出其原本的含义。语义处理总是迭代进行，随着时间不断向前推进。处理过程中系统会对当前上下文的元数据定义加以解释扩展。

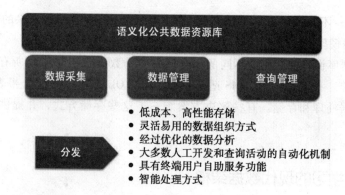

- 低成本、高性能存储
- 灵活易用的数据组织方式
- 经过优化的数据分析
- 大多数人工开发和查询活动的自动化机制
- 具有终端用户自助服务功能
- 智能处理方式

建立企业级聚合数据集市不足以解决上述问题。即使建立了数据集市，确保数据持续更新和其他项目同步一致会是个大问题。如前所述，有必要制定一个系统的通用参考架构，该系统可以从多种数据源收集数据，且不受数据使用方式、使用场景或使用时间等因素的限制。

我们可以借助这个领域的两项技术突破解决架构层面的问题。这些突破来自于数据湖上升为一种架构模式；语义网络的兴起及其与电子商务日渐密切的关系。

1. 业务数据湖

企业数据湖以一个全新的视角来看待企业数据仓库。数据仓库过去一般设计成单一模式，聚合了为实现模式（schema）所需的最少的必要信息，数据湖则摆脱了传统数据仓库架构的这两个依赖。传统数据仓库是为特定用途设计的（如数据分析、产生报表和洞察运营问题）。因此数据仓库模式的设计要因地制宜，只聚合实现目标的最少必要信息。这就意味数据仓库必要时偶尔被挪作他用，但它不是为这些用途设计的。

业务数据湖提出了恰当模式（appropriate schema）的概念——数据仓库不受限于固定的预设模式。这就允许系统只要信息可用时，数据湖即能提取到信息。数据湖的重要性显而易见，它可以提取到系统的全部信息，而不只是最少必要信息。这里不预设数据具有什么性质，因此信息将来可用于任何目的。这就允许数据湖的现有数据可服务于新业务，提升了业务敏捷性。

业务数据湖解决了以下问题：

- 如何处理非结构化数据？
- 如何连接内部数据和外部数据？
- 如何适应企业变革的速度？
- 如何消除重复的 ETL 周期？
- 如何根据不同的业务需求，保障不同级别的数据质量和数据管理？
- 如何激发本地业务单元积极性？
- 如何确保平台的交付和采用？

2. 语义网技术

我们使用网上最常见的 Web 数据时，最想了解是数据的精确语义。如果做不到这一点，那么处理结果不可靠。语义网技术克服了这一点，不管可用资源的语义有多简单或者多复杂，总有办法计算出来。语义网技术不仅支持捕获被动语义，还支持对数据进行主动推理和解释。

　　语义网技术允许追加元数据（如 RDF）来注释数据。这样它就多了一项最基础的能力即语义计算的 AAA 准则——任何人可以在任何时间对任何数据添加任何注释（Anyone can add anything about anything at any time）。由于信息由元数据组成，因此可随时不断添加元数据丰富信息。

　　SPARQL 支持借助复杂关系图定位数据，从数据存储中提取有价值的信息，因此可用来询 RDF 数据。推理机（reasoner）或推理引擎（inference engine）RDF 元数据提供的线索，根据数据推断出结论。这就允许系统提取最新的分析信息，籍此获得某些方面的洞察力，而输入数据一开始并没有这些信息。

　　今天互联网、企业网和监控网拥有大量信息。然而信息来源分散，分开存储，且缺少便捷手段加以管理，信息使用有很多限制。

　　这就加剧了有效合理组织各方信息的需求。专业术语称为信息系统协同（cooperation of information system）。其定义是向终端用户透明地提供异构数据源之间共享、组合和交换信息的能力。异构数据源通常只处理孤岛数据，因此访问不到。要达到数据的互操作，必须消除数据异构性产生的影响。数据源的异构化是由以下几方面因素导致的：

- 语法（syntax）：混用数据模型或混用编程语言导致的语法异构性
- 模式（schema）：结构差异导致的模式异构性
- 语义（semantics）：不同环境数据的含义或解释不同导致的语义异构性

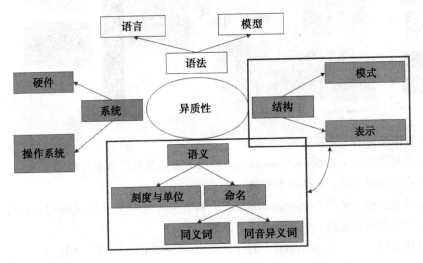

　　数据集成能透明地操作多个数据源的数据。基于该架构的系统有两类：

- 中央数据集成（central data integration）：中央数据集成系统通常包含一个全局模式，该模式为用户提供统一界面访问数据源存储的信息。
- 点对点数据集成（peer-to-peer）：相比中央数据集成系统，点对点数据集成系统对数据源（或对等体）不设全局控制点。与之相反，任何对等体都可以接收用户查询，获取整个系统分布的信息。

　　信息系统协同是指多个信息源之间共享、组合和交换信息的能力，以及最终接收方透明地访问集成信息的能力。妨碍信息系统协同的主要问题是信息源的自主性、分布性、异构性和不稳定性。我们对异构性问题尤其感兴趣，该问题可以划分为若干层级：系统级、句法级、结构级和语义异质性级。人们对信息系统协同已开展了广泛的研究，提出了一些方法来弥合异构信息系统之间的差异,如数据库转换、标准化、数据联合、数据中介以及网络服务。这些方法成功地解决了语法和基础层面的异质性问题。

不过要达到异构信息系统之间的语义互操作,我们必须理解系统交换信息表示的含义。一旦两个环境的信息解释有出入,就会发生语义冲突。

因此,解决语义异质性问题有待于更多专业化语义方法的出现,如本体(ontology)方法。本章的重点是介绍如何使用语义技术进行信息系统协同。我们通过下一节来了解语义数据架构的组成。

3. 本体与数据集成

基于语义数据架构的分析参考架构如下图所示:

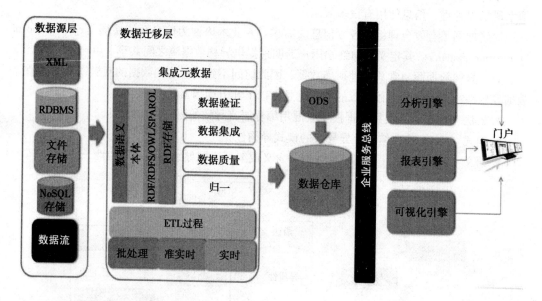

语义数据架构的主要特点如下:

- 元数据表示(metadata representation):每个数据源可以表示为局部本体,本体由元数据字典提供支持,用作命名解释。
- 全局概念化(global conceptualization):存在一个全局本体定义映射至局部本体,对于公共视图只提供一个视图或一个命名。
- 通用查询(generic querying):对于消费方/客户端的不同需求和用途,支持全局本体级别的本地查询。
- 物化视图(materialized view):高级查询策略,可屏蔽命名和对等源之间的查询的差异。
- 映射(mapping):将支持在本体属性和值之间定义基于词库的映射。

4. 厂商

类　　型	产品/框架	厂　　商
开源版本和商业版本	MarkLogic 8 是一种 NoSQL 图存储,支持 RDF 数据格式存储和处理,可作为三重存储	MarkLogic
开源版本和商业版本	Stardog 是一个纯 Java 编写、功能强大的轻量级图数据库:具有检索、查询、推理和约束功能	Stardog

（续）

类　　型	产品/框架	厂　　商
开源	4Store 是一个高效、可扩展、高可用的 RDF 数据库	Garlik
开源	Jena 是一个免费的开源 Java 框架，用于开发语义网和链接数据程序	Apache
开源	Sesame 是一个强大的加工处理 RDF 数据的 Java 框架。具有 RDF 数据的创建、解析、存储、推理和查询等功能。Sesame 开放了简单易用的 API，可连接到所有主流 RDF 存储系统	GPL v2
开源	Blazegraph 是 SYSTAP 公司的旗舰图数据库。该数据库为支持大型图结构专门设计，提供语义网（RDF/SPARQL）能力和图数据库（如 Tinker-Pop、blueprint 和 vertex-centric）API	GPL v2

14.2.2　多模型数据库架构/混合持久化

即便在五年前，人们也难以想像关系数据库会变成众多数据库技术中一员，而不是代表数据库技术本身。互联网规模的数据处理改变了处理数据的方式。

Facebook、维基百科、SalesForce 等新一代的架构原理和模式已公布于众，其原理与现有的数据管理技术根深蒂固的理论基础完全不同。

这些架构面临的主要挑战的特点如下：

- 商品化信息（commoditizing information）：苹果应用商店、SaaS、普适计算、移动设备和基于云的多租户架构（Cloud-Based Multi-Tenant architecture），已经释放出所谓的商品化信息传递的潜力。这种模式几乎革新了所有的架构决策，因此我们目前应该从提供服务计费的"信息单位"（units of information）的角度，而非解决方案的总拥有成本（TCO）的角度出发考虑问题。
- RDBMS 的理论局限性：Michael Stonebraker 是一位颇有影响力的数据库理论专家，近来在大规模互联网架构的核心领域发表数篇文章，提出了新的数据处理和数据管理理论模型。数据库管理理论当初是针对大型机计算环境和不稳定的电子元器件设计的，到现在已经超过 30 年。系统和应用的特点和功能已经发展到新的阶段。随着可靠性成为基础设施的一项质量指标，系统加入了多核并行处理单元，数据的创建和使用方式发生了巨大变化。如果要概念化针对新环境的解决方案，在设计解决方案架构时，应该从计算机的视角而不只是工程师的视角出发。

今天有六大方向正在推动数据革命。它们是：

- 大规模并行处理
- 商品化信息交付
- 普适计算（ubiquitous computing）和移动设备
- 非 RDBMS 和语义数据库
- 社群计算（community computing）
- 云计算

Hadoop 和 MapReduce 极大地发挥了海量数据并行处理能力，为编程平台贡献了大量的复杂算法。它们永久地改变了数据分析和商业智能（BI）的方式。Web 服务和 API 驱动的架构同样在很大程度上使信息传输商品化。今天，以这种方式搭建超大规模系统已成为可能：其中每个子系统或组件本身是一个完整平台，托管在其他平台上进行管理。

上面所述的技术创新完全改变了传统的数据架构。特别是语义计算和本体驱动的信息建模彻底颠覆了数据设计方式。

数据架构的理念正在发生实质性变化。对于传统的数据模型，我们首先设计数据模型——当前数据及其未来的教条化的理解。数据模型永远按固定的结构确定数据的含义。

举个例子，桌子只是一个类别，一组物体的统称。因此只有知道数据属于什么集合/类别，数据才能反映其含义。例如，如果我们把汽车驾驶系统分成如四轮车、二轮车、商用车等车型设计，这种划分方式背后隐含了某些重要的寓意。数据按单个类别存储体现不出分类设计方式所隐含的设计意图。例如，其他系统可以从动力传动系统——电力驱动、燃油驱动、核能驱动等维度看待汽车分类。分类本身以某种方式反映了系统的用意，这是通过任何单个记录的属性无法获得的。

polyglot 一词通常指会说多种语言的人。谈到大数据，这个词专指综合运用多项数据库技术，每项技术只解决一个特定问题的架构。采用这种数据架构的基本前提是，每项数据库技术已经解决了各自的问题，由于复杂架构面对的问题千差万别，具体问题具体分析比一种技术或模式处理所有问题更具效果。我们讨论数据系统时，一般是讨论某种能支持数据存储和查询，能运行长达数年时间，足以应对期间可能发生的所有硬件问题和维护问题的系统。

对于复杂问题，混合持久化数据架构（polyglot persistence data architecture）会将它拆分为多个简单问题，然后用相应的数据库模型分别处理。之后再把所有处理结果汇总到混合数据存储平台进行分析。影响数据库选型的因素有：

（1）数据模型：

- 要集成什么类型的数据源？
- 如何操作/分析数据？
- 数据的规模多大，多样性如何，处理速度有多快？
- 数据库类型——如关系型、键值型、面向列、面向文档以及图数据库等。

（2）一致性、可用性和分区（CAP）：

- 一致性：所有客户端只持有一个对象的值（原子性）
- 可用性：所有对象始终可用（低延迟）
- 分区容错性：数据划分为多个网络分区（集群）

CAP 理论限制了我们只能从下面三个特征任选其二：

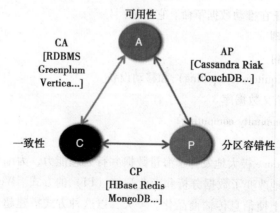

该方案的一些重要影响因素总结如下：

源自：ThoughtWorks

- 对选择的混合架构有深入了解非常重要，深入了解有助于在数据集成、数据分析、数据可视化等方面做出正确判断，从而确保其满足整个大数据和分析架构的要求。
- 由于多个数据模型共存，因此需要一个统一平台整合接入所有符合解决方案和具有聚合功能的数据库。该平台应满足部分大数据平台最基本的需求；解决容错高可用性、事务完整性、数据敏捷性和可靠性、可扩展性和系统性能等方面的问题。
- 不论是针对特定问题还是系统方案，重要的是能根据具体需求确定/了解哪些数据模型可以混用。
- 数据采集策略解决了实时数据更新、批量数据更新，以及如何移植到多模型数据库环境的问题。有了各种数据存储，记录系统（System of Record，SOR）会设计成什么样？我们又如何保证所有数据源数据同步一致或及时最新？

总之，这可能是大数据遇到的最大挑战。解决一个特定业务问题需要收集、集成和分析多个异质结构的数据源。其次，解决问题的关键在于判断是向客户端按需推送数据，还是实时推送数据。显然这类问题要么解决起来不太容易，要么仅用一类数据库技术不够节约成本。有些情况直接使用 RDBMS 即可满足需求，但是对于存在非关系数据的情况，要用到其他持久化引擎如 NoSQL。因此解决电子商务业务问题的重点在于给购物车功能配备一套高可用、可扩展的数据存储。然而，要查询特定人群购买了什么商品，仅靠同一类数据存储无法实现需求。这就需要采用混合方式同时使用多个数据存储，即所谓的混合持久化。

厂商

类　　型	产品/框架	厂　　商
商业	FoundationDB 是一个高可靠的数据库，提供了 NoSQL（key-value store）和 SQL 访问方式	FoundationDB
开源	ArangoDB 是一种开源的 NoSQL 解决方案，支持文档、图形和键值的灵活数据模型	GPL v2

14.2.3 Lambda 架构

Lambda 架构（LA）解决了机器学习领域的一个重要问题：即为实时数据分析和批量数据分析提供统一的平台。我们目前看到的大多数框架支持批量架构（如 Hadoop），也有某些特殊的框架支持实时处理（如 Storm）。

Nathan Marz 引入了 Lambda 架构的概念，Lambda 架构是一种通用可扩展的容错数据处理架构，统一提供实时流处理和批处理功能。

采用 Lambda 架构的数据架构，对于硬件故障和人为错误有很高的容错能力。同时它也适应各种要求低延迟读写的使用场景和工作负荷。参考这种方式设计的系统可以达到线性扩展，并且是水平扩展而不是垂直扩展。

Lambda 架构可以抽象为如下几层：

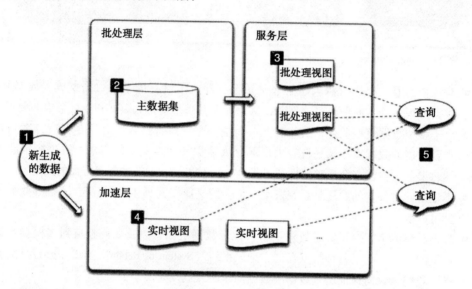

- 数据层：把所有输入系统的数据分发到批处理层和加速层进行处理。
- 批处理层：管理主数据，负责批量预计算。该层处理数据量较大。
- 快速处理层：快速处理层负责处理最新数据，弥补服务层更新带来的高延迟。平均而言，该层处理的数据量不大。
- 服务层：服务层处理批处理视图索引，确保实时查询低延迟。
- 查询层：合并批处理视图和实时视图的结果。

厂商

类　　型	产品/框架	厂　　商
开源版本和商业版本	Spring XD 是一个针对 Hadoop 生态系统打造的统一平台。这个项目基于众多经过实践检验的开源项目开发，大大简化了大数据工作负载和数据管道调度工作	Pivotal（Spring 源）
开源	Apache Spark 是一个高效的传统大数据处理引擎，具有流处理、SQL 操作、机器学习和图形处理等内置模块	Apache

（续）

类　型	产品/框架	厂　商
开源	Oryx 是一个简单的实时大规模机器学习基础平台	Apache（Cloudera）
开源	Storm 是一个实时数据流处理系统	Apache（Hortonworks）

14.3　小结

最后一章重点介绍了机器学习的架构实现。我们了解了传统数据分析平台的现状，及其滞后于当前数据处理需求的原因。读者还从中学习了相关架构驱动因素，它们推动了 Lamda 架构和混合持久化（多模型数据库架构）等下一代数据架构模式的发展；学习了语义架构如何协助无缝数据集成。结束了本章的学习，读者可以认为自己已具备了基于机器学习方法解决任何领域问题的能力，包括算法或模型选型解决机器学习问题的能力，以及平台方案选型及调优能力。

推荐阅读

Python机器学习

作者: Sebastian Raschka, Vahid Mirjalili ISBN: 978-7-111-55880-4 定价: 79.00元

机器学习: 实用案例解析

作者: Drew Conway, John Myles White ISBN: 978-7-111-41731-6 定价: 69.00元

面向机器学习的自然语言标注

作者: James Pustejovsky, Amber Stubbs ISBN: 978-7-111-55515-5 定价: 79.00元

机器学习系统设计: Python语言实现

作者: David Julian ISBN: 978-7-111-56945-9 定价: 59.00元

Scala机器学习

作者: Alexander Kozlov ISBN: 978-7-111-57215-2 定价: 59.00元

R语言机器学习: 实用案例分析

作者: Dipanjan Sarkar, Raghav Bali ISBN: 978-7-111-56590-1 定价: 59.00元